探海

——海事应急测绘案例

上海海事测绘中心　编著

史晓平　主编

上海浦江教育出版社

图书在版编目（CIP）数据

探海：海事应急测绘案例/上海海事测绘中心编著；史晓平主编．—上海：上海浦江教育出版社有限公司，2023.2

ISBN 978-7-81121-797-1

Ⅰ．①探… Ⅱ．①上… ②史… Ⅲ．①海洋测量—案例 Ⅳ．① P229

中国版本图书馆 CIP 数据核字（2023）第 025796 号

TANHAI——HAISHI YINGJI CEHUI ANLI
探海——海事应急测绘案例

上海浦江教育出版社出版发行

社址：上海海港大道 1550 号上海海事大学校内　邮政编码：201306
电话：（021）38284910（12）（发行）　38284923（总编室）　38284910（传真）
E-mail：cbs@shmtu.edu.cn　URL：http://www.pujiangpress.com
上海商务联西印刷有限公司印装
幅面尺寸：170 mm×240 mm　印张：18.75　字数：278 千字
2023 年 2 月第 1 版　2023 年 2 月第 1 次印刷
责任编辑：王　艳　封面设计：曾国铭
定价：88.00 元

FOREWORD 序

悠悠华夏，万里海疆。"经济要发展，国家要强大，交通特别是海运首先要强起来。"以海洋为依托，我国90%的外贸货运量和40%的内贸货运量通过水上运输方式来完成。特别是新冠肺炎疫情发生以来，航运市场持续发力，成为连接国内国际双循环的主要环节，是保障中国经济运行的重要支撑。

持续发展的航运市场，伴随着的是日趋严峻的水上交通安全形势。安全是发展的前提，安全、畅通、便捷的水上大通道，对于加快构建以国内大循环为主体、国内国际双循环相互促进的新发展格局具有重要的基础作用。让航行更安全、让海洋更清洁，是全体海事人的职责和使命。快速、精准、高效的海事应急测绘是"陆海空天"一体化水上应急体系中的重要环节，是水上应急处置中的一支重要技术保障力量。

进出我国沿海港口的通道，绝大部分是人工航道。在许许多多水上突发事故应急处置中，恢复港口生产的关键一环就是航路排险。从湄洲湾扫测发现未知暗礁并及时更新海图，到东海海域"桑吉"轮应急定位，为后续处置工作赢得主动，再到繁忙的"黄金水道"长江口多次落江集装箱应急扫测，为恢复正常通航提供技术服务保障，我国海事测绘技术人员牢记使命，以精良装备、精湛技术和精干队伍，在关键时刻发挥了关键作用，为航路扫清障碍，彰显了"探海先锋"的实力与品格。

我与本书的作者有过一段在海事系统共事的经历，我们对水上交通安全都有诸多的切身体会和广泛共识。作者长期从事水上通道测绘管理和应急处置工作，有扎实的理论功底和丰富的工作经验。他们一次次的应急测绘，积累的是技术水平、应变能力和智慧能量。《探海——海事应急测绘案例》一书以案例来描述海事测绘应变能力、生动场景，以文字来阐释对海事测绘应急的真知灼见，以实践来总结海事测绘应急的经验启示。本书具有写作体例新颖、所选案例典型、事故类别较多和适用对象广泛的特点。

本书可以作为水上专业安全教材和案例教学，也可以与业界同仁交流心得，为技术人员提供专业参考，还可以作为科普读物，与广大读者分享海测知识。

风雨多经人不老，关山初度路犹长。今年是我国海事系统全面学习、全面把握、全面落实党的二十大精神的开局之年，正沿着以习近平同志为核心的党中央指引的方向，按照新时代交通运输中长期发展的战略蓝图和美好愿景，交通强国建设驶入"快车道"，国家赋予海事系统的重要职责使命将更加光荣，保障安全畅通便捷的水上大通道的任务将更加艰巨，海事测绘在水上应急体系中的责任将更加重大。我深信，我国海事测绘技术工作者在服务交通强国、海洋强国建设的征途上一定能书写更加华丽的篇章！

2023 年 1 月

PREFACE 前言

　　海道测量主要任务是进行水深测量和海岸地形测量，获取海底地貌、底质情况和航行障碍物信息，目的是保障船舶航行安全。交通运输部海事局直属的海事测绘部门履行的职责既包括海洋地理信息获取即海道测量，也包括海洋地理信息服务即航海图书及其衍生品。"海事测绘"这一称谓彰显了行业职能。其中海事应急测绘是指为保障船舶通航和人民生命财产安全，对水上突发事故或危险水域开展紧急测绘，探明水下碍航物准确位置、姿态、性质、状态等信息，为搜救和事故调查决策部门和清障工作提供技术支撑和服务保障，从而消除安全隐患而开展的应急响应活动。海事应急测绘活动往往社会影响较大、群众关注度高，作业时间紧迫、成果要求及时，且常伴有海况条件恶劣、视线条件不佳、水域环境复杂、船舶流量密集等作业环境特点，因而对扫测人员身体条件、精神意志、技能水平、作业经验和责任心等诸多方面都提出较高要求。

　　交通运输部东海航海保障中心上海海事测绘中心是交通运输部直属事业单位，始建于1955年，原名交通部海运总局海港测量队。1999年中华人民共和国上海海事局组建后更名为上海海事局海测大队。2012年12月，因海事系统实行政事分开，交通运输部东海航海保障中心成立，次年"上海海事局海测大队"更名为"交通运输部东海航海保障中心上海海事测绘中心"（简称"上海海事测绘中心"）。上海海事测绘中心负责江浙沪闽沿海水域港口航道测绘、应急测绘，通航尺度核定测量和水深监测，海事测绘基础控制网、水文观测网的建设、运行和维护等工作，服务保障水上交通安全和东海水运经济发展。上海海事测绘中心坚持弘扬"尺幅千里、追求卓越"精神，强化以水深测量能力为核心，应急测绘能力、水文服务能力、特种测量能力、高精定位能力等多元能力组成的"一核多元"海测能力建设，平均每年测量出版海图80余幅、实施应急扫测约12次、开展通航尺度核定测量70余项，每年出版东海海区潮汐表4本，获得多项国家和上海市技术发明奖、中国航海学会科学技术奖、中国测绘学会测绘科技进步奖等奖项。

海事应急测绘能力也是国家海洋测绘能力、水上交通安全支持保障能力的重要体现。海事测绘专业技术工作者秉持"专业的人干专业的事",坚定为航路安全通畅和海洋经济建设提供专业的技术服务。真正的经验,一定来源于实践。数年来一次次应急测绘实践,通过总结挖掘经验,以期变成宝贵的财富。本书共收集50余个海事应急测绘案例,分为沉船扫测类、集装箱扫测类、飞行器及其他扫测类。每个案例均从案例背景、实施过程、扫测成果以及经验启示四个方面进行阐述,尝试着努力做到:既体现一定的专业性,总结梳理海事应急测绘经验启示,可为航运从业人员、海事监管部门、海洋测绘同行提供一定的借鉴,同时又兼具一定的科普性,向广大读者普及海道测量和应急测绘专业知识。

水上应急测绘案例涉及诸多事故,事故教训十分深刻,对深受事故伤害的企业和当事人我们深表同情。基于此,作为海事测绘专业工作者,我们深感保障水上交通安全责任重大、使命光荣。我们在编写过程中,纯粹从专业的视角阐述应急测绘,不针对事故本身,因此对一些敏感信息进行了相应的脱密或缩略处理,可能会对读者的阅读带来一定的不便,请见谅。由于编写人员水平有限,且时间仓促,不妥和疏漏之处在所难免,敬请广大读者批评指正。

十分荣幸的是,交通运输部原副部长、国际海事组织海事亲善大使徐祖远船长拨冗垂阅了本书稿,并亲自为本书作序,勉励海事测绘技术工作者在服务交通强国、海洋强国建设的征途上奋发有为、书写华章。在此,致以最诚挚的谢意!

史晓平
2023 年 1 月

CONTENTS
目录

第一篇 沉船扫测

案例 1： "桑吉"轮沉船应急扫测 /003
案例 2： "金 C68"轮沉船应急扫测 /015
案例 3： "SEA B××"轮沉船应急扫测 /022
案例 4： 福建沙埕港沉船应急扫测 /026
案例 5： "惠 R"轮沉船应急扫测 /033
案例 6： "Har××××"轮沉船应急扫测 /038
案例 7： "锦 TS"轮沉船应急扫测 /041
案例 8： "浙定 58×××"轮沉船应急扫测 /045
案例 9： "吉 LL886"轮沉船应急扫测 /048
案例 10： "锦 H69"轮沉船应急扫测 /054
案例 11： "桦 C8"轮沉船应急扫测 /057
案例 12： "浙象 Y25×××"轮沉船应急扫测 /061
案例 13： "金 Y6 号"轮沉船应急扫测 /064
案例 14： "邦 H96"轮沉船应急扫测 /068
案例 15： "新 CH9"轮沉船应急扫测 /072
案例 16： "浙岱 Y064××"轮沉船应急扫测 /076
案例 17： "浙三 Y000××"轮沉船应急扫测 /079
案例 18： "浙瑞 Y121××"轮沉船应急扫测 /084
案例 19： "浙岱 Y113××"轮沉船应急扫测 /089
案例 20： "闽狮 Y078××"轮沉船应急扫测 /092
案例 21： "苏灌 NY131××"轮沉船应急扫测 /096
案例 22： "振 ×"轮沉船应急扫测 /099
案例 23： "浙象 Y410××"轮沉船应急扫测 /103
案例 24： "浙富 YH007××"轮沉船应急扫测 /107
案例 25： "新 AD39"轮沉船应急扫测 /111
案例 26： "KUM H××"轮沉船应急扫测 /116

	案例 27:	"神 Z19" 轮沉船应急扫测	/120
	案例 28:	"浙普 Y239××" 轮沉船应急扫测	/125
	案例 29:	"宁 HL12××" 轮沉船应急扫测	/130
	案例 30:	"长 ×68" 轮沉船应急扫测	/134

第二篇 集装箱扫测

案例 31:	"顺 G19" 轮落水集装箱应急扫测	/141
案例 32:	"集 H1006" 轮落水集装箱应急扫测	/154
案例 33:	"生 S1" 轮落水集装箱应急扫测	/161
案例 34:	外高桥发电厂前沿落水集装箱应急扫测	/167
案例 35:	洋山深水港前沿落水集装箱应急扫测	/171
案例 36:	"浦 H226" 轮落水集装箱应急扫测	/175
案例 37:	外高桥沿岸航道落水集装箱应急扫测	/185
案例 38:	"重 LJ3010" 轮落水集装箱应急扫测	/188
案例 39:	"中艺 ZT" 轮落水集装箱应急扫测	/195
案例 40:	"美总 NY" 轮落水集装箱应急扫测	/199
案例 41:	"凯 T99" 轮落水集装箱应急扫测	/202
案例 42:	"新 QS69" 轮落水集装箱应急扫测	/210

第三篇 飞行器及其他扫测

案例 43:	马航 MH370 失联客机应急搜寻	/227
案例 44:	"B-2×××" 号直升机坠江应急扫测	/242
案例 45:	"雪 L" 号直升机坠江应急扫测	/247
案例 46:	湄州湾外水下障碍物疑点扫测	/252
案例 47:	"怀 Y0×××" 轮落水钢材应急扫测	/258
案例 48:	朱家尖水域应急扫测	/264
案例 49:	六横双屿门南口水域应急扫测	/268
案例 50:	南槽 S26 灯浮附近水域应急扫测	/272
案例 51:	"顺 Q2" 轮沉船打捞后应急扫测	/276
案例 52:	南极维多利亚地附近重点海域扫测	/281

后记 /291

第一篇

沉船扫测

案例1："桑吉"轮沉船应急扫测

图1 "桑吉"轮爆炸现场

1 案例背景

2018年1月6日20时许，寂静的东海某处骤然爆出一声巨响，伴随着骇人巨响的是在海面上骤然升起的一朵蘑菇云，它以过分灼热的亮度，将漆黑的海面照射得宛如白昼。一艘载有11.13万 t凝析油的巴拿马籍油船"桑吉"轮与香港籍散货船"CF CRYSTAL"轮在长江口以东约160 n mile处发生碰撞。事发现场见图1。

"桑吉"轮货舱起火，凝析油大量泄漏。凝析油是一种天然汽油，其挥发性极高，温度越高越易挥发，挥发后会对大气造成一定的污染，同时经燃烧分解会产生氮氧化物、硫氧化物等有毒烟雾，通过吸入、皮肤侵入等方式对人体造成中毒伤害。因此，此次碰撞事故受到国际国内舆论广泛关注。

2018年1月14日，在海上漂泊燃烧了8天的"桑吉"轮突然发生爆炸，并于16时45分完全沉没。

为避免发生次生事故，以及为事故后续处置提供准确依据，全面、迅速摸清"桑吉"轮爆炸沉没后水下状态成了当时亟须解决的任务。

2 实施过程

2018年1月14日16时45分，上海海事测绘中心接到上级指令：对"桑吉"轮沉船实施应急扫测并精准定位。随后，上海海事测绘中心迅速成立应急指挥小组，召开应急预案启动会（图2）。

图2 "桑吉"轮应急预案启动会

应急指挥小组决定由"海巡166"轮承担此次应急扫测任务，连夜协调各部门完成应急扫测船舶、人员、设备、防护装备等各项准备工作（图3和4）。

图3 设备连接测试

图4 设备固定

2018年1月15日08时30分,东海航海保障中心及上海海事测绘中心领导赴"海巡166"轮,就此次应急扫测的实施方案、安全防护、紧急情况应急处置等具体内容组织船长和扫测人员召开航前会(图5)。时任东海航海保障中心主任王鹤荀同志(图5右三)亲自到"海巡166"轮指导应急扫测工作。

图 5　航前会

2018年1月15日08时50分,"海巡166"轮完成各项出航前准备工作后赶赴事故水域。

航行途中,现场扫测组(组长:张祥文;组员:李永奎、冯玉龙、牛耀山、陈柯、张皓、朱江)组织"海巡166"轮全体成员学习凝析油的化学特性以及防护装备穿戴等知识,并开展消防、急救和救生演练(图6)。

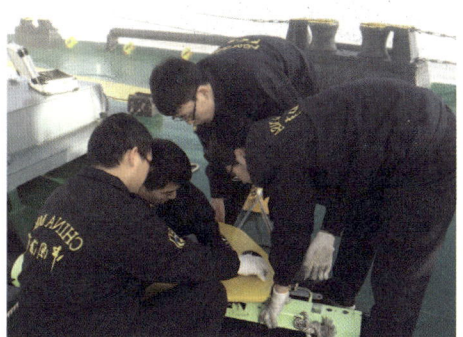

图 6　应急演练　　　　　　　图 7　应急设备测试检查

根据前方救援船舶反馈信息，事发水域仍存在大量有毒气体，会对作业人员舱外作业造成危险。现场扫测小组及时做出调整，制订人员不出舱收放设备操作预案，对扫测设备再次进行全面测试检查和释放、回收相关准备工作，以便抵达事发水域后第一时间开展应急扫测工作（图7）。

　　2018年1月15日晚，根据现场收集到的最新情况，扫测组负责人张祥文同志连夜召开现场工作会议（图8），重点部署具体扫测措施和注意事项，包括研究分析"桑吉"轮爆炸沉没后船体解体和未解体两种情形扫测和信息采集处理方案、设备收放作业要求、船舶进入事发水域附近操作要求，以及人员防护穿戴、全船封闭、不得明火、作业区域不得插拔电气设备等具体细节要求。

图8　现场工作会议

　　2018年1月16日07时30分，"海巡166"轮经过连续航行290 n mile后抵达"桑吉"轮沉船附近海域，并与现场指挥船"海巡01"轮取得联系，确认"桑吉"轮爆炸沉没前位置信息。

　　"确认各测量设备已经调试完毕，可以随时投入使用；确认防护服、防护镜、手套已经佩戴妥当；确认船舶门、窗、通风管道已经全部关闭……"

到达现场后,"海巡166"轮一刻也没有休息,在所有一切准备就绪后,现场扫测组于08时25分进入事发核心水域,以"桑吉"轮爆炸沉没前最终位置为中心,使用多波束测深系统、声呐等手段实施扫测,仅用8分钟就锁定水下沉船位置。工作现场情况见图9和10。

 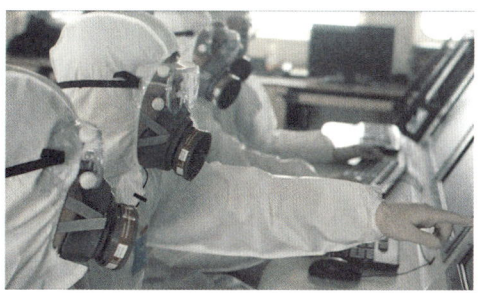

图 9　现场作业图 1　　　　　　图 10　现场作业图 2

为进一步获取沉船水下全面数据信息,"海巡166"轮以扫获的沉船位置为中心,继续布设"井"字型测线进行加密测量。09时45分许,"海巡166"轮完成加密测量,驶离事发核心水域,进行后续数据处理工作。图11为现场扫测作业数据成图情况。

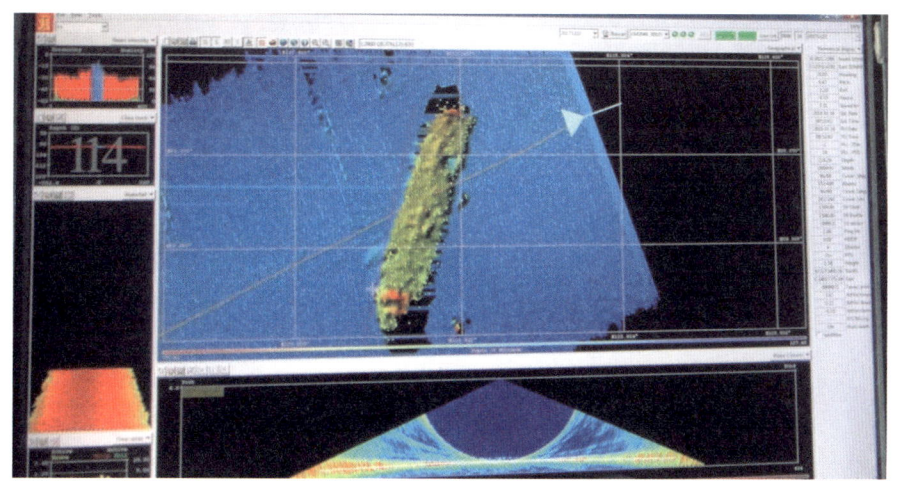

图 11　现场扫测作业数据成图

3 扫测成果

通过多波束、声呐图像分析研判，得出如下结论：

（1）沉船为坐沉状态，船首走向北偏东约12°。

（2）沉船中心位置（图12）：28°××′××″N，125°××′××″E。

（3）沉船长约270 m，宽约50 m，高出泥面约20 m，最浅水深约78 m（实测水深）；沉船附近平均水深约115 m（实测水深）。

（4）船体总体结构完整，未解体，船舶船舷右侧距船首60 m处，有破损（图13和14）。

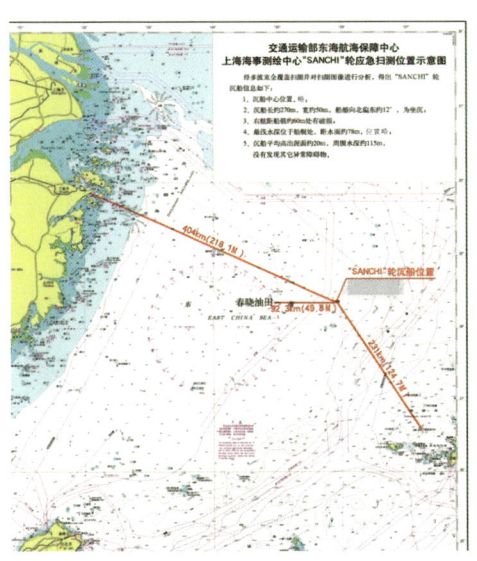
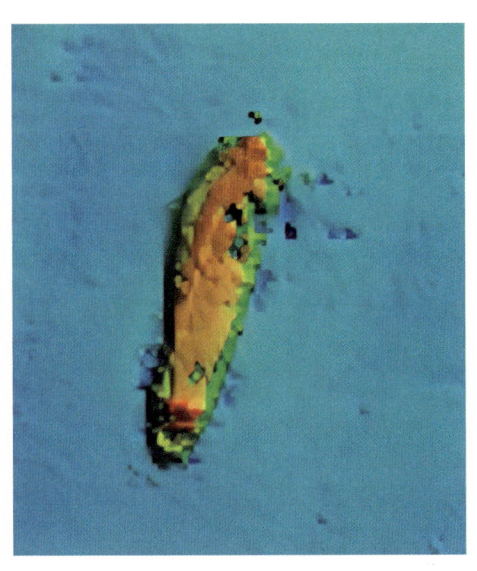

图12 "桑吉"轮沉船位置示意　　　　图13 "桑吉"轮海底俯视图

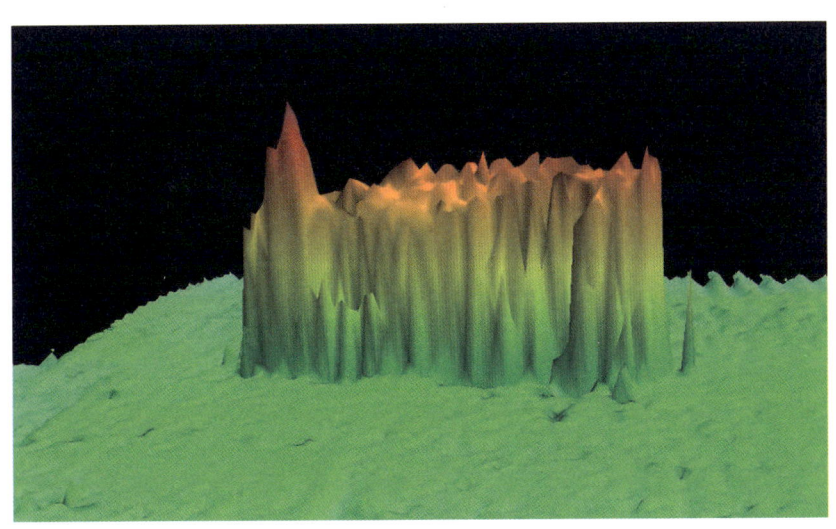

图 14 "桑吉"轮海底立体图

4 经验启示

此次"桑吉"轮应急扫测,上海海事测绘中心"海巡 166"轮充分发挥了中国海事测绘旗舰的突出作用,迅速掌握沉船姿态、位置等关键信息,为后续事故调查和处置工作提供了重要依据。

4.1 "桑吉"轮应急扫测任务特点

(1)任务十分紧急。事故地点风大浪急,远离海岸,且船舶碰撞事故发生后在风浪流共同作用下朝着西南方向漂移,3 天时间漂移了超 180 km。沉船概位距离舟山群岛 404 km 左右,距离春晓油田 92 km 左右。水下地形情况如何,底质如何,沉船姿态如何,船舱内的凝析油是否会继续外漏,是否会在流的作用下继续位移,等等,这些与事故调查处置密切关联。

(2)作业环境复杂。"桑吉"轮装载了 11.13 万 t 凝析油。凝析油,又称天然汽油,常温下为浅褐色液体,密度、黏度较低;挥发性极高,温度越高越易挥发,在空气中弥漫遇明火易引起火灾爆炸事故;凝析油中含有毒的硫化氢及硫醇等成分,经燃烧分解会生成氮氧化物、硫氧化物等有毒烟雾，通过吸入、皮肤侵入等方式对人体造成中毒伤害。沉船位置附近海面上凝析油燃烧后的空气情况如何，"桑吉"轮沉没后是否会发生再次燃爆，等等，这些疑问将直接影响到扫测船和作业人员的安全。

（3）长距奔袭作业。执行此次应急扫测任务的船舶是"海巡166"轮。虽然该轮是我国海事系统目前吨位最大、功能最全、设备最为先进的测量旗舰，但也是一艘近海航行作业船舶，且船龄已逾40年。长距离奔袭200多海里实施扫测作业，而且要在最短的时间内将扫测结果成图，是个巨大挑战。

4.2 "桑吉"轮应急扫测经验启示

（1）健全完善的应急指挥体系是实施应急测绘的根本保证。一旦接到应急测绘指令后，在应急预案的基础上，能够在最短的时间内制订应急测绘方案，调集技术人员、装备、物资，反应迅速、执行有力，在关键时刻发挥关键作用。上海海事测绘中心始终以服务公共安全为主要目标，承担东海海域内水上交通安全技术支持和应急测绘服务保障职责，实施应急测绘任务年均12起以上。通过一次次的应急实践，应急测绘体系不断完善，一旦启动应急预案，从指挥小组成立、信息材料搜集、扫测方案制订，到各部门协同联动，应急人员、应急船舶、应急车辆迅速集结，设备保障、技术支持、后勤保障及时跟进等，这些都能在最短的时间内迅速完成。

（2）训练有素的应急专业队伍是实施应急测绘的关键所在。首先是对应急测绘任务的研判机制。比如，针对"桑吉"轮应急扫测的现场环境，该制订什么样的应急策略，技术人员必要防护，等等。在"海巡166"轮出航前的准备工作中，应急扫测指挥小组针对本次任务特点制订了"快进快出"策略；紧急调遣了几十套防化装备，备足1~2周的食材以及每日为现场工作人员提供牛奶。其次，专业技术人员技术过硬。养兵千日，用兵一时。在日常的测绘工作中，注重专业技术人员的实操训练，确保对各种专业的海洋测绘装备熟练使用。再次，充分利用航行途中的有效时间开展对应急方案的模拟演练。在航行途中，现场扫测组根据新情况，学习有毒气体的化学特性以及防护装备穿戴等知识；开展消防、急救和救生演练；制订技术人员不出舱设备收放方案；规定船舶进入事发水域具体操作细节，如提前穿戴好防护装备、全船舱门窗门紧密、在距离事发水域一定范围内禁止明火；等等。这些为今后类似应急测绘任务提供了很好范例。

（3）便捷通畅的信息传输手段是实施应急测绘的重要保障。此次应急扫测事发水域离岸较远，由于信息传输手段局限性，移动通信公网覆盖不到，卫星传输数据能力有限，现场扫测成果数据量大，不能第一时间传回后方，为尽快反馈应急扫测成果，实行分步走：第一步，现场应急扫测小组先把应急扫测成果主要要素通过卫星电话报送给后方的应急指挥小组，然后应急指挥小组以《信息快报》形式报送给上级。第二步，在"海巡166"轮返航途中，第一时间处理应急扫测数据成果，以简要的图文压缩包通过公网或卫星回传给后方。第三步，及时编制应急扫测成果报告和成果图，正式报上级。针对远距离的应急扫测作业，便捷通畅的信息传输手段显得尤为重要，一方面是后方应急指挥小组对现场应急扫测指挥协调以及技术辅助决策需要，另一方面是现场应急扫测成果及时回传需要，以提高应急扫测效率，便于上级搜救指挥和事故调查部门及时掌握扫测成果，更好地服务于事故调查处理。此次应急扫测后，上海海事测绘中心在"海巡166"轮上装备了VSAT卫星通信系统（甚小天线地球站 Very Small Aperture Terminal），很好地实现了船岸的卫星数据传输，同时也能满足高清声音与影像直播、视频会议信号需要，全面确保应急测绘指挥及时、高效。

（4）发展深远海应急测绘能力是实施无限航区应急测绘任务的制胜一招。执行本次应急扫测任务的"海巡166"轮虽然是国内现有海事测绘最大专业测量船，但也仅为千吨级测量船，适合近海以内海区，相比发达国家专业测量船还有不小差距。打造深远海应急测绘能力，关键在于装备——大型专业测量船舶和深远海探测设备。中国是航运大国、国际海事组织A类理事国，但在航运安全保障能力建设上有待进一步加强。

（5）其他方面。应急测绘任务面临的作业环境各式各样，是否常规配备一定数量和种类的特种防护装备，同时在专业测量船上设立存放废弃防护装备的特殊储存点，等等，这些问题也需要酌情考虑。

名词解释:

加密测量

加密测量是指增加对目标物采样频次,以获取目标物详细数据信息的一种测量方式。加密测量可以通过采取其他测量设备(如采用多波束、侧扫声呐全覆盖测量)、增加测线密度(如缩小测线间距)、调整测线方向(如垂直原测线方向或平行目标物轴线方向)等方式进行探测。

加密测线的布设方向根据原测线方向、潮流流向、航道方向、目标物走向、海底地形走向等因素综合确定,一般有布设纵、横加密线方式探测(状如"井"字,所以又称为"井"字型加密)或者布设3个不同角度加密线方式探测(状如"米"字,所以又称为"米"字型加密)。

名词解释:

VSAT卫星通信系统

VSAT直译为"甚小孔径终端",意译应是"甚小天线地球站",其他名称有卫星通信地球站、微型地球站或小型地球站,是20世纪80年代中期开发的一种卫星通信系统。VSAT由于源于传统卫星通信系统,所以也称为卫星小数据站或个人地球站,这里的"小"指的是VSAT系统中小站设备的天线口径小,通常为0.3~1.4 m,设备结构紧凑、固体化、智能化、价格便宜、安装方便,对使用环境要求不高,且不受地面网络的限制,组网灵活。

VSAT卫星通信系统由空间和地面两部分组成。空间部分就是卫星,一般使用地球静止轨道通信卫星,卫星可以工作在不同的频段,如C、ku和Ka频段。卫星上转发器的发射功率应尽量大,以使VSAT地面终端的天线尺寸尽量小。地面部分由中枢站、远端站和网络控制单元组成，其中，中枢站的作用是汇集卫星来的数据然后向各个远端站分发数据，远端站是卫星通信网络的主体，VSAT 卫星通信网就是由许多的远端站组成的，这些站越多，每个站分摊的费用就越低。一般远端站直接安装于用户处，与用户的终端设备连接。

VSAT 卫星通信系统提供的业务包括电信业务，计算机互联网业务，以及数据、音频、视频等广播业务。VSAT 卫星通信在提供传统的话音、数据等交互业务的同时，随着网络的飞速发展，宽带化的 VSAT 设备发展了远程教育、远程医疗、电视会议等功能。随着广播业务的发展，利用卫星通信的广域覆盖特性和宽带卫星广播技术，实现新闻和数据的分发和广播、数据音频视频广播到户、卫星寻呼、Web 广播、视频点播（VOD）、IP 数据音频和视频广播。宽带卫星数据传输作为计算机互联网的一部分，提供了方便的 Internet 接入，使企业的 Internet 互联、ISP 骨干业务、电子邮件收发、数据和文件传输等得以实现。

知识链接：

1. 海里：海里（Nautical mile，n mile）是国际长度单位。它等于地球椭圆子午线上纬度 1′（1° 等于 60′，一圆周为 360°）所对应的弧长。

由于地球子午圈是一个椭圆，它在不同纬度的曲率是不同的，因此，纬度 1′ 所对应的弧长也是不相等的。在赤道附近时，1 n mile 的长度最短，为 1 842.94 m；在两极附近时，1 n mile 的长度最长，为 1 861.56 m；约在纬度 44° 14′ 处，1 n mile 的长度等于 1 852 m。中国国家标准采用 1 n mile 的长度为 1 852 m。

2. 节：节（Knot，kn）是船舶和飞机的速度单位。1 节等于 1 n mile/h，即每小时行驶 1.852 km。

以前船速测量靠的是船员，船每走 1 n mile，船员就在放下的绳子上打一个结，绳子上的一节代表船舶航行了 1 n mile，所以后来就用"节"做船速的单位了。

3. 经度：经度（Longitude）为地球面上一点与两极的连线与 0° 经线所在平面的夹角。

国际上规定，把通过英国首都伦敦格林尼治天文台原址的那条经线定为 0° 经线，也叫本初子午线。从 0° 经线算起，向东、向西各分作 180°。以东的 180° 属于东经，习惯上用"E"作代号；以西的 180° 属于西经，习惯上用"W"作代号。东经 180° 和西经的 180° 重合在一条经线上，那就是 180° 经线。

4. 纬度：纬度（Latitude）是一个角度，可分为地心纬度、大地纬度、天文纬度。地心纬度是指某点与地球球心的连线和地球赤道面所成的线面角；大地纬度是指某地地面法线对赤道面的夹角；天文纬度指该地铅垂线方向对赤道面的夹角。

通常说的纬度是大地纬度，其数值在 0~90° 之间。位于赤道以北的点的纬度叫北纬，记为 N；位于赤道以南的点的纬度称南纬，记为 S。

本书按照《国际单位制及其应用（GB 3100-1993）》等规定，原则上采用国际单位，不使用中文符号。

案例 2："金 C68"轮沉船应急扫测

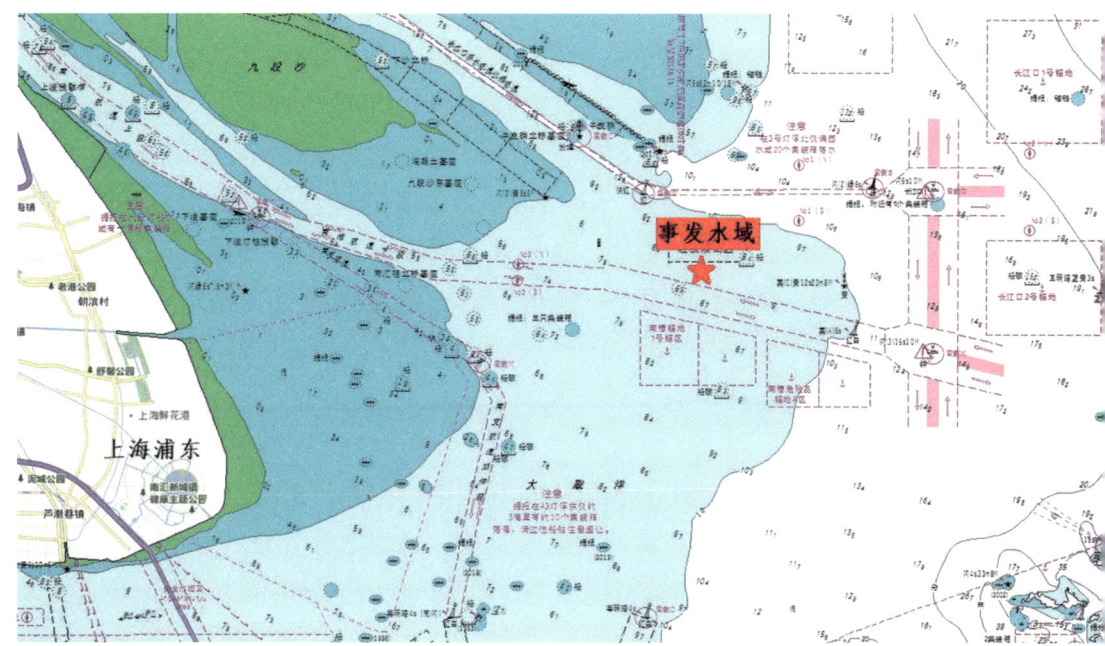

图 1 "金 C68"轮沉船概位示意

1 案例背景

2004 年 9 月 6 日 03 时 40 分，装载有 1 670 t 矿石的"金 C68"轮由秦皇岛驶往张家港，航行至上海长江口海域时，突遇 8~10 级大风，浪高 5 m 以上，舱盖板被风浪打掉，船舶大量进水。04 时 04 分，"金 C68"轮全体船员弃船。不久该船沉没，沉船位置见图 1。

该船沉没后，上海海上交通管制中心（VTS）利用船舶自动识别系统（Automatic Identification System, AIS）锁定目标，组织协调 14 艘船舶和 2 架直升机，在风大浪高的恶劣条件下，将 15 名落水船员全部救起。

2 实施过程

受船东委托,并根据上海海事局 201 号签报"关于'金 C68'沉船扫测和设置沉船标的请示",上海海事局海测大队(2012 年 12 月后更名为交通运输部东海航海保障中心上海海事测绘中心,后同)组织扫测力量,于 2004 年 9 月 15 日至 16 日实施"金 C68"轮沉船应急扫测。

9 月 15 日,扫测船"浙嵊渔 0770"轮到达事故现场,现场扫测人员以沉船概位为中心,周围各 2 km 范围内用侧扫声呐系统进行粗扫。粗扫后,扫测人员确定了沉船的位置。为了更加全面地掌握沉船的信息,现场扫测人员以初步扫获的船位为中心,周围各 200 m 范围内对沉船进行精扫。

3 扫测成果

在本次应急扫测中,扫测人员利用侧扫声呐,通过"粗扫+精扫"的方式扫获沉船位置,扫测回波信号良好,成图图像清晰,为后续沉船打捞和沉船标设置提供了基础数据支持。根据声呐图像分析得出如下结论:

(1)沉船微向左舷方向侧沉,船首走向为东偏南约 25°。

(2)沉船中心位置:31°03′××″N,122°21′××″E。

(3)沉船长度约 62 m,宽约 9.2 m,高出泥面约 5 m。此次任务仅用侧扫声呐扫测,未获得最浅水深信息。

(4)根据 2001 年 5 月第 1 版《长江口及附近海图》资料显示,沉船周围底质为"淤泥",水下地形较平坦,2004 年 9 月 16 日 07 时 50 分周围水深约 10 m(实测水深)。沉船声呐图像见图 2 和 3。

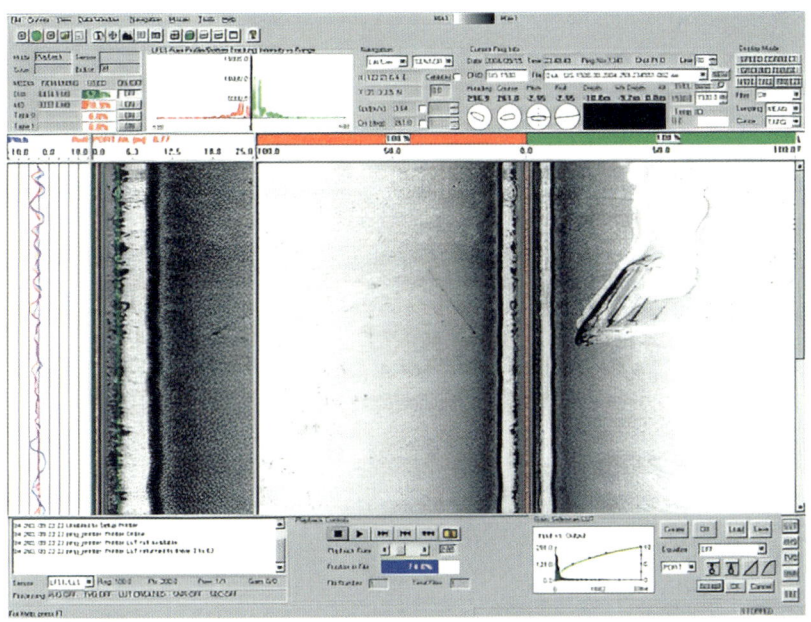

图 2 "金 C68"轮沉船声呐图像 1

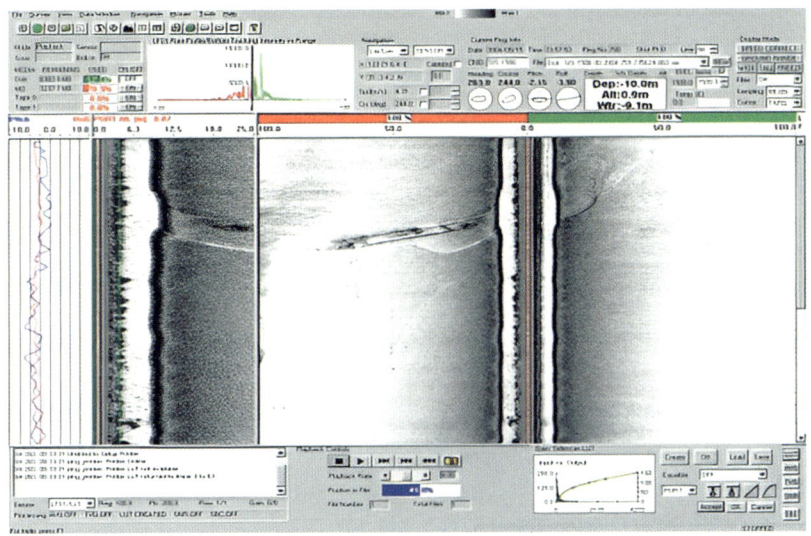

图 3 "金 C68"轮沉船声呐图像 2

4 经验启示

4.1 "金C68"轮应急扫测任务特点

因"金C68"轮遇险时风大浪高,据报沉没位置与实际沉船位置有较大出入。

4.2 "金C68"轮应急扫测经验启示

在实施"金C68"轮应急扫测过程中,利用侧扫声呐,通过"粗扫+精扫"的方式实施,有以下经验启示:

(1)根据任务要求确定扫测方式。此次扫测主要以获得沉船位置以便设置沉船标和后续打捞为目的,因此仅采用侧扫声呐扫测,故缺少沉船最浅点水深信息。如需获得最浅点水深信息,还需增加水深加密测量。考虑到沉船实际位置存在不确定性,确定先粗扫后精扫的扫测方式。通过侧扫声呐大范围粗扫可提高扫测效率,以便尽快扫测到沉船。

(2)采取有效措施提高成像质量。侧扫声呐为侧舷拖曳方式,顺流作业比顶流作业更有利于声呐在水体姿态稳定,顺流扫测成像优于顶流图像。因此,在侧扫声呐作业方式选择上,采取顺流作业为宜。扫测船速控制按照规范要求计算,一般船速应尽量控制在 6 kn 以内,同时船速控制还应保证船舶的舵效和作业效率。较低船速一方面有利于水体设备姿态稳定和下沉深度,另一方面可以增加沉船的反射 Ping(主动声呐产生一个声音脉冲,通常被称为 Ping)数,这些都能有效提高成像质量。

名词解释:

船舶自动识别系统

船舶自动识别系统(AIS)诞生于 20 世纪 90 年代,由舰船、飞机之敌我识别器发展而成。系统由岸基(基站)设施和船载设备共同组成,是一种新型的集网络技术、现代通信技术、计算机技术、电子信息显示技术为一体的数字助航系统和设备。

船舶自动识别系统配合全球定位系统(GPS)将船位、船速、改变航向率及航向等船舶动态结合船名、呼号、吃水及危险货物等船舶静态资料由甚高频(VHF)向附近水域船舶及岸台广播,使邻近船舶及岸台能及时掌握附近海面所有船舶之动静态资讯,得以立刻互相通话协调,采取必要避让行动,有效保障船舶航行安全。

AIS具有识别船舶、协助追踪目标、简化信息交流和提供其他辅助信息以避免碰撞发生等功能。AIS加强了船舶间避免碰撞的措施,增强了ARPA雷达、船舶交通管理系统、船舶报告的功能,在电子海图上显示所有船舶可视化的航向、航线、船名等信息,改进了海事通信的功能,提供了一种与通过AIS识别的船舶进行语音和文本通信的方法,增强了船舶的全局意识,使航海界进入了数字时代。

根据国际海事组织对国际航行船舶必须限期安装AIS系统的要求,原交通部海事局于2003年提出构建全国AIS骨干网、实现海区重点水域及能源大港AIS信号覆盖的建设目标。

名词解释:

侧扫声呐系统

侧扫声呐系统(Side Scan Sona)是采用声学换能器发射与航向正交的声波,对海底进行扫描,接收海底回波信号,获得海底声学图像的一种主动声呐,目前被广泛地应用于港口、航道测量和复杂海区的海底地物地貌探测中,成为当前海底探测的一种重要的探测工具。其优点一是扫宽大,扫测效率高;二是扫测数据基本无须后处理,可以实时输出结果。

侧扫声呐工作原理是:声呐左右侧安装的换能器线阵发射短

促的声脉冲；声脉冲以球面波方式向外传播，触碰到海底或水中物体后会产生散射，其中反向散射波（回波）会按原传播路径返回，被换能器接收后被转换成一系列电脉冲；通过对这些电脉冲进行处理就构成了二维海底地貌声呐图像。

图 4　侧扫声呐系统

侧扫声呐回波信号与测区海底地貌的起伏、底质以及传播路径的远近相关。一般情况下，粗糙的、硬的、凸起的海底或物体回波强；平滑的、软的、凹陷的海底或物体回波弱。

侧扫声呐进行扫海测量一般采用粗扫和精扫两种方式。粗扫又称为搜索性扫海，其目的是初步探测目标的位置、高度、形状和走向。精扫是根据粗扫发现的或海图上有关资料记载的目标概略位置、高度、形状和走向，精确测定其位置、高度、形状和走向。

精扫应符合下列要求：

（1）测量船航行应平行于目标走向，或与目标走向的夹角小于30°。

（2）测线与目标的平距应满足目标分辨率的要求，并考虑定位中误差，应将目标置于有效扫测带宽的中间位置，并应缩小量程。

（3）围绕目标应有 3 个（含）以上不同方向的扫测，且应用至少 3 个不同方向测得的目标距离，交会处目标的最或然位置。

（4）需准确确定目标的位置、高度、性质时，应进行其他手段的加密或下潜探摸。

案例3:"SEA B××"轮沉船应急扫测

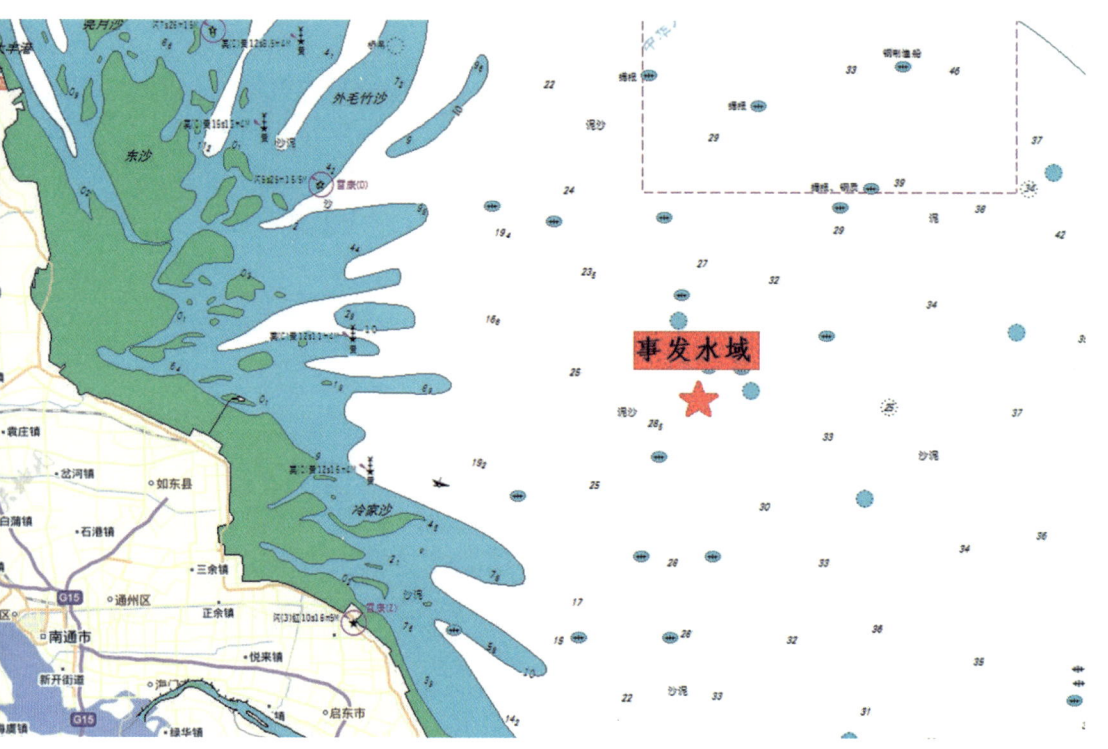

图1 "SEA B××"轮沉船概位示意

1 案例背景

2005年5月1日21时35分左右,一艘从秦皇岛赴菲律宾的蒙古籍"SEA B××"轮航行途中遇大风浪,于(32°54′××″N,122°58′××″E)处海域报警后失联。后经事发水域附近过往船舶反馈,在(32°53′××″N,122°57′××″E)附近海面发现大片油花。溢油和沉船不仅对海洋环境造成了严重的污染,也给船舶航行造成了安全隐患。沉船概位见图1。

2 实施过程

2005年5月4日13时30分，上海海事局海测大队接到应急指令后，随即启动应急预案。16时，扫测组人员在"海标25"轮上完成应急扫测设备的安装、调试工作，随船赶赴事发水域。由于风浪太大，船舶航行受阻，经船长与现场扫测组沟通并报应急指挥小组同意后，船舶暂时抛锚以待天气好转。直到6日，风浪终于变小，"海标25"轮于18时出发，星夜兼程，赶赴事发水域。

按照以往应急经验，扫测组首先对覆盖油花的水域进行扫测，并寻找溢油点。但是一直到7日11时30分，扫测组既未发现溢油点，也未发现沉船的信号。扫测组判断沉船经过多日溢油，已不再有溢油点，现有水面油花为多日前溢油受风浪和潮流影响漂移所致。

扫测组根据现场情况分析后调整扫测方案，以船舶失联前最终报警位置为中心扩大扫测区域。考虑扩大后扫测区域海图水深较浅，如存在沉船会对自身船舶造成危险，因此决定对扫测区域先进行低潮巡视，候潮作业。

7日12时55分，扫测组在扩大扫测区域边缘通过瞭望发现局部海域表面水花异常。经过等待，扫测组发现沉船在最低潮时干出水面些许的船用雷达，见图2。随后，扫测组对干出雷达进行联测定位，并标注在海图上。

图2 "SEA B××"轮沉船现场

为了进一步掌握沉船水下信息，等到下一个高潮水来临时，扫测组使用侧扫声呐对沉船进行了全方位的扫测，获取沉船要素，完成扫测任务。

3 扫测成果

本次应急扫测，采用在航标船上搭载声呐，通过声呐拖曳的方式开展应急扫测。根据声呐图像（图3）分析得出如下结论：

（1）沉船为坐沉状态，船首走向为西北方向。

（2）沉船中心位置：32°53′××″N，122°57′××″E。

（3）沉船干出水面。

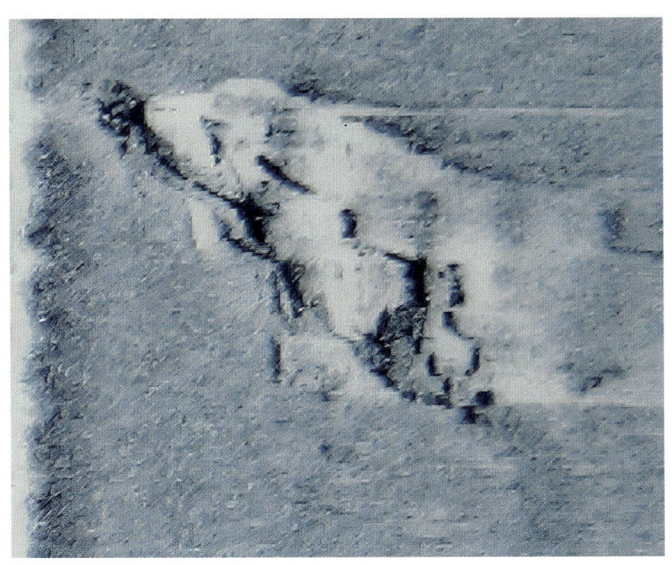

图3 "SEA B××"轮沉船声呐图像

4 经验启示

4.1 "SEA B××"轮应急扫测任务特点

"SEA B××"轮沉船位置风浪较大，且事发水域有油污出现。

4.2 "SEA B××"轮应急扫测经验启示

（1）应急扫测区域判定。海面油花区域是第一扫测区域，最有可能存在沉船；船舶失联前最终报警位置为第二扫测区域，这是船舶失联前最后信息线索。

（2）应急扫测安全措施。在应急扫测实施过程中，因事故发生水域存在诸多不确定因素，首先要确保自身安全，因此要求现场作业人员对工况条件作出初步研判。一要看事故水域风浪条件是否适合实施扫测作业。倘若风浪太大影响船舶航行和设备安全，须等风浪减小再实施应急扫测。二看事故水域水深条件，必要时先低潮巡视。报警位置水域水深较浅，应先在水域附近低潮巡视，以免发生次生事故。"SEA B××"轮沉船扫测就是典型例子，该船舶雷达干出水面些许，若潮水再高一点就将淹没在水下，若事先未经低潮巡视直接扫测，则安全隐患大。

（3）扫测作业方式选择。侧扫声呐为侧舷拖曳方式，成像受风浪影响极大。作业时尽量让声呐处于下风侧，成像效果较好。本次应急扫测，因事故水域水深较浅，船舶雷达干出，不适宜加密施测，可采取联测定位。

名词解释：

联测定位

联测定位主要用于确定无法直接测量定位的目标物位置的一种方法。该方法主要根据船载 GNSS 位置、目标物方位角、目标物距离通过极坐标方式计算目标物位置坐标。

案例 4：福建沙埕港沉船应急扫测

图 1　沙埕港

1 案例背景

沙埕港位于浙闽沿海的交界处，紧依台湾海峡北口，北距温州港 108 n mile，南距三都澳 78 n mile。该港四面环山，港长水深，避风条件较优越，为我国东南沿海的天然良港之一，见图 1。港内有码头 10 座，其中有 2 座最大的泊位为千吨级。港内有避风锚地 24 处，港外有 5 处。

2006年8月10日，50年一遇的超强台风"桑美"在浙江省苍南县马站镇沿海登陆，随后迅速进入福建省福鼎市沙埕港，并滞留该地5个多小时，中心风力达17级。在港内避风的多艘船舶受台风影响沉没，损失惨重。灾情发生后，党中央、国务院以及社会各界对其都极为关注，灾后搜救工作立即展开。

2 实施过程

2006年8月17日19时，上海海事局海测大队接到上级指令：火速调集人员和设备，前往福建灾区，参与灾后搜救。21时，天津海事局海测大队也接到上级指示：以最快的方式赶赴灾区，配合上海海事局海测大队开展搜救工作。灾情严重，十万火急。接到指令后，上海海事局海测大队及天津海事局海测大队都立即启动了应急预案。22时20分，上海海事局海测大队由时任大队长叶引同志率领，张祥文、张良、李阿兔、曹春辉、戴云舟等11名技术骨干组成精干的扫测小组，携带各类应急扫测设备，分乘3辆车连夜赶往沙埕港。

8月18日09时，上海海事局海测大队扫测小组抵达沙埕港。10时，扫测组成员参加了"宁德市桑美台风灾后海上搜救组指挥部"的工作协调会。会议决定，由福建海事局、上海海事局、天津海事局联合组成现场扫测指挥组（组长：肖跃华；副组长：叶引；组员：刘东全、张良），负责海上扫测方案的确定以及扫测工作的协调和实施。18时，天津海事局海测大队扫测小组也赶到现场，与上海海事局海测大队扫测小组会合，组成福建沙埕港联合扫测组。联合扫测组外业实施细分成3个扫测小组。

8月19日08时30分，3个小组按照现场扫测指挥组研究确定的扫测方案，对沙埕港开展全面细致的扫测工作。

本次应急扫测分为两个阶段：

（1）首次扫测阶段：8月19日08时30分至8月21日17时。主要任务是对沙埕港港界线（福建头）至上游八尺门的34 km水域进行全覆盖扫测，其中金屿至莲花屿水域以及金屿上游3 km水域沉船较多，为扫测重点，需进行加密精扫。扫测范围及轨迹见图2和3。

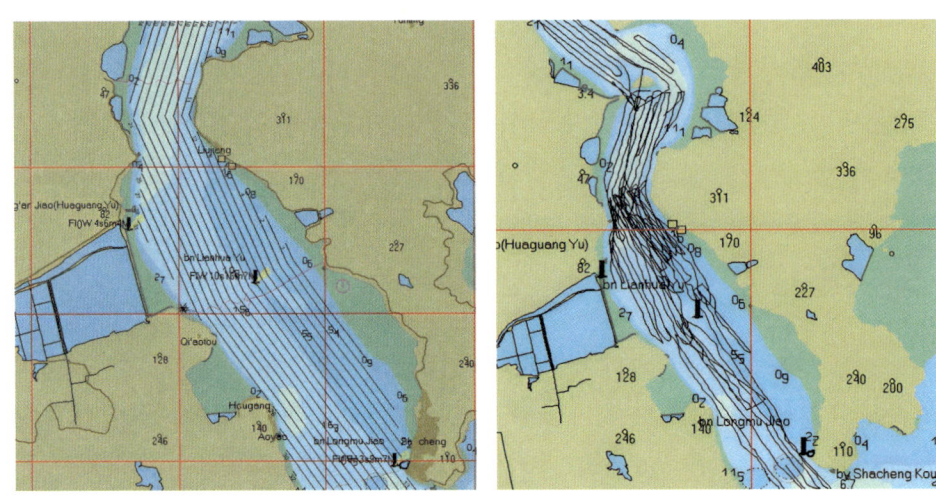

图2　首次扫测范围　　　　　　　图3　首次扫测轨迹

（2）清障复测阶段：9月1日10时至9月2日17时。主要任务是对沙埕港主航道进行打捞清障后的复测，复测范围见图4。

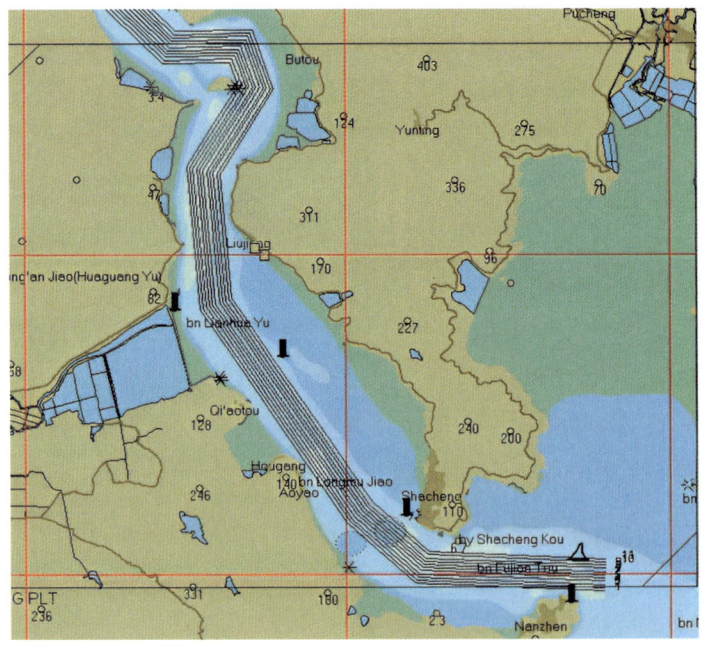

图4　清障复测范围

3 扫测成果

（1）首次扫测：扫测组经过对扫测结果仔细地分析、判读和检核，共发现了沉船疑点位置 145 处。部分沉船疑点位置及声呐图像见图 5~7。

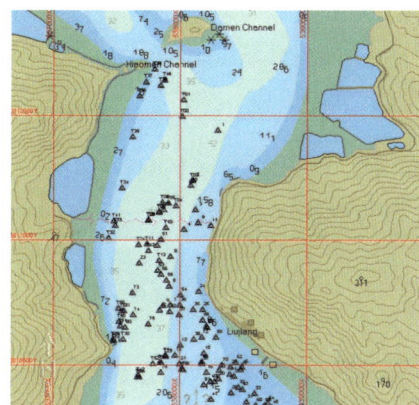

图 5　疑点位置示意一

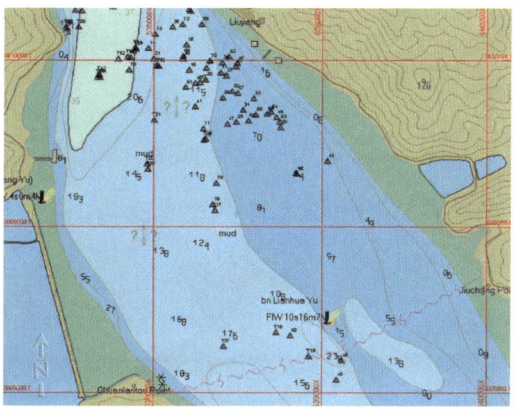

图 6　疑点位置示意二

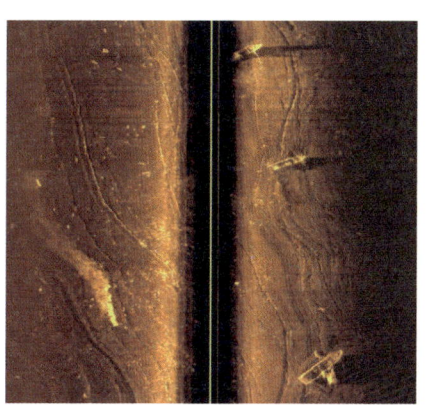

图 7　部分沉船疑点声呐图像

（2）清障复测：扫测组经过对复扫结果仔细地分析、判读和检核，在航道内共发现沉船疑点 5 处。见图 8。

图 8　清障复测疑点位置示意

4　经验启示

4.1　沙埕港沉船应急扫测任务特点

（1）灾情严重。台风致使在港内避风的多艘船舶沉没，损失惨重。党中央、国务院以及社会各界对其都极为关注。

（2）任务紧急。上海海事局海测大队和天津海事局海测大队在接到上级应急指令，不惜代价、不计成本、不提要求，携带各类应急扫测设备星夜兼程，按要求准时抵达沙埕港，开展灾后扫测工作。

（3）联合扫测。此次灾后应急扫测由福建海事局、上海海事局、天津海事局组成联合扫测组。多局跨区域、大范围联合应急扫测行动在海事应急测绘史上也屈指可数。

（4）水域复杂。扫测水域水面漂浮物多且水下情况十分复杂，在施测过程中，不时发生船舶螺旋桨、拖鱼电缆与水下不明物缠绕现象，给扫测工作带来诸多困难。

4.2　沙埕港沉船应急扫测经验启示

（1）加强技术人员常态化训练和应急设备定期维护保养是确保应急能

力的重要基础。正所谓"养兵千日，用兵一时"，只有不断加强技术人员技能训练，完善应急测绘设备维护保养机制，方能做到召之即来、来之能战、战之必胜。这次福建沙埕港应急扫测的快速实施，不论从接到上级指令后的快速反应，还是扫测过程中的精确判断，都源自平时工作的扎实积累和扫测人员的精湛技术水平。对技术先进的大型海洋装备，如水下机器人（ROV）等，还要注重ROV操作手等专业人才引进、培养。

（2）图像判读能力重在日常积累。声呐扫测又如给海底做B超或CT。对声呐扫测图像判读，既考验声呐扫测的效果，又考验技术人员对声呐扫测图像的判读能力。这种能力，主要依靠经验。本次扫测区域内沉船较多，既有单独沉船图像，又有多船叠加沉船图像。尤其是后者，对以后应急扫测图像判断经验的提升是个很好的补充。从现场扫测的实际情况来看，在水流回转处容易堆积小型沉船。

（3）做好后勤保障是确保应急测绘实施的重要因素。孙子兵法说："凡用兵之法，驰车千驷，革车千乘，带甲十万，千里馈粮，则内外之费，宾客之用，胶漆之材，车甲之奉，日费千金，然后十万之师举矣。"军队打仗一半是在打后勤。应急测绘虽不比打仗，但是实施应急测绘，往往是指令一来、即刻出动，且越快越好。驰援千里实施应急测绘，尤其针对重大灾难事故后的应急工作，后勤保障十分重要。为提升应急反应速度和效率，必须重视后勤保障能力建设，比如配备应急反应包，包内适当储备必要的应急生活物资和个人安全防护装备。生活物资方面，主要是牙膏、牙刷、毛巾、纸内裤、被子、毛毯、压缩饼干、方便面、藕粉、酒精喷剂、创可贴、感冒药、消炎药等；个人安全防护装备方面，主要是救生衣、单兵定位、对讲机等。除此以外，特殊应急装备的长距离调遣，需要比较专业的运输车辆等。

（4）其他。对参与大灾后应急扫测的扫测人员开展心理疏导问题须引起各级领导的高度重视。

名词解释：

水下机器人（Remote Operated Vehicle，ROV）也称无人遥控潜水器，是一种工作于水下的极限作业机器人。水下环境恶劣危险，人的潜水深度有限，所以水下机器人已成为开发海洋的重要工具。

无人遥控潜水器主要有有缆遥控潜水器和无缆遥控潜水器两种。其中有缆遥控潜水器又分为水中自航式、拖航式和能在海底结构物上爬行式等3种。

水下机器人可在高度危险环境、被污染环境以及零可见度的水域代替人工在水下长时间作业。水下机器人一般配备声呐系统、摄像机、照明灯和机械臂等装置，能提供实时视频、声呐图像，其机械臂能抓起重物。水下机器人在石油开发、海事执法取证、科学研究和军事等领域得到广泛应用。

案例 5："惠 R"轮沉船应急扫测

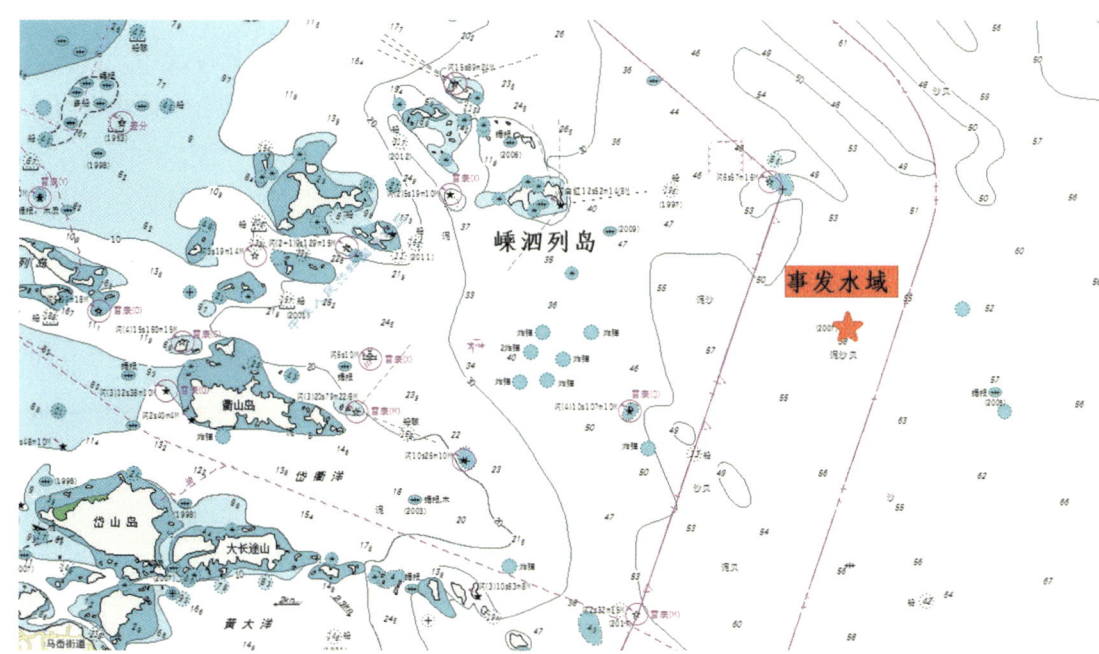

图 1 "惠 R"轮沉船概位示意

1 案例背景

2007年3月17日23时，香港籍杂货船"惠 R"轮与深圳籍散货船"PY"轮在舟山嵊泗浪岗山附近水域发生碰撞，造成"惠 R"轮沉没，沉船概位示意见图 1。

2 实施过程

2007年3月18日，舟山海事局函请上海海事局海测大队对"惠 R"轮沉船概位开展应急扫测，以探明沉船位置和具体水下信息。收到函请后，上海海事局海测大队立即组织应急扫测小组携带扫测设备赶至浙江镇海，使用航标部门的航标船实施应急扫测作业。扫测人员在航标船上完成扫测设备安装、调试工作后，随船赶往事发水域。受持续大风影响，扫测船航行受阻。直至3月21日09时，扫测船舶抵达事发水域。

经巡视瞭望，扫测小组发现：沉船事发水域海面存在大片油污，且溢油点仍在不断冒油。初步判断，溢油点与沉船概位位置基本吻合。考虑事发水域水深较深，因此扫测人员决定首先以沉船概位为中心，以侧扫声呐为主要手段开展扫测，快速锁定沉船精确位置，然后再开展精扫。通过近一小时扫测作业，扫测小组获取沉船水下详细信息，本次应急扫测任务完成。

3 扫测成果

根据声呐图像（图2）分析得出如下结论：
（1）船首走向东偏北约20°，坐沉。
（2）沉船中心位置：30°32′××″N，123°15′××″E。
（3）沉船长约160 m，宽约22 m，高出泥面约24 m；周围水深约55 m（海图水深）。

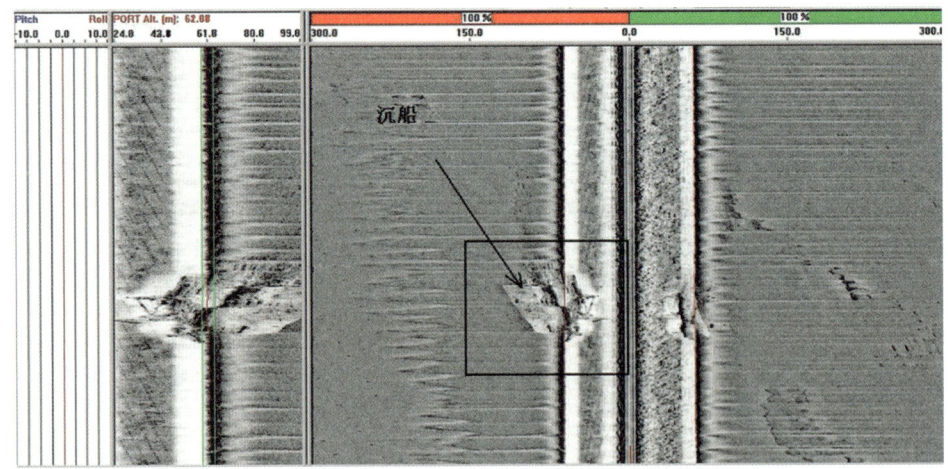

图2 "惠R"沉船声呐图像

4 经验启示

4.1 "惠 R"轮沉船应急扫测任务特点

（1）沉船周边水域水深较深，可以直接开展扫测工作。

（2）溢油点仍在不断冒油，可以初步判断沉船概位。

4.2 "惠 R"轮沉船应急扫测经验启示

（1）利用沉船水域相关信息快速确定扫测区域。扫测小组抵达现场后，经过巡视瞭望，发现沉船事发水域附近海面存在大片油污，且溢油点仍在不断冒油。通过这个信息，判断沉船概位与溢油点基本吻合，随后快速确定扫测区域。

（2）妥善处理声呐扫测盲区问题。根据侧扫声呐图像构成，声呐正下方存在"扫测盲区"，此次扫测因为直接对沉船概位开展，扫测船从沉船正上方通过，因此沉船声呐图像受"扫测盲区"影响，出现断开现象，并非船舶本身断开，船舶水下详细信息还需其他精扫数据确定。

（3）尽可能减小声呐设备姿态对成像效果的影响。声呐设备在水体中姿态不稳定，成像效果受风浪影响较大。在水深条件许可情况下，将声呐释放得更深一些，减少风浪对声呐设备的影响，可以获得更佳成像效果。但需注意悬臂离船舷距离，避免设备碰撞到船体，同时注意悬臂距船尾距离，避免设备碰撞到螺旋桨。

名词解释：

侧扫声呐图像构成

侧扫声呐图像根据其接收回波数据成像，成像距离通过发射声波和回波时间差确定，主要以发射线、水面线、海底跟踪线划分，由水体区和扫测区两部分构成，图像构成示意见图 3。

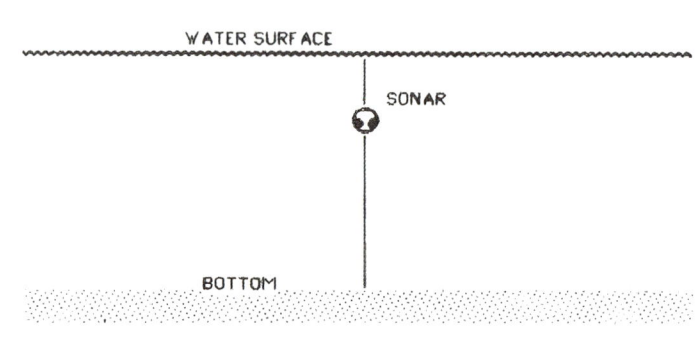

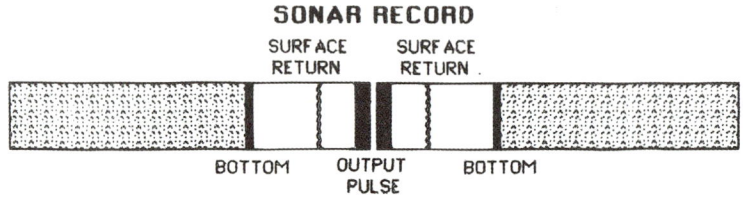

Figure 55

图 3　侧扫声呐图像构成示意

发射线（OUTPUT PULSE LINE）：指声呐拖鱼探头发射和接收声波阵列中心线。

水面线（SURFACE RETURN LINE）：指水体中声呐拖鱼发射声波至水面的反向散射回波数据，一般在浅海实施声呐扫测中体现明显。由于在浅海实施声呐扫测，声呐拖鱼在水体中离水面较近，因此反向散射至水面返回的声波最先被拖鱼接收；在深海实施深拖扫测，拖鱼释放深度远大于拖鱼至海底深度，拖鱼反向散射声波数据可以忽略不计。从发射线至水面线距离反映声呐拖鱼在水体中深度。

海底跟踪线（BOTTOM LINE）：指水体中声呐拖鱼发射声波至正下方海底的回波数据。从发射线至海底跟踪线距离反映声呐拖鱼在水体离海底的距离。

水体区：水体区主要包括发射线至水面线水体区和发射线至海底跟踪线水体区两部分构成。水深等于发射线至水面线距离与发射线至海底跟踪线距离之和。

扫测区：实际上，发射线两侧都是扫测区，只是部分扫测为水体，另一部分扫测为海底。由于距离近的回波先被接收，距离远的回波后被接收，因此声呐先接收水面回波，再接收正下方海底回波，最后接收倾斜方向海底回波从而形成声呐图像条带。由于水体中一般无反射目标，在图像中反映出水体区一般为空白图像，因此水体区一般认为是扫测盲区，而海底跟踪线两侧向外为扫测区。

案例6:"Har××××"轮沉船应急扫测

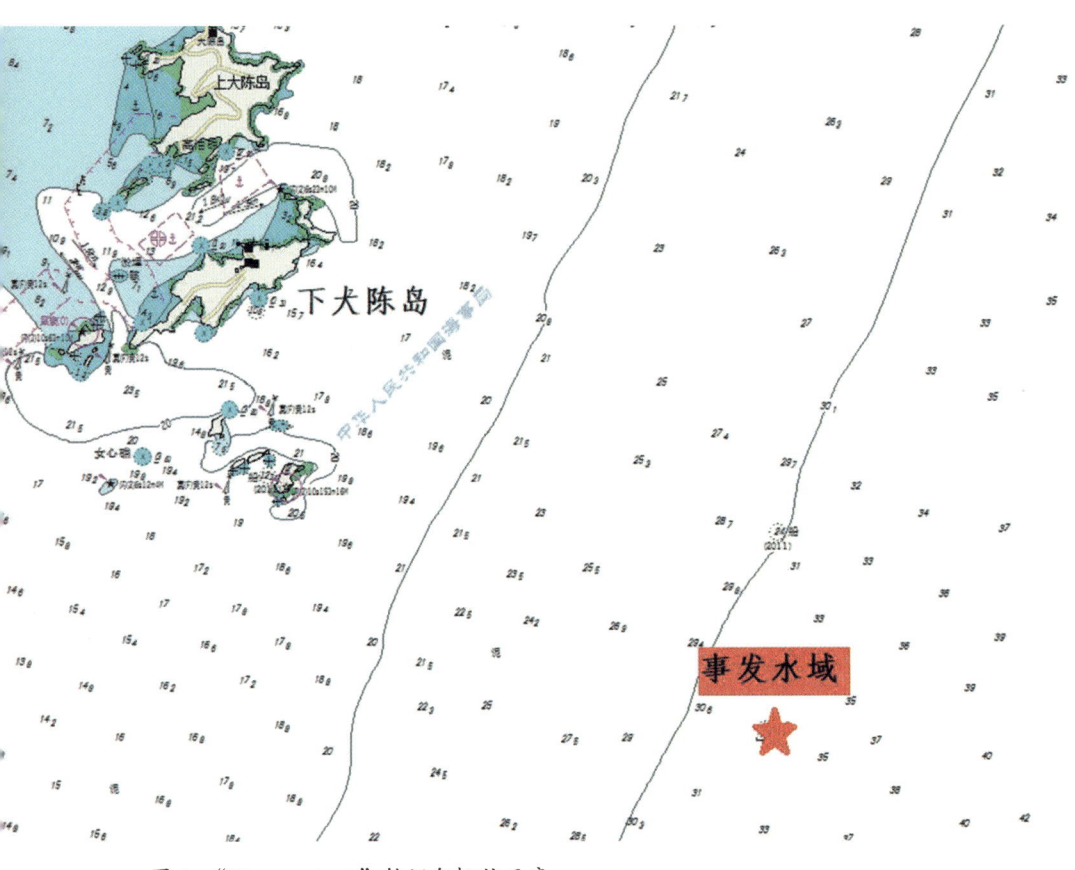

图1 "Har××××"轮沉船概位示意

1 案例背景

2007年4月8日04时许,装载有5 600余吨钢板等货物的"Har××××"轮从中国上海驶往越南海防途中,在台州下大陈岛东南约10 n mile处与"JHK"轮发生碰撞。事故造成"Har××××"轮沉没,沉船概位见图1。

2 实施过程

4月8日15时,上海海事局海测大队收到上级指令,启动应急预案,组织扫测小组携带扫测设备紧急赶赴浙江台州实施应急扫测。扫测小组于当天23时30分抵达台州港。9日06时,扫测小组在台州海事局的协助下,征用当地船舶临时安装了拖曳支架,并调试侧扫声呐设备。08时许,扫测船舶抵达事发水域,并以沉船概位为中心、1 n mile 为半径范围内进行扫测。经过一个多小时扫测作业,即扫获沉船目标。

3 扫测成果

根据声呐图像(图2)分析得出如下结论:

(1)船首走向南偏西约7°,呈坐沉状态。

(2)沉船中心位置:28°19′××″N,122°02′××″E。

(3)沉船长约105 m,宽约16 m,高出泥面约20 m;沉船周围平均水深约37.5 m(海图水深)。

(4)在沉船水域发现500 m×500 m油污带。

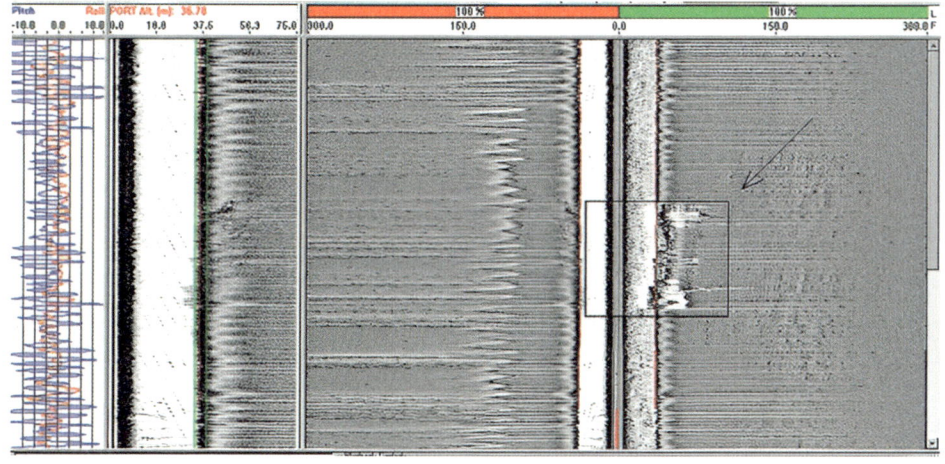

图2 "Har××××"轮沉船声呐图像

4 经验启示

4.1 "Har××××"轮应急扫测任务特点

（1）扫测小组跨地区调遣实施应急扫测作业。

（2）为提高调遣效率，扫测小组赶赴测区时仅随带声呐等设备，并征用当地船舶临时安装用于声呐拖曳的简易支架。

4.2 "Har××××"轮应急扫测经验启示

（1）针对临时安装声呐拖曳支架情况设法改进声呐成像效果。声呐拖曳支架通过绳索前中后三点固定，可供临时使用。如扫测持续时间较长，应对支架进行加固。因受船舶条件限制，临时安装在船舶上的支架十分简易，声呐拖体离船较近，声呐图像受船体干扰较大，尤其靠近船舷一侧信号基本缺失，应采取单侧扫测作业方式。实施声呐扫测时，应合理布设测线，将沉船图像控制在量程中间位置，如此声呐扫测成像效果最佳。

（2）注意对声呐设备的维护保养。声呐拖体在油污带测量，回收拖体后，应仔细清洁拖体及线缆，确保油污清洗干净。注意应使用淡水清洗，以防海水对设备造成腐蚀等影响。

案例 7："锦 TS"轮沉船应急扫测

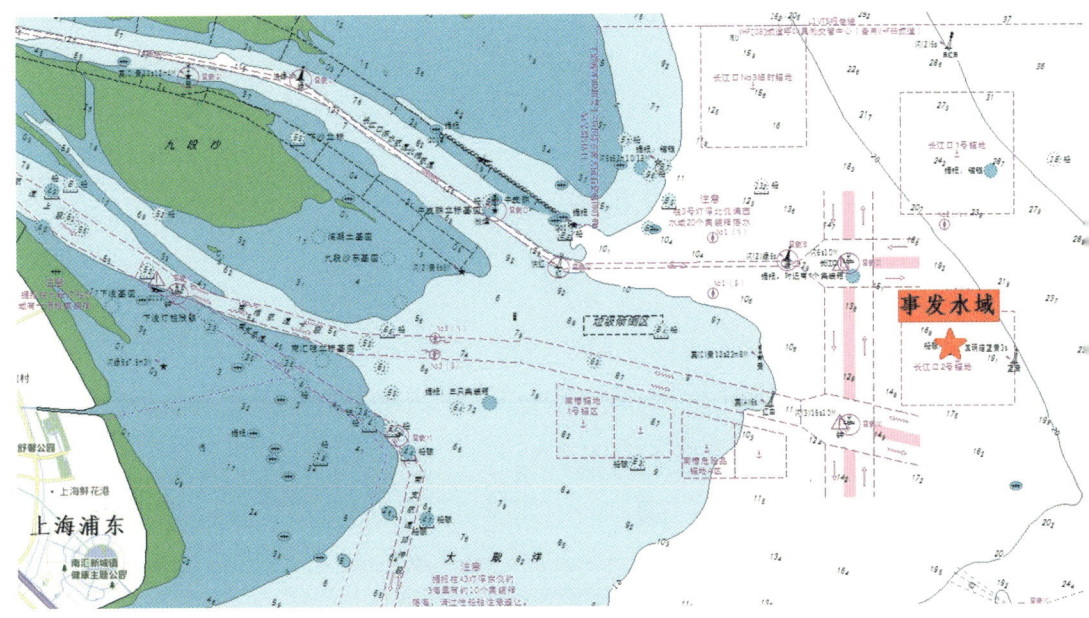

图 1 "锦 TS"轮沉船概位示意

1 案例背景

2008 年 1 月 30 日 01 时 30 分，由大连驶往上海的"JYY9"轮在长江口锚地起锚进港途中，与在长江口灯船东南方向约 8.3 n mile 处锚泊的"锦 TS"轮发生碰撞。事故导致"锦 TS"轮右舷一舱破损进水后沉没，沉船概位见图 1。由于事发水域为锚地，船舶较多，水深又较浅，沉船对锚泊及往来航行的船舶带来巨大危险。

2 实施过程

1 月 30 日 07 时 40 分，上海海事局海测大队接到上级指令，立即启动应急预案，迅速集结扫测船舶、人员赶赴事发水域。由于事发当日现场风浪太大，不满足作业条件，扫测人员在现场等待气候好转。

1月31日12时40分，风浪减小，现场扫测人员经过事发周边水域巡视后，开始扫测。13时25分，扫测人员经过粗扫迅速锁定沉船位置。随后现场扫测人员通过侧扫声呐从3个不同角度进行精扫，获取沉船全面水下信息。

3 扫测成果

根据声呐图像（图2和3）分析得出如下结论：

（1）船首走向北偏西约5°，侧躺沉。

（2）沉船中心位置：31°02′××″N，122°36′××″E。

（3）沉船长约110 m，宽约19 m，高出泥面约14 m。

（4）沉船周围平均水深约20 m（海图水深）。

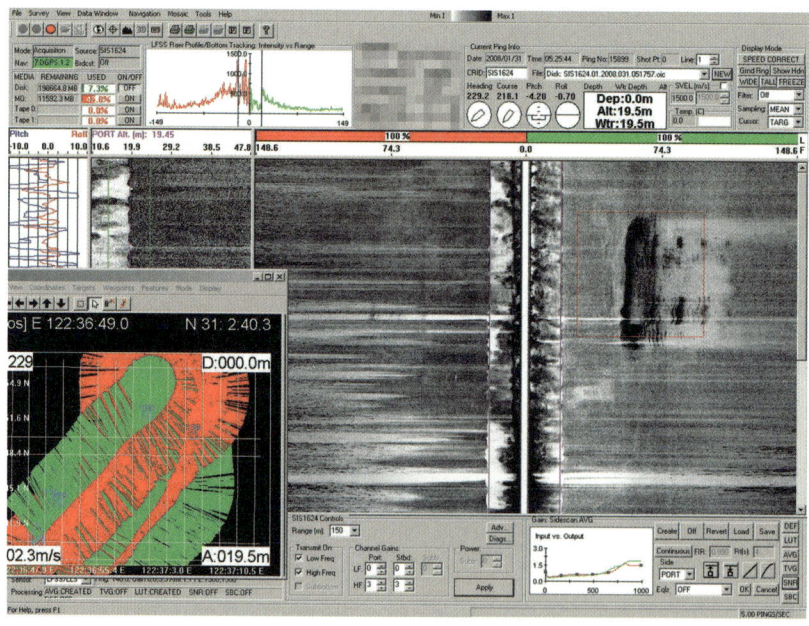

图2 "锦TS"轮沉船低频声呐图像

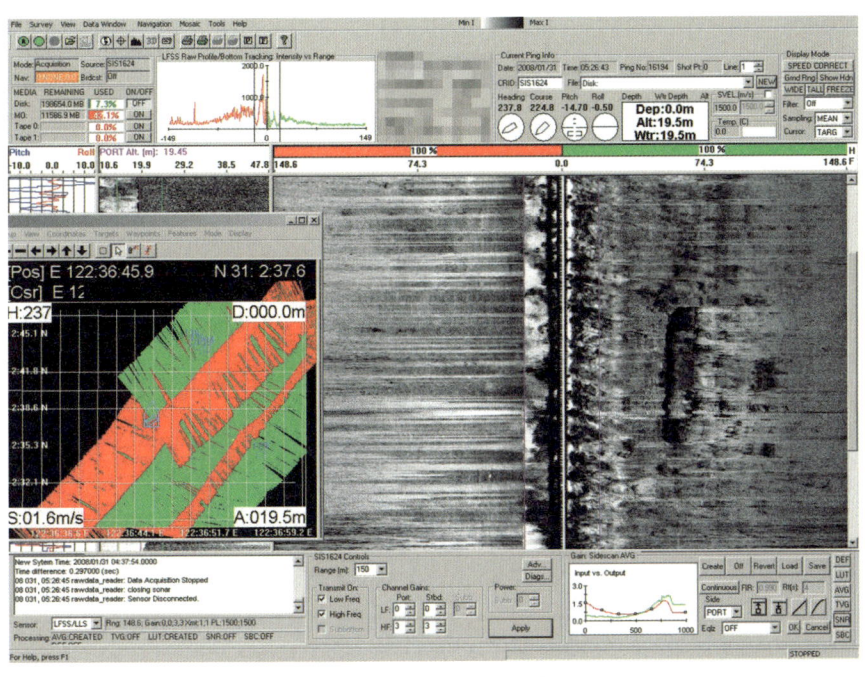

图 3 "锦 TS"轮沉船高频声呐图像

4 经验启示

4.1 "锦 TS"轮沉船应急扫测任务特点

应急扫测现场水域环境复杂。该沉船位于长江口锚地水域,抛锚船舶多,且水深相对较浅,对扫测作业船舶和设备自身安全影响大。

4.2 "锦 TS"轮沉船应急扫测经验启示

(1)特别要注意扫测作业船舶自身安全。事发水域周边水深约 20 m,为确保扫测作业安全,需先对事发水域周边进行巡视。由于在锚地实施扫测作业,在扫测过程中尤其要注意周边抛锚船舶,防止声呐拖鱼被水中锚链拖挂损坏或丢失。

(2)确定重点扫测作业区域,合理布设测线。使用声呐进行粗扫时先以沉船概位中心附近开始,逐步向沉船概位靠近,可以确保作业安全。同时,根据现场情况布设测线,测线布设应避开沉船概位,将沉船概位置于两测线中间。扫获沉船位置后,进行声呐精扫时也应将沉船置于声呐同侧,减少船舶对声呐拖体的干扰,从而获取高质量的声呐扫测图像。

案例8:"浙定58×××"轮沉船应急扫测

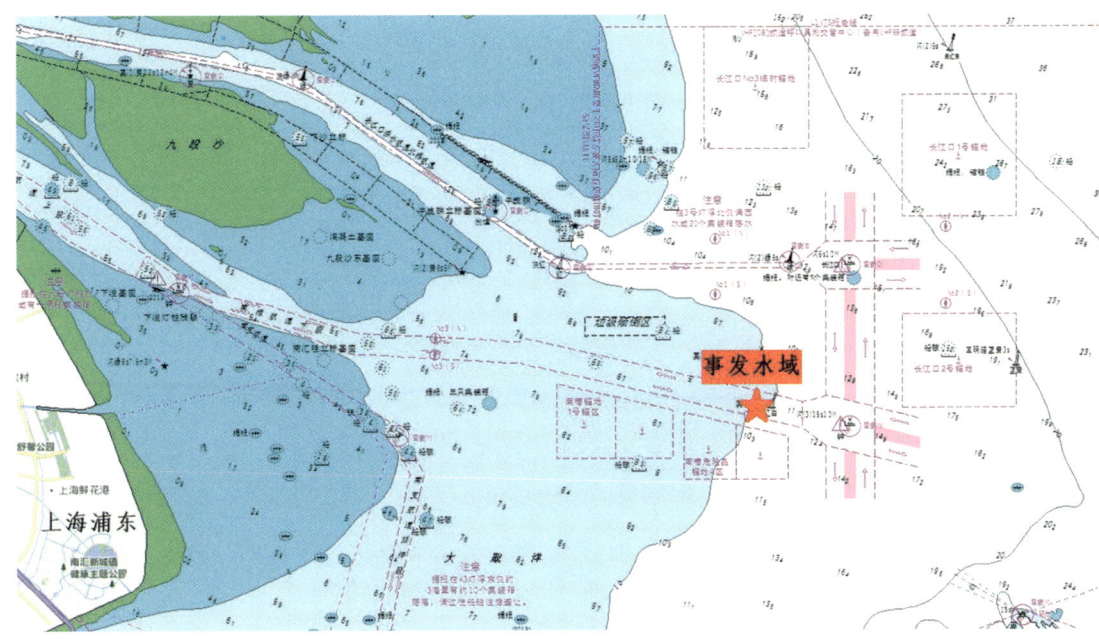

图1 "浙定58×××"轮沉船概位示意

1 案例背景

2008年5月2日,"浙定58×××"轮从舟山小黄龙嵊龙采石场开出,往江苏启东方向航行。15时30分左右,长江口突起浓雾,能见度由0.8 n mile左右降至不足100 m。16时许,"浙定58×××"轮与"D×1"轮在南槽灯船东南侧约1.5 n mile处发生碰撞,"浙定58×××"轮沉没,沉船概位见图1。沉船严重影响南槽航道船舶通航安全。

2 实施过程

事故发生 1 个小时后,上海海事局海测大队收到上级应急扫测指令,立即启动应急预案,组织应急扫测人员随扫测船"海测 1010"轮赶赴事发水域。扫测船舶赶至现场已经是晚上,由于事发水域水深浅,低潮巡视效果不佳,扫测小组决定等到第二天早上低潮巡视后开展扫测作业。

5 月 3 日 05 时 35 分,现场扫测人员经低潮巡视后,使用侧扫声呐开始沉船扫测。07 时 22 分,扫测人员发现疑似沉船目标,随后从 3 个不同角度对该疑点进行精扫,获得该沉船详细信息。

3 扫测成果

根据声呐图像(图 2)分析得出如下结论:
(1)船首走向东偏南约 35°,坐沉。
(2)沉船中心位置:30°59′××″N,122°28′××″E。
(3)沉船长约 75 m,宽约 10 m,高出泥面约 8 m。
(4)沉船周围平均水深约 11.6 m(海图水深)。

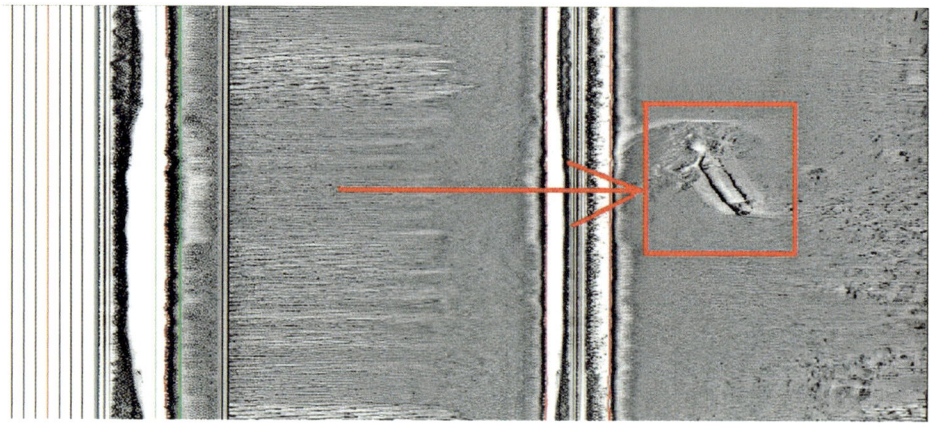

图 2 "浙定 58×××"轮沉船声呐图像

4 经验启示

4.1 "浙定58×××"轮沉船应急扫测任务特点

（1）沉船发生在南槽灯船东南侧约 1.5 n mile 处，严重影响南槽航道船舶通航安全，任务十分紧急。

（2）南槽航道进出船舶数量众多，应急扫测现场水域环境复杂。

4.2 "浙定58×××"轮沉船应急扫测经验启示

（1）在充分确保自身安全的前提下实施扫测作业。尤其在事发水域水深条件欠佳且船舶通航密集区，开展低潮巡视是实施应急扫测的必要环节。扫测船抵达"浙定58×××"轮沉船附近水域时，已经是晚上，视线条件不佳，且事发水域水深较浅，根据当时的潮水状况无法开展低潮巡视。因此，在不具备安全作业条件下切忌盲目作业。

（2）应合理设置声呐扫测量程。具体扫测量程设置应根据现场综合考虑声呐托体距海底实际水深、探测目标大小、显示屏幕大小等因素来决定。粗扫时可以放大量程提高扫测效率，精扫时应缩小量程，以能清晰反映探测目标在声呐图像横向方向上 1~2 cm 长度为宜。

案例 9："吉 LL886"轮沉船应急扫测

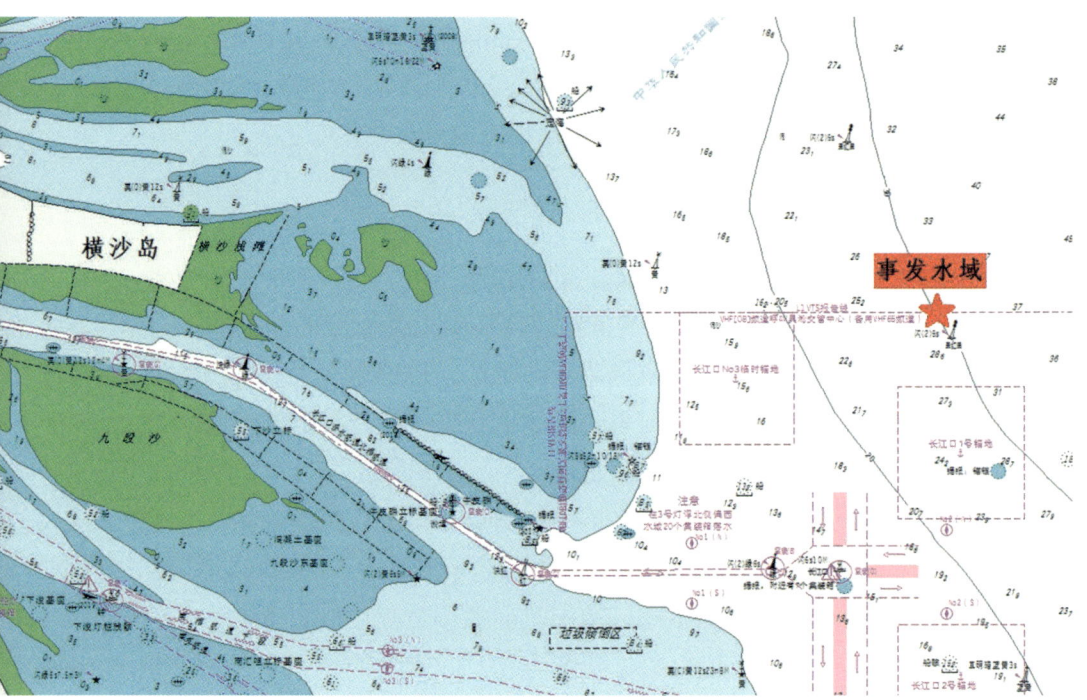

图 1　"吉 LL886"轮沉船概位示意

1 案例背景

2008 年 6 月 16 日 09 时 53 分,"吉 LL886"轮在长江口 1# 锚地正北约 2 n mile 处沉没,对长江口水域船舶通航安全造成隐患,沉船概位见图 1。

2 实施过程

事故发生半小时后,上海海事局海测大队接上海海事局应急扫测指令,立即启动应急预案,迅速集结扫测船舶、人员赶赴事发水域。17 日 10 时 30 分左右,扫测人员抵达事发水域。经现场巡视瞭望后,现场扫测人员以"吉 LL886"轮沉船概位为中心,以侧扫声呐为主要手段,在半径 1 km 范围内进行扫测。12 时 38 分,现场粗扫发现沉船目标,为了确定沉船的详细信息,扫测人员从 3 个不同角度进行精扫。扫测轨迹见图 2。

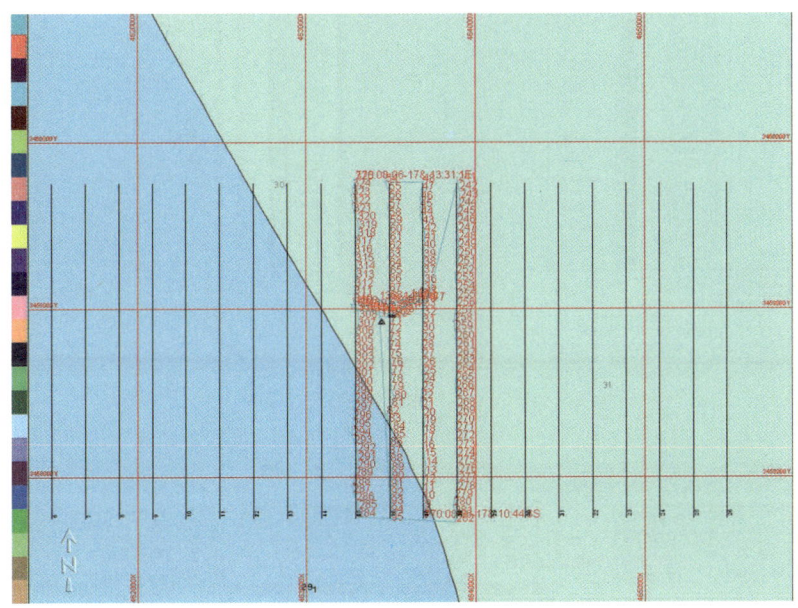

图 2　扫测轨迹

3 扫测成果

根据声呐图像(图 3 和 4)分析得出如下结论:

(1)沉船呈坐沉状态,船首走向南偏西约 40°。

(2)沉船中心位置:31° 15′ ××″N,122° 37′ ××″E。

(3)沉船长约 81 m,宽约 12 m,高出泥面约 7 m。

(4)沉船周围平均水深约 25 m(海图水深)。

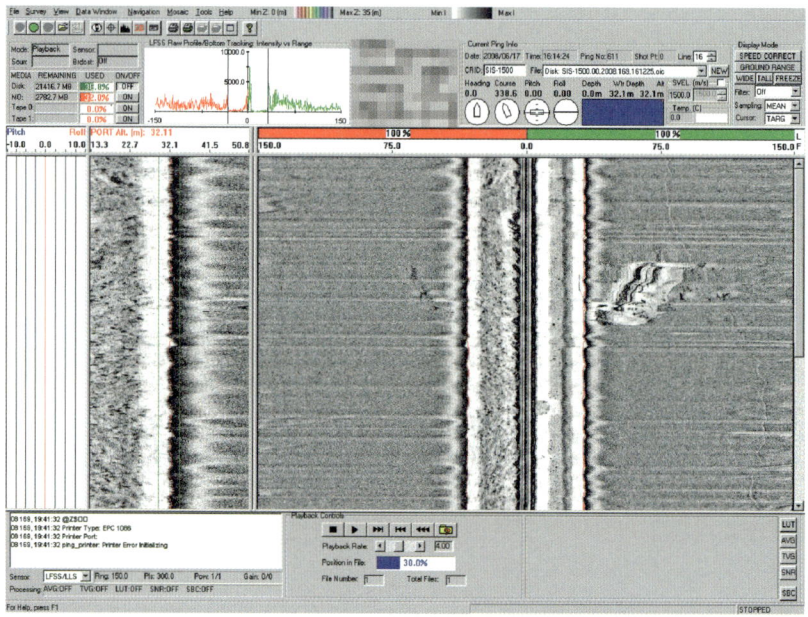

图 3 "吉 LL886"轮沉船扫测声呐图像 1

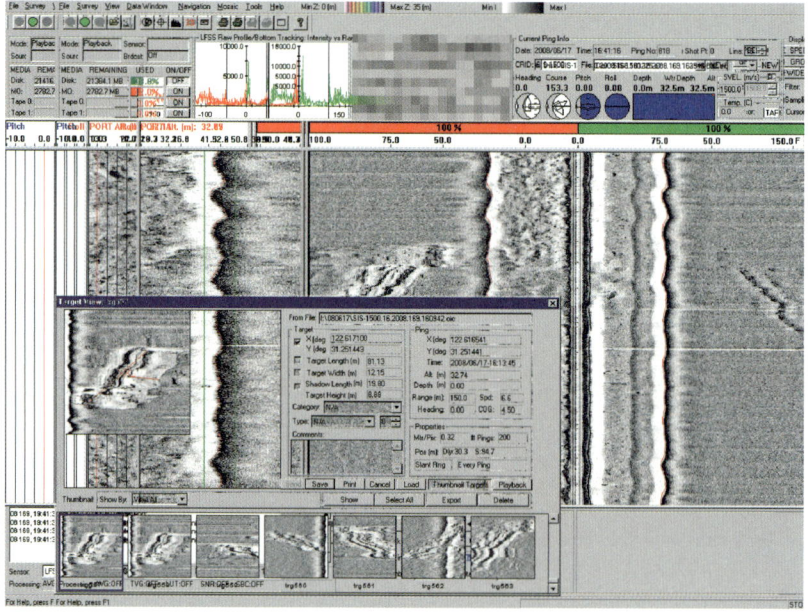

图 4 "吉 LL886"轮沉船扫测声呐图像 2

4 经验启示

4.1 "吉LL886"轮应急扫测任务特点

（1）沉船发生水域位于长江口1号锚地正北约2 n mile处，对长江口水域南来北往航行船舶航行造成安全隐患，任务紧急。

（2）沉船发生水域风浪、海流对声呐扫测作业影响较大。

4.2 "吉LL886"轮应急扫测经验启示

（1）声呐扫测图像质量不佳情况下，综合判读能力十分关键。在风浪、海流的共同影响下，声呐拖体姿态将直接影响到声呐扫测图像质量。虽能发现目标，但目标成像扭曲变形严重。此时可以通过分析周围海底地形情况、疑似目标图像周围冲刷情况，综合判断出疑似沉船。

（2）通过多波束测深系统扫测弥补声呐扫测图像缺陷。在海况条件允许情况下，对于声呐图像不佳情况宜结合多波束测深系统对疑似目标进行精扫，从而进一步获取障碍物详细信息数据。

名词解释：

多波束测深系统

多波束测深仪是在单波束测深仪的基础上发展起来的，是1970年代兴起，1980年代中末期又得到飞速发展的一项全新的海底地形精密测量技术。随着科学技术的发展，高精度的定位系统和运动传感器、高性能的计算机技术、高分辨率的显示系统以及数字化的采集技术及其相关的信号处理技术得到了迅速的进步，使测深原理、测量方法、外围设备和数据处理技术都发生了巨大变化，大大提高了海底地形测量的精度、分辨率和工作效率，实现了测深技术史上的一次革命性突破。在测深原理上多波束相对于单波束回声测深仪来说,它采取了广角度定向发射和多通道信息接收,获得水下高密度具有成百上千个波束的海底地形数据。从而改变了传统测深技术的基本概念。

由于多波束测深系统具有一次能给出与航向垂直的剖面内几十个甚至上百成千个被测点的水深值,能够在一定宽度内实施全覆盖的测量,所以它能精确地、快速地测出航线一定宽度内水下目标的大小、形状和高度的变化,从而比较可靠地描绘出海底地形的精细特征。与单波束测深仪相比,多波束测深仪具有测量范围大、测量速度快、精度和效率高、记录数字化和实时自动绘图的优点,把测深技术从原先的点、线扩展到面,并进一步发展到立体测深和自动成图。多波束测深系统示意见图5。

图5 多波束测深系统示意

多波束测深系统主要由定位仪、电罗经、涌浪补偿器、测深换能器、声速仪、信号和数据处理单元、数据采集和数据处理计算机、绘图机和打印机组成,见图6。定位仪提供导航数据;电罗经提供方位数据;涌浪补偿器提供三维涌浪数据;测深换能器是用于测量多波束的数据;声速仪提供测区内的声速数据;信号和数据处理单元用来接收外来设备的数据并进行信号处理,同时与计算机进行通信;数据采集和数据处理计算机主要用来采集导航、原始数据采集、数据处理;绘图机和打印机用于实时、后处理绘图及打印。

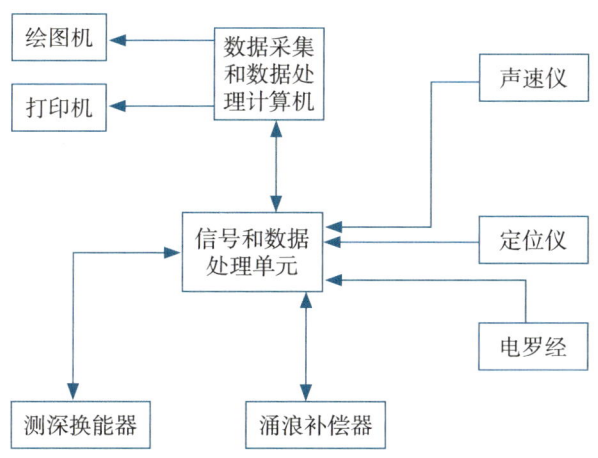

图6 多波束测深系统的基本组成

案例10："锦H69"轮沉船应急扫测

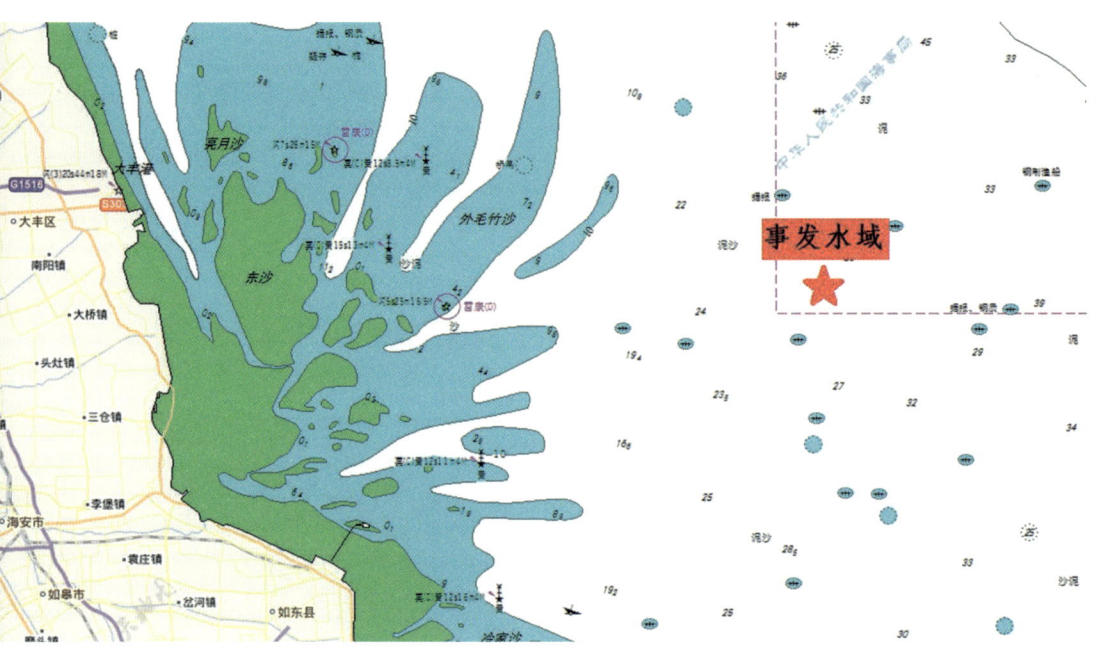

图1 "锦H69"轮沉船概位示意

1 案例背景

2008年9月11日20时，装载有5 100 t煤炭的"KR68"轮与装载有3 290 t钢材的"锦H69"轮在黄海南部海域发生碰撞，事故造成"锦H69"轮沉没，沉船概位见图1。

2 实施过程

事发次日15时，上海海事局海测大队接到上海海事局应急扫测指令，启动应急预案。考虑到事发水域离岸较远，而近期又持续大风，上海海事局海测大队协调航标船"海标103"轮作为应急扫测船舶共同执行此次应急扫测任务。

受连续大风影响，海况恶劣，9月18日05时，"海标103"轮离泊赶赴事发水域。9月19日16时35分，"海标103"轮抵达现场，以侧扫声呐为主要手段开展沉船扫测工作。18时15分左右，现场即扫获沉船目标。

3 扫测成果

根据声呐图像（图2和3）分析得出如下结论：

（1）沉船为坐沉状，船首走向东偏南约12°。

（2）沉船中心位置：33°01′××″N，122°35′××″E。

（3）沉船长约90 m，宽约12 m，高出泥面约8 m。

（4）沉船周围平均水深约30 m（海图水深）。

图2 "锦H69"轮沉船声呐图像1

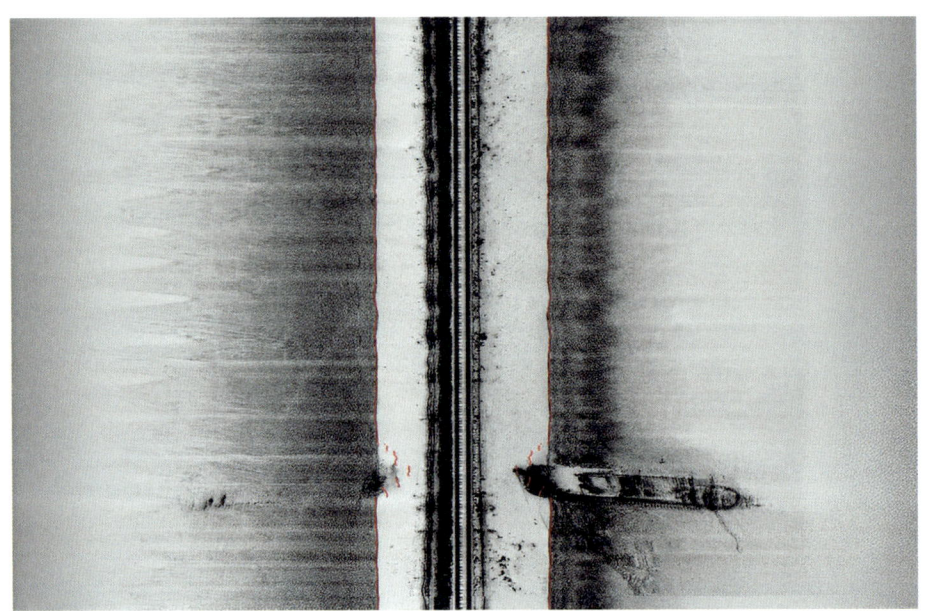

图 3 "锦 H69"轮沉船声呐图像 2

4 经验启示

船舶吊臂长度越长，越有益于提升声呐扫测质量。本次应急扫测使用航标船，航标船用于起吊航标的吊机一般外展比较远，航标船吊机起吊声呐拖曳作业，声呐信号受船体影响小，船舶两侧信号质量都较高。

有条件情况下多角度开展精扫以利获取最佳图像。扫获沉船目标后，在海况条件允许的情况下，使用声呐从不同角度对沉船目标进行精扫，可以获取最佳的声呐图像。如上图，声呐图像 2 效果明显好于声呐图像 1。

有效防止声呐图像失真。本次应急扫测使用的装备的 Benthos SIS-1624 侧扫声呐为走航式成像，对目标进行探测时应保速保向，以免声呐图像失真。如声呐图像 1 所示，扫测船舶有轻微转向，造成沉船声呐图像弯曲。此外，声呐发射增益可根据现场海底底质和水质情况调整，一般情况下默认自动增益效果较好。

案例 11："桦 C8"轮沉船应急扫测

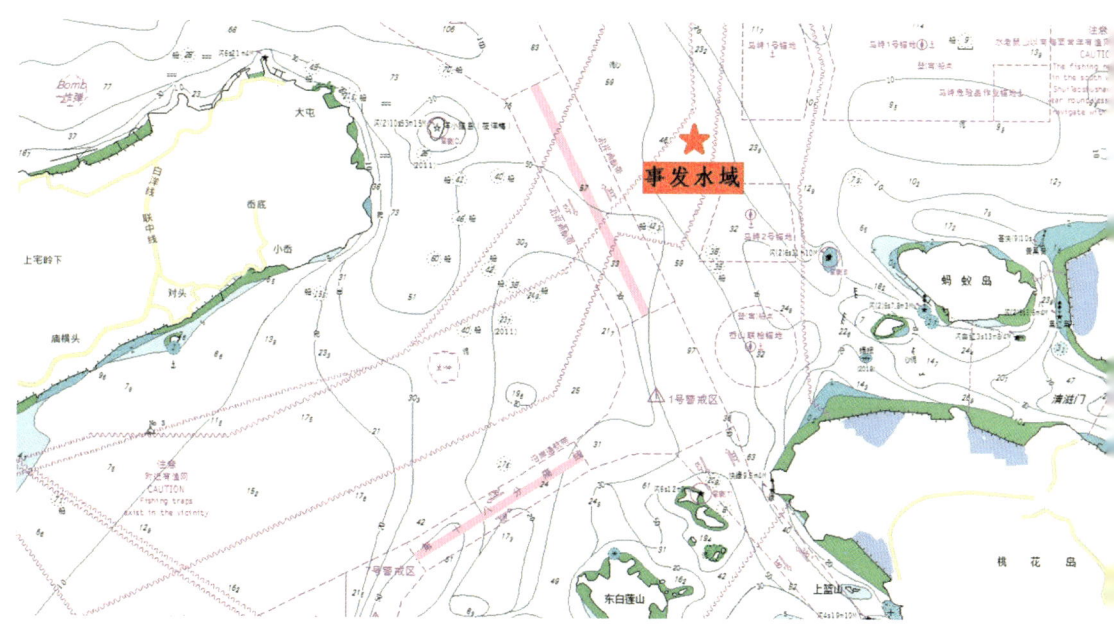

图 1 "桦 C8"轮沉船概位示意

1 案例背景

2010 年 8 月 31 日 11 时 10 分，某外籍船"FLAN×××"轮在航经虾峙门航道下栏山附近水域与舟山籍干货船"桦 C8"轮发生碰撞。事故造成干货船"桦 C8"轮当场沉没，沉船概位见图 1。

虾峙门航道位于舟山东南方，为天然航道，全长约 7 n mile，呈西北—东南走向，是进出宁波舟山港的重要航道。整个航道在下栏山和大双山之间最窄，约 700 m，其中可供通航宽度约 500 m。事故发生后，宁波海事局立即对虾峙门航道附近水域实施交通管制。后续的沉船定位打捞清障等工作也迫在眉睫。

2 实施过程

9月2日16时,上海海事局海测大队收到上级指令要求对该沉船实施扫测定位。上海海事局海测大队即刻启动应急预案,派遣正在舟山附近水域实施港口航道图测量任务的技术人员组成扫测组前往事发水域实施本次应急扫测任务。扫测人员在半小时内完成相关扫测设备的准备和调试工作。但由于台风"圆规"刚刚过境,海面上仍有8级以上阵风,扫测船舶当日无法赶赴现场。

9月3日07时,扫测人员随"浙嵊渔运0765"轮抵达事发水域。07时53分,现场扫测人员经巡视后,以沉船概位为中心,1 n mile 半径范围内使用侧扫声呐开展沉船扫测工作。09时15分,现场扫测人员发现疑似沉船目标。为了进一步获得沉船详细信息,扫测人员采用多波束进行加密扫测。09时57分,现场获取沉船精确位置及水下详细信息,顺利完成本次应急任务。

3 扫测成果

根据多波束图像(图2和3)分析得出如下结论:
(1)沉船呈坐沉状态,船首走向为东南方向。
(2)沉船中心位置:29°53′××″N,122°11′××″E。
(3)沉船长约62 m,宽约13 m,高出泥面约8 m,最浅水深34.2 m(实测水深)。
(4)沉船周围平均水深约40 m(实测水深)。

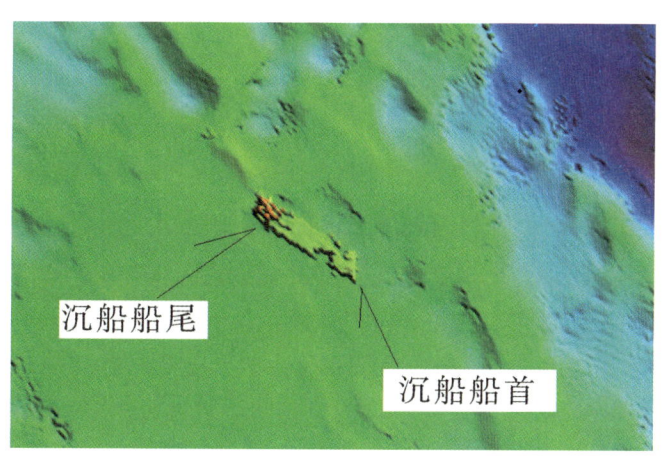

图 2 "桦 C8"轮沉船多波束俯视图

图 3 "桦 C8"轮沉船多波束侧视图

4 经验启示

4.1 "桦 C8"轮沉船应急扫测任务特点

（1）沉船所在位置在虾峙门航道下栏山附近水域，虾峙门航道船舶通航密度大，沉船对通航安全带来严重影响。

（2）沉船附近水域处于航道转角，渔船和过往船舶较多，应急扫测作业环境较为复杂。

4.2 "桦 C8"轮沉船应急扫测经验启示

（1）充分考虑涌浪对应急扫测作业影响。实施"桦 C8"轮沉船应急扫测时，虽台风已过境，风力有所减缓，但后期涌浪依然较大。涌浪影响持续约 2 天后才减缓。应急扫测遇有类似情况，不仅应考虑风力影响，同时还应考虑涌浪情况。

（2）充分注意应急扫测船舶自身安全。事发水域刚好处于航道转角，实施扫测作业时不仅要时刻关注雷达和 AIS 情况，与过往船舶保持充分沟通，还要加强船舶周围环境瞭望，注意经常在航道边线附近航行的渔船动态。

（3）扫测船舶装备配备宜齐全。一般情况下，多波束测深系统和侧扫声呐是应急测绘的常用装备。多波束测深系统探头固定安装在船底，在风浪较大的环境下，其成像效果相比船舷边拖曳的侧扫声呐更好。在测量船舶的装备配置中，宜固定安装多波束测深系统，固定配备侧扫声呐设备，以便快速响应应急任务，提高应急扫测效率。

（4）在沿海重要港口配置应急测绘力量。一般港口对应急拖船等资源配备比较重视，对专门的应急扫测力量配置方面考虑较少。从"十三五"期间上海港发生的一般等级以上事故看，平均实施应急扫测约 10 次/年，占事故总数的 65%。建议在重要港口水域长期部署应急测绘基地应急扫测力量（应急扫测船舶和专业装备），有助于提升应急反应速度。可根据港口规模、进出港航道的重要程度等要素部署相应规模的扫测力量。同时定期开展水上综合应急演习演练，提高水上应急能力。

案例 12：
"浙象 Y25×××"轮沉船应急扫测

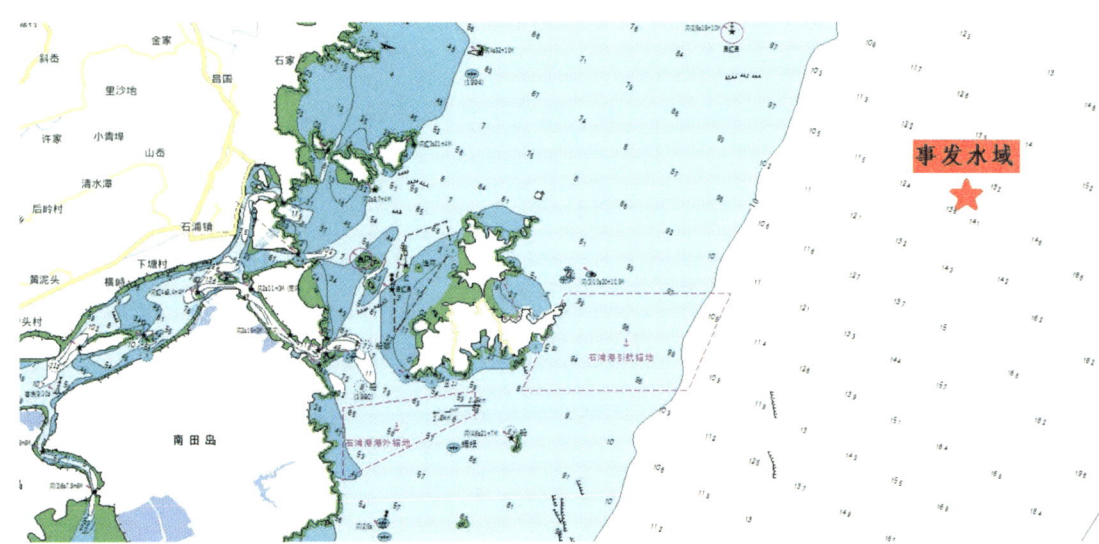

图 1　"浙象 Y25×××"轮沉船概位示意

1 案例背景

2010年9月24日20时40分，从石浦港出发去渔场生产作业的"浙象 Y25×××"轮与"NHT4001"轮发生碰撞。事故造成"浙象 Y25×××"轮沉没，沉船概位见图1。事故发生后，宁波市政府高度重视，组织各部门全力开展搜救工作。

2 实施过程

9月25日11时45分，上海海事局海测大队收到宁波海事局水上安全指挥中心关于开展"浙象 Y25×××"轮沉船应急扫测工作函后,立即启动应急预案,组织扫测小组实施应急扫测。12 时 20 分,扫测人员和设备准备就绪。13 时,扫测人员随"浙嵊渔运 0765"轮赶赴事发水域。20 时 10 分,扫测船舶抵达象山水域锚泊,扫测负责人与宁波海事局和象山海事处取得联系,核实沉船概位和沉船资料信息并确定第二天扫测方案和计划。

9 月 26 日 09 时 35 分,扫测小组搭乘"浙嵊渔运 0765"轮抵达事发水域。经现场巡视,现场扫测人员未发现水面异常,同时考虑到事发水域平均水深约 12.5 m,而沉船较小,对扫测作业不造成影响,因此决定以沉船概位为中心,1 n mile 半径范围内,开展扫测作业。15 时 35 分,扫测人员通过侧扫声呐粗扫发现疑似沉船目标。16 时 15 分,现场完成精扫,最终确认沉船位置、沉船水下姿态及周围水深地形信息,完成此次应急扫测任务。扫测轨迹见图 2。

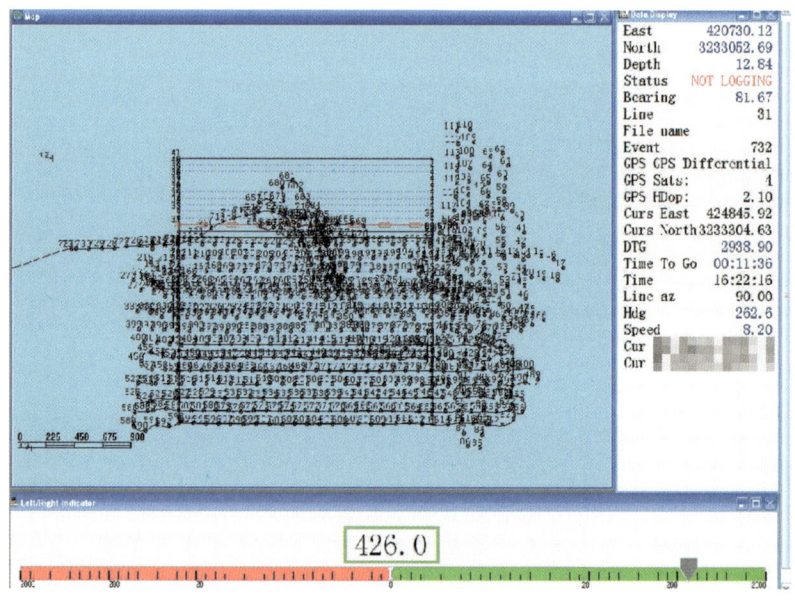

图 2　扫测轨迹

3 扫测成果

根据声呐图像(图 3)分析得出如下结论:

（1）沉船呈坐沉状态，船首走向西偏北约 40°。

（2）沉船中心位置：29°12′××″N，122°13′××″E。

（3）沉船长约 27 m，宽约 6 m，高出泥面约 4 m。

（4）沉船周围平均水深约 12.5 m（海图水深）。

图 3 "浙象 Y25×××"轮沉船声呐图像放大图

4 经验启示

沉船概位中心位置未扫获疑似目标后，向两侧扩展扫测线，从两侧依次逐步扩展，有利于提高扫测效率。本次扫测选择先向南侧扩展，未发现疑似目标后再转向北侧扩展扫测，影响了扫测效率。

Benthos SIS-1624 侧扫声呐在浅水区域成像效果清晰。事发水域底质为泥沙，成像效果比淤泥、浮泥等软底质更好，在今后的扫测任务中可根据现场实际情况，更有针对性地选择声呐设备。

案例13："金Y6号"轮沉船应急扫测

图1 "金Y6号"轮沉船概位示意

1 案例背景

2010年11月20日08时许，舟山籍"LH10"轮行至舟山西堠门水道时，与营口籍"金Y6号"轮发生碰撞。事故造成"金Y6号"轮沉没，沉船概位见图1。

2 实施过程

11月20日11时许,上海海事局海测大队收到浙江省海上搜救中心紧急致电:舟山水域发生一起海上沉船事故,急需派应急力量前去扫测。接电后,海测大队立即启动应急预案,迅速组织协调应急扫测力量赶赴事发水域。12时45分,应急扫测小组完成资料收集、设备调试等相关准备后,随"海恒1"扫测船赶赴事发水域。

11月21日10时30分,扫测船抵达现场。应急扫测小组与现场救援船舶联系沟通和现场巡视后,以沉船概位为中心,1 n mile半径范围内开展扫测工作。12时,扫测人员通过侧扫声呐发现疑似沉船目标。随后,扫测人员以该疑点位置为中心,在200 m×200 m范围内采用多波束测深系统进行加密测量。通过多波束测量得到事发水域的海底三维立体图,最终确定沉船目标。扫测轨迹见图2。

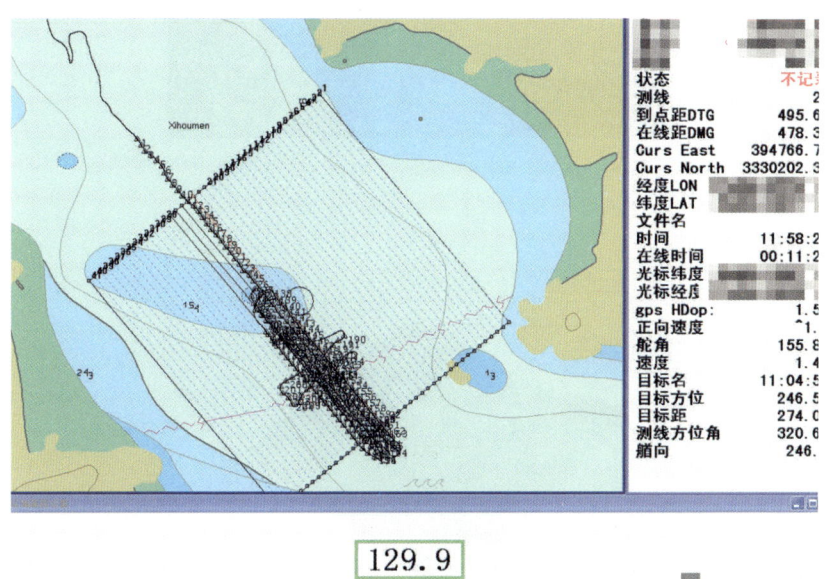

图2 扫测轨迹

3 扫测成果

根据沉船声呐图像（图3）和多波束立体图（图4）分析得出如下结论：
（1）沉船呈坐沉状态，船首走向南偏东约40°。
（2）沉船中心位置：30°04′××″N，121°54′××″E。
（3）沉船长约65 m，宽约10 m，高出泥面约10 m。
（4）沉船周围平均水深约80 m（海图水深）。

图3 "金Y6号"轮沉船侧扫声呐图像

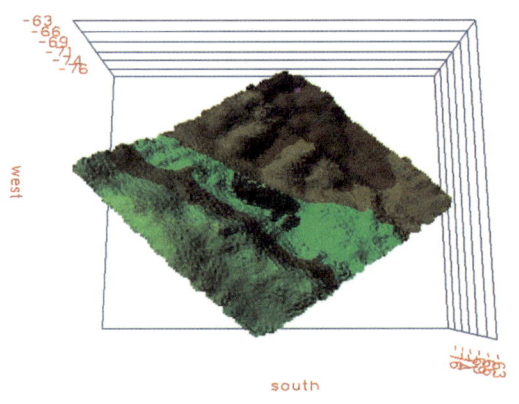

图4 多波束海底三维俯视图

4 经验启示

4.1 "金 Y6 号"轮沉船应急扫测任务特点

（1）任务紧急。沉船事发水域靠近西堠门大桥，来往船舶较多，通流密集，若不及时处置，造成次生事故风险大。

（2）水流流速对沉船位置影响大。西堠门水道为窄水道，水深流急，沉船位置受水流影响较大。

4.2 "金 Y6 号"轮沉船应急扫测经验启示

（1）充分考虑窄水道水流流态对沉船位置的影响。从"金 Y6 号"轮沉船应急扫测情况来看，距离事故发生仅仅过去一天，经扫测定位的沉船位置距事故发生时报告的沉船概位已往下游偏移约 500 m，距大桥位置仅几百米。在原沉船概位未及时发现沉船目标，应优先顺潮流方向上下游延伸扫测。在后续的打捞清障过程中，如不能做到及时打捞清障，沉船随着水流发生位移的可能性大，会给打捞清障带来一定困难。

（2）充分考虑窄水道现场交通流对应急扫测作业安全的影响。事发水域为黄金水道，现场交通流密集，在实施扫测过程中扫测船应加强与当地水上监管部门的沟通，协调现场往来船舶避让。扫测作业时加强瞭望，横穿航道时切忌抢穿船头；扫测船舶调头时应密切注意周边船舶动态，且应往吊放声呐一侧转向，小舵角调头，确保安全。

案例14："邦H96"轮沉船应急扫测

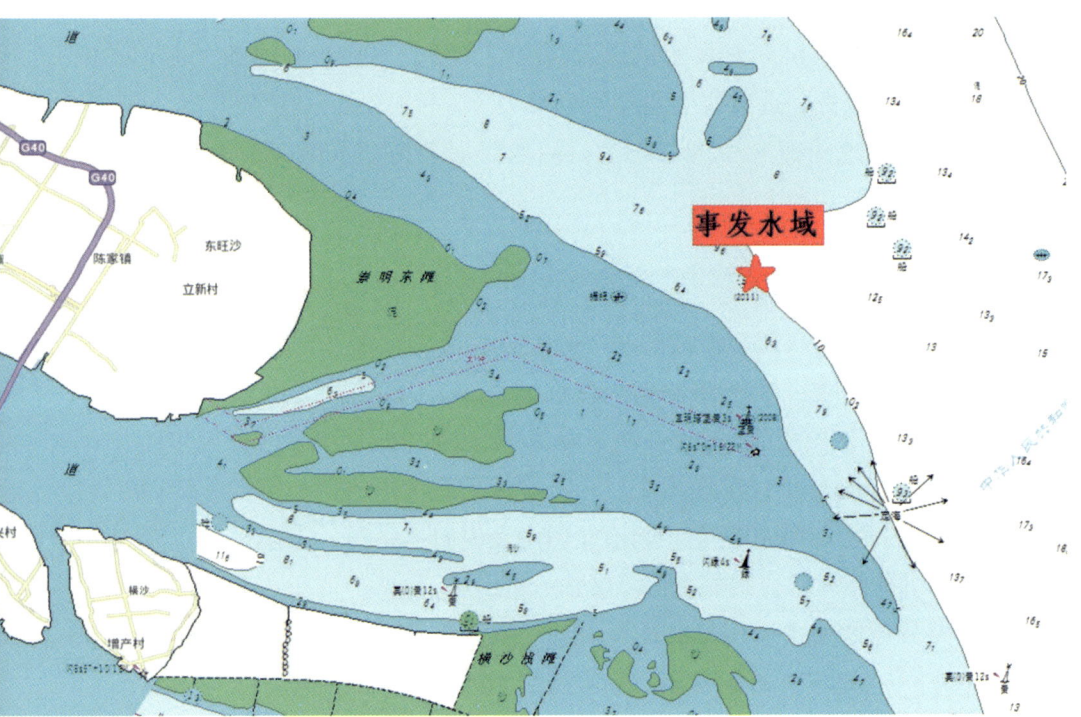

图1 "邦H96"轮沉船概位示意

1 案例背景

2011年5月21日18时55分，由浙江嵊泗小黄龙岛宕口驶往江苏启东港的"邦H96"轮，在途经长江口佘山以北约5 n mile附近水域沉没，沉船概位见图1。

2 实施过程

5月22日11时,上海海事局海测大队接到上级应急扫测指令后,迅速启动应急预案。12时,应急扫测小组完成资料收集、设备调试等相关准备后,随"海测1010"轮离泊赶赴事发水域。受大风天气影响,海况恶劣,扫测船舶航行受阻,只好选择锚泊避风。

5月25日07时15分,扫测船"海测1010"轮抵达事发水域。07时30分,经现场巡视后,现场扫测人员以沉船概位为中心,以侧扫声呐为主要手段,向下游1 000 m、上游200 m、左右各1 000 m范围开展扫测工作。09时10分,扫测人员发现疑似沉船目标。随后,扫测人员以该疑点位置为中心,从3个不同角度进行精扫。09时35分,现场最终确认沉船位置、沉船水下姿态及周围水深地形信息,完成本次应急扫测。

3 扫测成果

根据声呐图像(图2和3)分析得出如下结论:

(1)沉船呈卧沉状态,船首走向北偏东约40°;
(2)沉船中心位置:31°30′××″N,122°14′××″E;
(3)沉船长约52 m,宽约5 m,高出泥面约5 m;
(4)沉船周围平均水深约12 m(实测水深)。

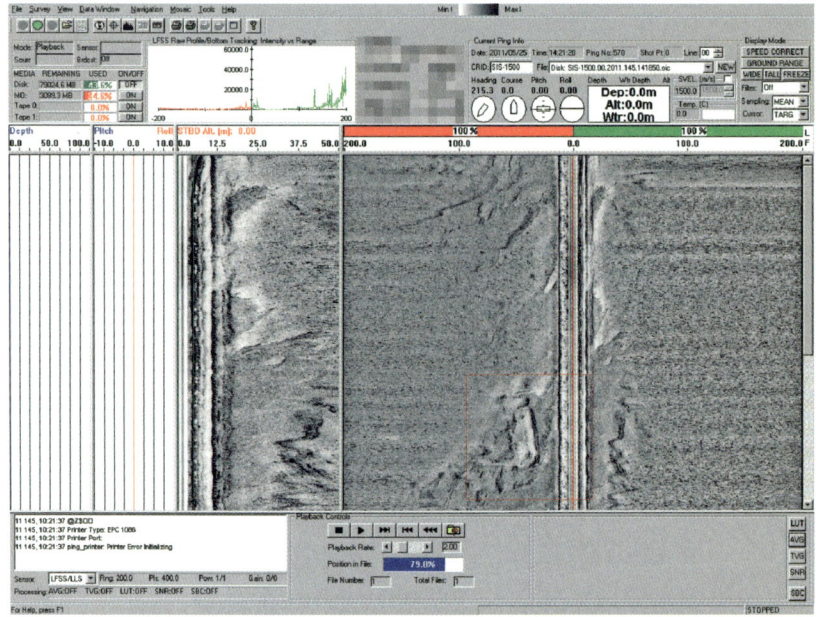

图 2 "邦 H96"轮沉船声呐图像

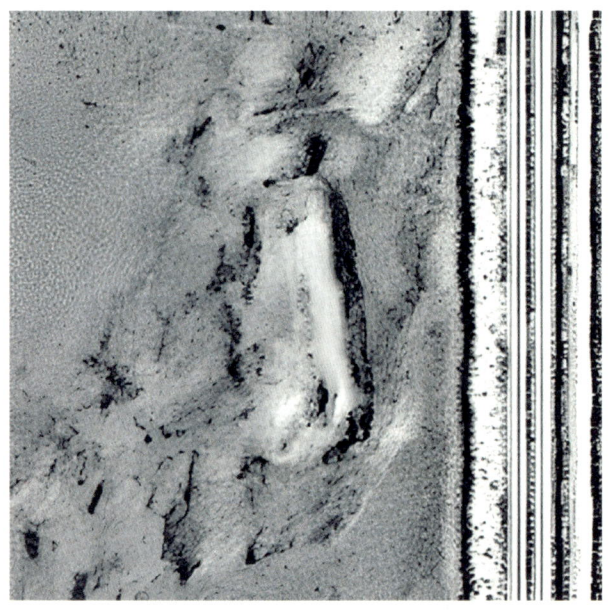

图 3 "邦 H96"轮沉船声呐图像局部放大图

4 经验启示

（1）充分考虑潮流对沉船的影响。因距事发已有数日，且持续大风大浪，所以在制订扫测方案时，应充分考虑潮流流速流向，以确定针对性扫测范围。考虑到事发水域潮流为往复流，落水流速略大于涨水流速，因此本次应急扫测方案为以沉船概位为中心，下游 1 000 m，上游 200 m，左右各 1 000 m 范围扫测，实际沉船目标位置在原概位顺潮流方向下游约 600 m 处。

（2）沉船卧沉图像需仔细甄别。沉船卧沉图像较为少见。沉船卧沉图像与坐沉和侧躺沉不同，声呐探测到的是船舶的底部，因此沉船图像不明显，甚至需要结合周边水域海底反射信号进行反差判断，因此在扫测作业过程中要尤其注意此类姿态声呐反馈信号情况。

案例15："新CH9"轮沉船应急扫测

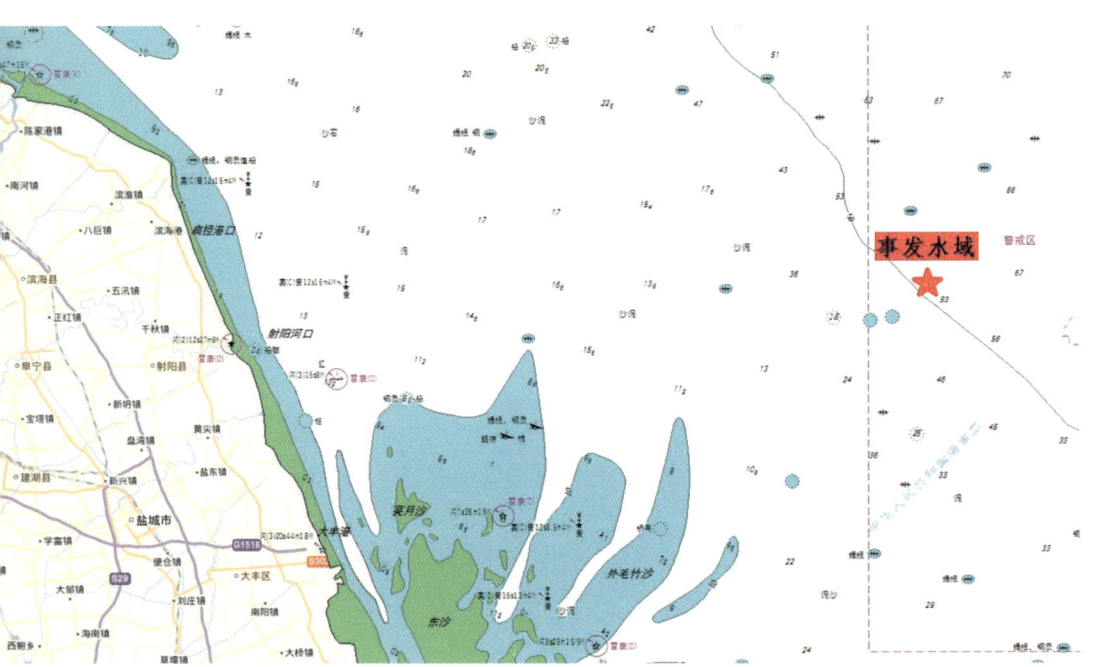

图1 "新CH9"轮沉船概位示意

1 案例背景

2011年7月14日01时20分，芜湖籍货船"新CH9"轮在黄海南部与一艘巴拿马籍集装箱船相撞后沉没，沉船概位见图1。

2 实施过程

7月20日08时30分，上海海事局海测大队接到连云港海事局协助扫测沉船请求。09时30分，扫测小组在完成资料收集、声呐设备调试等相关准备后，随"浙嵊渔运0765"轮扫测船赶赴事发水域。

7月22日09时，扫测船舶抵达现场并进行现场巡视。09时12分，现场扫测人员根据任务要求以沉船概位为中心，以侧扫声呐为主要手段，在1 n mile半径范围开展扫测工作。10时30分，现场发现疑似沉船目标。扫测人员随后以该疑点位置为中心，从3个不同角度进行精扫。10时50分，现场完成精扫，最终确认沉船位置、沉船水下姿态及周围水深地形信息，完成本次扫测任务。扫测轨迹见图2。

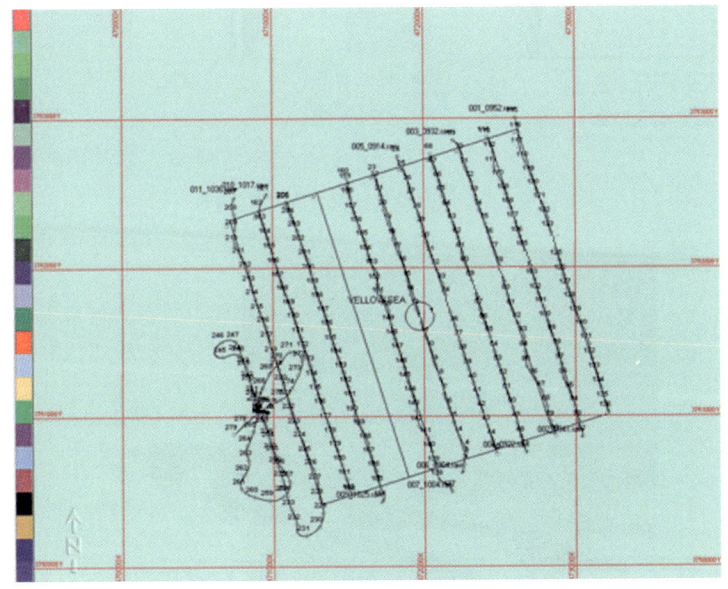

图2　扫测轨迹

3 扫测成果

根据声呐图像（图3和4）分析得出如下结论：

（1）沉船呈坐沉状态，船首走向西偏北约30°。

（2）沉船中心位置：33°58′××″N，122°41′××″E。

（3）沉船长约96 m，宽约22 m，高出泥面约15 m。

（4）沉船周围平均水深约56 m（实测水深）。

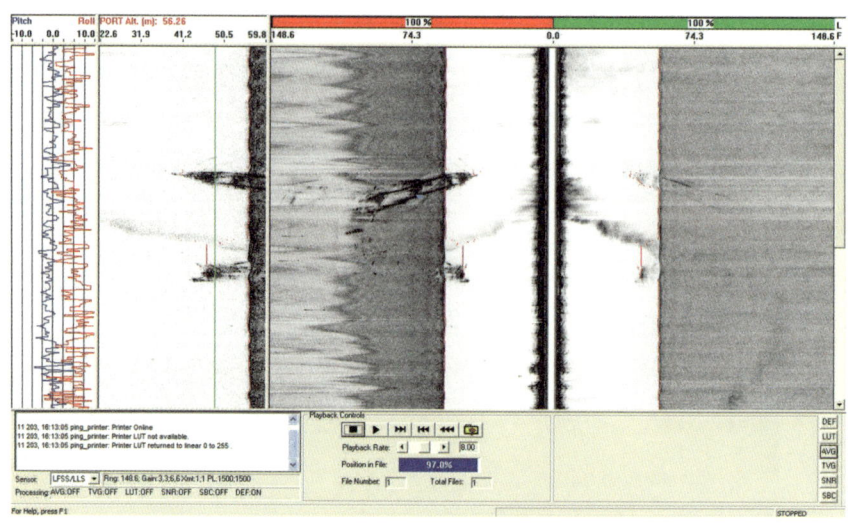

图 3 "新 CH9"轮沉船声呐图像

图 4 "新 CH9"轮沉船声呐图像局部放大图

4 经验启示

（1）注意扫测作业安全。声呐尾翼在涌浪较大情况下，容易因触碰船体损坏，宜配备备用尾翼。应急现场水域往往涌浪较大，船上桌椅、设备等需要固定，以免造成损坏；人员在船上行走要谨慎小心，尽量扶着固定物移动。

（2）声呐影响判读提示。沉船目标在强反射情况下，会在图像上另一侧出现较轻回波成像，这有助于进一步判断目标物。

（3）应急任务准备工作注意事项。事发水域离岸较远时，无手机信号，需携带海事卫星电话，以保持定时联络。实施远距离扫测作业时，建议在条件允许情况下多备一套声呐或者数据线缆，以防声呐发生故障，影响应急扫测任务实施。

案例16：
"浙岱Y064××"轮沉船应急扫测

图1 "浙岱Y064××"轮失联概位示意

1 案例背景

2015年1月19日01时许，一艘舟山籍渔船"浙岱Y064××"轮在浙江舟山东福山以东100余海里的189/5渔区失联，船上人员下落不明。20日，搜救船艇在事发海域发现失联渔船施放的网具，但未发现失联渔船及人员。"浙岱Y064××"轮失联概位见图1。

2 实施过程

1月21日18时，上海海事测绘中心接到上级关于"浙岱Y064××"

轮沉船应急扫测指令后，立即启动应急预案。由于当日受寒潮大风影响，海况条件恶劣，扫测船舶无法出航。

1月22日07时30分，应急扫测小组完成资料收集、设备调试等相关准备后，随"海巡166"轮出发前往船舶失联水域。

1月23日14时40分，"海巡166"轮抵达现场，并与现场指挥船"海巡22"轮取得联系，了解失联船舶最新信息。15时，经现场巡视后，现场扫测人员以"海巡22"轮提供位置为中心，1 n mile半径范围使用侧扫声呐开展扫测工作。17时许，现场扫测人员发现疑似沉船目标，随后以该疑点位置为中心，使用多波束测深系统进行精扫。18时20分，现场扫测人员完成精扫数据处理，最终确认沉船位置、水下姿态及周围水深、地形等信息，完成本次应急扫测任务。

3 扫测成果

根据多波束、声呐图像（图2~4）分析得出如下结论：

（1）沉船呈坐沉状态，船首走向南偏东约10°。

（2）沉船中心位置：30°15′××″N，124°45′××″E。

（3）沉船长约33 m，宽约8 m，高出泥面约5 m，最浅水深约70 m。

（4）沉船周围平均水深约78 m。

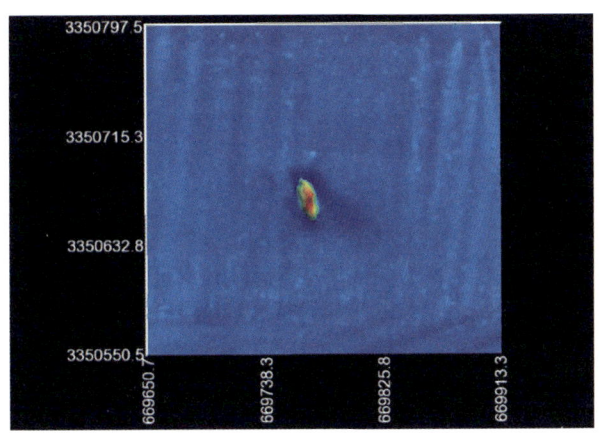

图2 "浙岱Y064××"轮沉船多波束俯视图

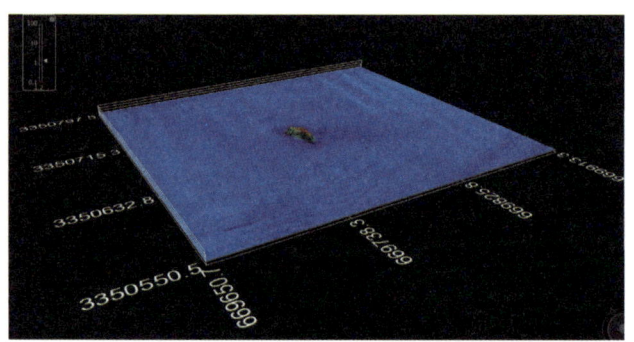

图 3 "浙岱 Y064××"轮沉船多波束侧视图

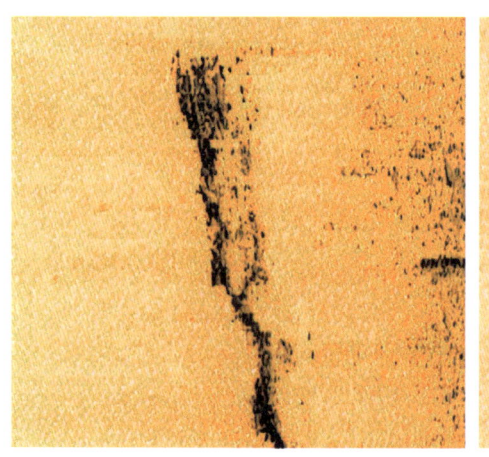 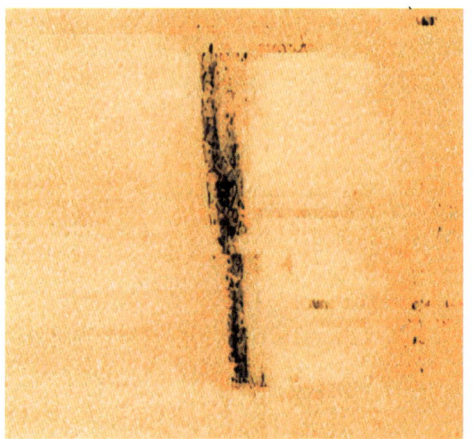

图 4 "浙岱 Y064××"轮沉船声呐图像

4 经验启示

（1）由于声呐发射的声波具有散射特性，回收信号强度随着深度增加而衰减。本次扫测水域水深较深，侧扫声呐的图像信号强度相对较低，通过多波束测深系统可以辅助精准测定沉船的姿态等信息。

（2）多波束海底三维立体图通过 CARIS 界面下 3D 模式显示会比 GIS 界面生成的立体图更直观。

（3）扫测人员对声呐设备连接安装调试等工作有丰富经验，船上人员对声呐收放操作娴熟，双方密切配合能更加安全高效实施扫测任务。

案例 17：
"浙三 Y000××"轮沉船应急扫测

图 1 "浙三 Y000××"轮沉船概位示意

1 案例背景

2015 年 4 月 28 日 21 时 54 分，中国泰州籍散货船"SS80×"轮从江阴驶往曹妃甸途中与浙江台州籍渔船"浙三 Y000××"轮发生碰撞。事故造成"浙三 Y000××"轮沉没，沉船概位见图 1。

事故发生水域位于长江口以北，距离长江口灯船约 70 n mile，位于领海基线外约 30 n mile，属于我国专属经济区水域。该水域是大型海船南北航线习惯通道，也是东海 155 渔区，水域附近海图水深约 28 m。

2 实施过程

4 月 30 日 16 时，上海海事测绘中心接到上级关于"浙三 Y000××"轮沉船应急扫测的指令后，立即启动应急预案。18 时，应急扫测小组完成资料收集、设备调试等准备工作，随"海巡 166"轮出发前往事发现场。

5 月 1 日 04 时许，"海巡 166"轮抵达现场，并与现场指挥船"海巡 01"轮取得联系，了解沉船最新信息。05 时，经现场巡视后，现场扫测人员先以沉船最后一次 AIS 位置为中心，1 n mile 半径范围内使用侧扫声呐开展沉船扫测工作，但未发现疑似沉船目标。08 时左右，现场扫测人员通过高频与周边船舶进行联系，了解到离沉船最后一次 AIS 位置以东约 4.6 n mile 位置发现缆绳和渔网浮标等漂浮物，且缆绳与沉船有连接。现场扫测组立刻转赴现场开展扫测工作。08 时 30 分，现场扫测组在声呐图像中发现疑似沉船目标，随后以该疑点位置为中心，利用多波束测深系统进行精扫。09 时，现场完成精扫并进行数据处理，最终确认沉船位置、沉船水下姿态及周围水深地形信息，完成本次应急扫测任务。

3 扫测成果

根据多波束、声呐图像（图 2~4）分析得出如下结论：

（1）沉船呈坐沉状态，船首为正东方向。

（2）沉船中心位置：32°15′××″N，122°36′××″E。

（3）沉船长约 35 m，宽约 8.5 m，高出泥面约 5 m，最浅水深约 24.5 m（实测水深）。

（4）沉船周围平均水深约 28 m（海图水深）。

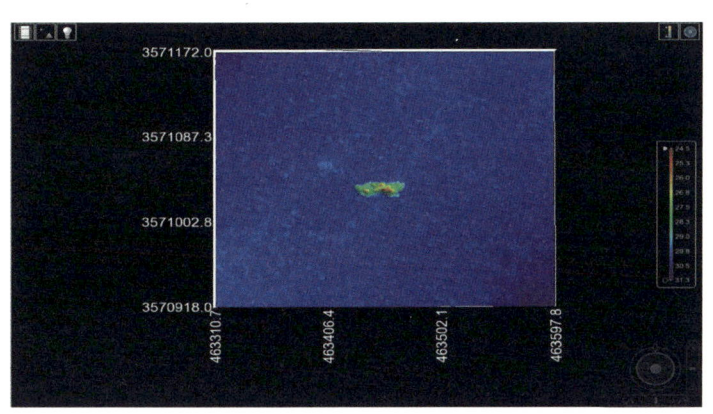

图 2 "浙三 Y000××"轮沉船多波束俯视图

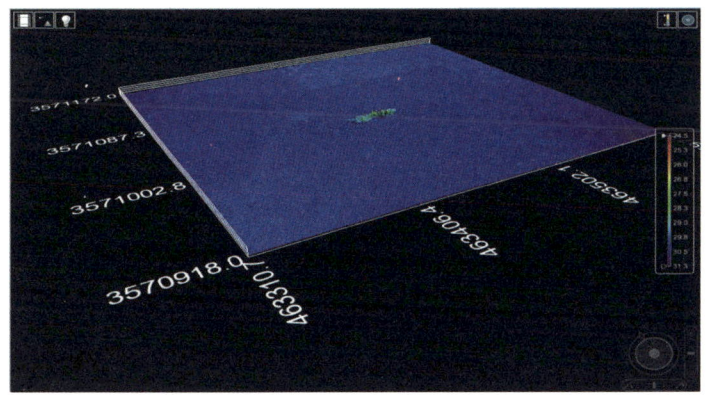

图 3 "浙三 Y000××"轮沉船多波束侧视图

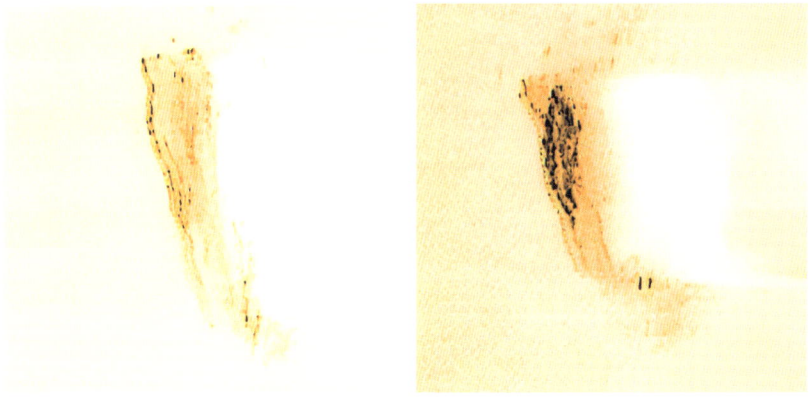

图 4 "浙三 Y000××"轮沉船声呐图像

4 经验启示

4.1 "浙三 Y000××"轮沉船应急扫测任务特点

（1）事故发生水域距离陆地远，位于领海基线外约 30 n mile，属于我国专属经济区水域。

（2）沉船概位不明。

4.2 "浙三 Y000××"轮沉船应急扫测经验启示

（1）充分利用沉船 AIS 轨迹研判沉船概位。在沉船概位不明确的情况下，利用沉船 AIS 轨迹分析研判沉船概位十分重要，可以有针对性地制订沉船扫测方案，提高应急扫测效率。以下是"浙三 Y000××"轮沉船研判情况：

该起事故发生前，在 AIS 信息服务平台上接收到的"浙三 Y000××"轮 AIS 系统信号不稳定。该船最后 6 个 AIS 船位分别出现在 4 月 28 日 17 时 55 分、18 时 25 分、18 时 39 分、18 时 50 分、19 时 02 分和 21 时 19 分。虽然"浙三 Y000××"轮 AIS 系统信号不稳定，但 6 次船位信息最大时间间隔 30 分钟，平均为 15 分钟左右。从而得出一个基本判断，"浙三 Y000××"轮最终沉没时间大概率在发送最后一次 AIS 位置后半小时内。4 月 28 日 21 时 19 分，最后一次收到"浙三 Y000××"轮 AIS 信息，该船船位（32°15′86″N，122°31′24″E），航向 082.2°，航速 8.3 kn。从这个信息推断：21 时 19 分后，该船应继续以约 8 kn 的速度向东航行。按 15~30 分钟 AIS 信息间隔估计，沉船位置应该为 AIS 最后位置以东约 2~5 n mile 处（图 5）。判断沉船位置还应考虑船舶最后出于避碰所采取加速、转向等动作，因此在扫测范围方面应该涵盖目标区域两侧各 1 km 左右区域。

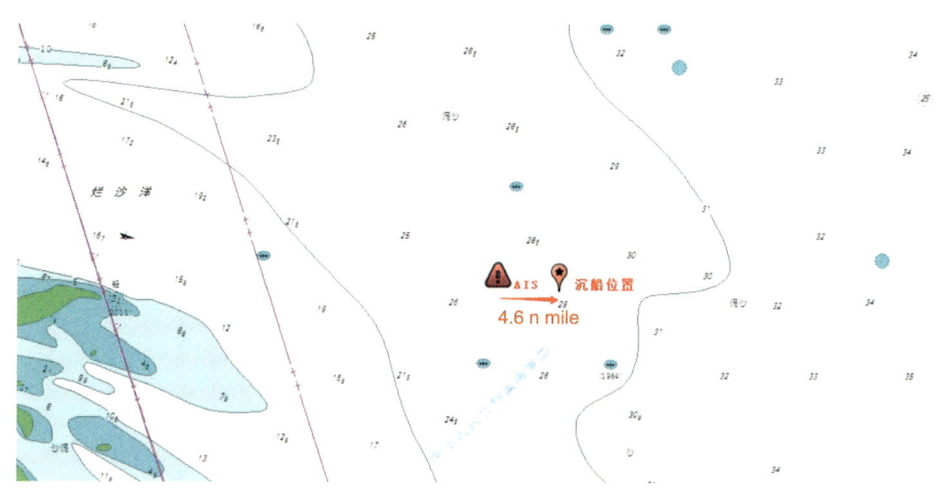

图 5　AIS 最终显示位置与沉船位置示意

最终扫测结果印证了上述分析判断。这为今后类似沉船概位不明的应急扫测任务实施提供了宝贵经验。同时,参与应急扫测工作的技术人员也要积累一定的船舶航行知识以及应用 AIS 轨迹进行沉船概位分析研判的经验。

（2）充分收集沉船相关信息有助于沉船概位研判。在"浙三 Y000××"轮沉船应急扫测中,现场扫测人员除了扫测船舶现场水域巡视、向海事监管部门搜集沉船信息外,通过高频与周边来往船舶取得联系,了解到与沉船密切相关的缆绳和渔网浮标等漂浮物。这些信息为研判沉船位置提供了极其重要的帮助。在沉船概位不明的情况下通过多渠道搜集沉船相关信息,有助于科学合理地制订现场扫测方案。

案例 18：
"浙瑞 Y121××"轮沉船应急扫测

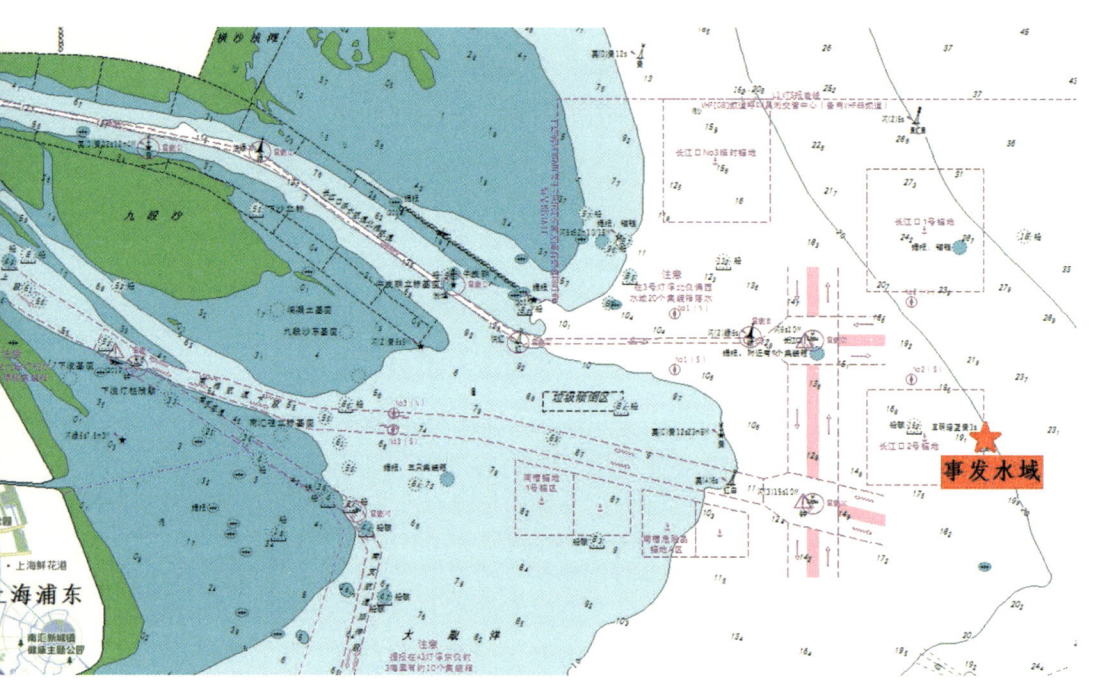

图 1 "浙瑞 Y121××"轮沉船概位示意

1 案例背景

2015年10月02日16时18分，"浙瑞 Y121××"轮在长江口2#锚地擦碰巴拿马籍锚泊船"SHJG"轮后沉没，船沉没位置见图1。

2 实施过程

10月03日16时14分，上海海事测绘中心接到上级关于"浙瑞

Y121××"轮沉船应急扫测的指令后,即刻启动应急预案。18时,应急扫测小组完成资料收集、设备调试等准备工作,随"海巡1668"轮前往事发现场。

10月04日14时45分,"海巡1668"轮抵达事发水域。15时,经现场巡视后,扫测小组以沉船概位为中心,以侧扫声呐为主要手段,在1 n mile半径范围内开展扫测工作。15时40分,扫测人员发现疑似沉船目标,随后以该疑点位置为中心,使用多波束测深系统进行精扫。16时30分,扫测人员现场完成精扫数据处理,最终确认沉船位置、沉船水下姿态及周围水深地形信息,完成本次应急扫测任务。扫测轨迹见图2。

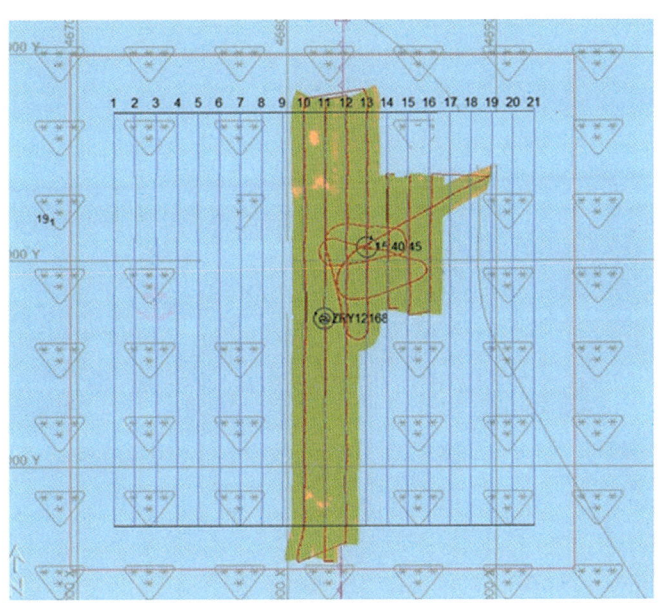

图 2　扫测轨迹

3 扫测成果

根据多波束、声呐图像(图3和4)分析得出如下结论:
(1)沉船呈坐沉状态,船首走向东偏南约20°。
(2)沉船中心位置:31°02′××″N,122°40′××″E。

（3）沉船长约 30 m，宽约 6 m，高出泥面约 5 m，最浅水深约 17.5 m。

（4）沉船周围平均水深约 23 m（海图水深）。

图 3 "浙瑞 Y121××"轮多波束立体图

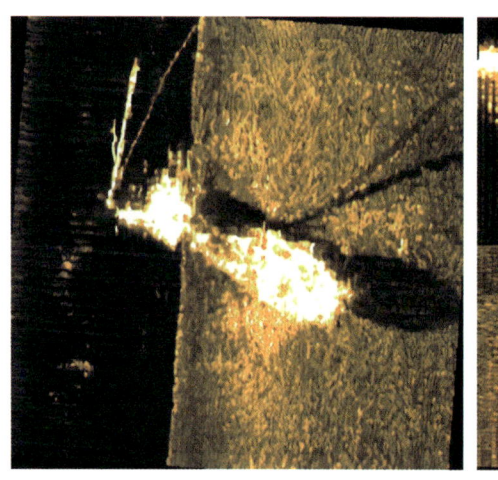 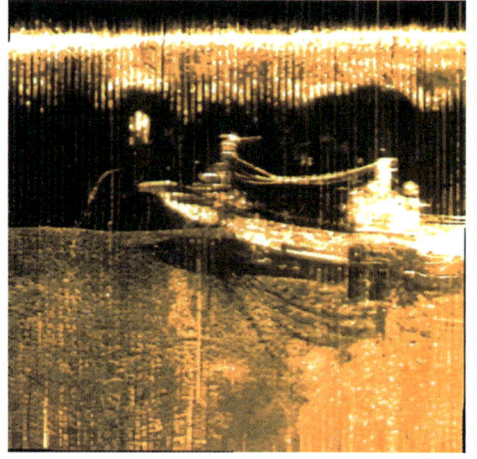

（a）俯视图　　　　　　　　　　　　（b）侧视图

图 4 "浙瑞 Y121××"轮声呐图像

4 经验启示

（1）侧扫声呐粗扫配合多波束精扫的扫测方式效果较好。这两种方式组合，可充分发挥侧扫声呐扫宽大、效率高的优势和多波束定位、测深精确的优势，优质高效地完成应急扫测任务。先以侧扫声呐对扫测范围进行大方位粗扫；发现疑似目标后，采用多波束进行小范围加密测量，以得到沉船精准定位和测深信息。如果需要更多的沉船姿态信息，可以根据多波束采集信息，重新布设侧扫声呐测线，对沉船目标进行不同角度精扫。

（2）有效提升声呐图像质量。在声呐扫测过程中船舶应保持速度和航向，在扫测船舶转向过程中得到的声呐图像会有变形。声呐图像一般是俯视成像。本次应急扫测得到"浙瑞Y121××"轮声呐图像俯视图［图4（a）］和侧视图［图4（b）］。因沉船目标出现在了海底跟踪线与探头发射线之间，该区域主要反映水体信息，因此沉船在此区域可以得到关于沉船在水体中声波反馈信号并生成垂直方向的图像信息，图像经旋转并局部放大得到"浙瑞Y121××"轮侧视图［图4（b）］，从而可以更加直观地看出沉船细节。

知识链接：

声呐成像和多波束测深系统成像之比较

多波束和旁侧声呐均为全覆盖扫测，可显示测区整体海底地貌情况，定位精度和扫测效率较高，适用于大范围搜寻，但扫测作业需专业的扫测设备及测量船舶，作业成本相对较高。多波束和旁侧声呐由于成像原理不同，扫测效率也不相同。

旁侧声呐工作原理是通过声呐左右侧安装的换能器线阵发射一个短促的声脉冲，声波以球面波方式向外传播，触碰到海底或水中物体后会产生散射，其中反向散射波（回波）会按原传播路径返回，被换能器接收后被转换成一系列电脉冲。通过对这些电脉冲进行处理就构成了二维海底地貌声呐图像。旁侧声呐回波信号与测区海底地貌的起伏、底质以及传播路径的远近相关。一般情况下，粗糙的、硬的、凸起的海底或物体回波强；平滑的、软的、凹陷的海底或物体回波弱。侧扫声呐设备经常采用拖曳方式作业，海洋环境对声呐设备的影响较大。在实际应用中，海洋环境中的海浪和海流对声呐设备的影响较大。海浪会引起航行平台颠簸、摇摆，导致水下声呐姿态发生变化，使得探测性能不稳定。在不同海况条件下，海浪引起的海面粗糙会改变海面的反射或散射特性，引起信号幅度和相位的起伏变化，影响声呐性能。海流会引起声呐设备托体或航行平台姿态不稳，从而导致对目标定位精度造成影响。

多波束测深系统工作原理是利用发射换能器阵列向海底发射宽扇区覆盖的声波，利用接收换能器阵列对声波进行波束接收，通过发射、接收扇区指向的正交性形成对海底地形的照射脚印，通过测定换能器与海底被测点之间的距离 r 以及角度 θ 来计算各个脚印点所在的深度和位置。在每次声波脉冲的发射中，接收到回波信号的强弱不仅与海底地形的起伏变化和海底底质组成有关，还与海水中的传播路径远近有关。在多波束测量过程中，边缘波束所船舶的距离大于中间波束所传播的距离，因此即使在平坦的海区，回波信号的强弱也是随着传播距离，或者是传播所需的时间增大而迅速减少。多波束测深系统本质是一种测深工具而非成像系统，是通过对目标水域水深反演的方式生成地貌图像。

从成像原理及工作方式中可看出，旁侧声呐能获取直观的海底地貌形态、沉积物类型等信息，以获得高分辨海底图像为主，测深为辅，但定位精度稍差且容易受工作环境的影响产生噪声。多波束测深系统则是一种测深工具而非成像系统，定位精度高、噪声相对较少。由此可见，两者具有极强的互补性。在实际扫测作业中，和旁侧声呐相比，多波束扫宽受水深影响较大。当测量范围内水深较浅时，多波束测深系统扫测效率明显低于侧扫声呐。因此一般在沉船、沉物应急扫测中，若现场条件允许，宜先使用侧扫声呐对扫测范围进行大面积搜寻，发现可疑目标后再利用多波束进行多个方向加密测量。

案例 19：
"浙岱 Y113××"轮沉船应急扫测

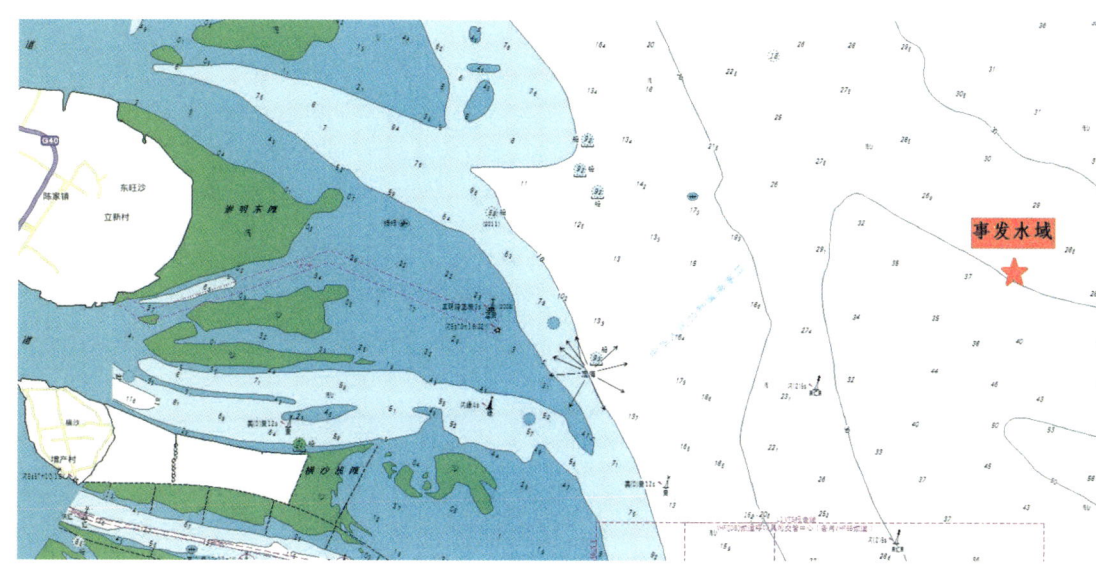

图 1 "浙岱 Y113××"轮沉船概位示意

1 案例背景

2016 年 5 月 12 日 00 时 02 分，"Z 岱 Y113××"轮的 AIS 位置信号定格于（31°××′N，122°××′E）处，此后便在浓雾之中失去了踪迹。12 时 42 分，"东海救 111"轮在渔船失联位置附近发现油污带，且水面不断有油花冒出。17 时 10 分，"海巡 01 轮"在渔船失联位置附近发现水深异常点。沉船概位见图 1。事故造成 17 人全部遇难，引起国内广泛关注。

2 实施过程

5月14日12时30分，上海海事测绘中心接到上级关于"浙岱Y113××"轮沉船应急扫测指令后，随即启动应急预案。15时35分，应急扫测小组完成资料收集、设备调试等相关准备，随"海巡166"轮前往事故现场实施应急扫测任务。21时30分，"海巡166"轮抵达事发水域，并与指挥船"海巡01"轮取得了联系并报备扫测方案。

5月15日05时10分，应急扫测小组在完成现场巡视后，使用侧扫声呐粗扫加多波束精扫的方式实施扫测作业。07时10分，应急扫测小组发现疑似沉船，完成扫测数据处理，确认沉船位置、沉船水下姿态及周围水深地形等信息，完成本次应急扫测任务。

3 扫测成果

根据多波束、声呐图像（图2~4）分析得出如下结论：
（1）沉船呈坐沉状态，船首走向东偏北约30°。
（2）沉船中心位置：31°27′××″N，122°45′××″E。
（3）沉船长约42 m，宽约7 m，高出泥面约5 m，最浅水深约27 m。
（4）沉船周围平均水深约34 m。

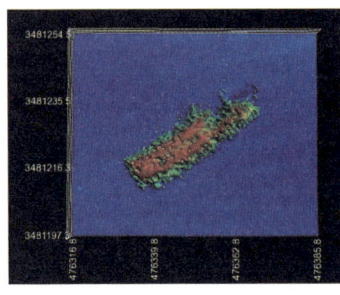
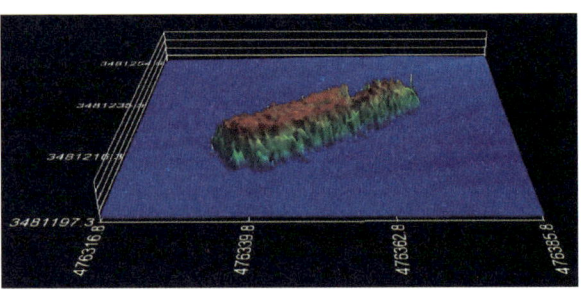

图2 "浙岱Y113××"轮沉船多波束立体图

图 3 "浙岱 Y113××"轮沉船声呐图像 1

 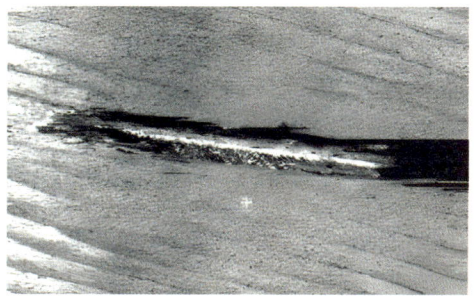

图 4 "浙岱 Y113××"轮沉船声呐图像 2

4 经验启示

（1）根据声呐图像确定沉船中心概位时，应确保海底跟踪线与海底实际吻合，以保证实际目标图像坐标位置精确。

（2）完善应急扫测成果内容和提供方式。一般情况下，提供应急扫测成果，首要提供沉船精确位置、沉船姿态，沉船周围地形、最浅处水深等重要信息，可以通过《信息快报》或《简报》形式提供，直接服务于水上交通安全主管部门用于后续的事故处理、交通组织等。对《信息快报》或《简报》的要求是简、快、准。再完成相对比较具体的扫测报告，包括应急扫测的组织、技术规范和方法、数据处理等具体内容，要求是规范、翔实。在应急扫测成果的提供方面，还可以增加一些比较直观的信息，以便使用人员更加直接地获取信息，如事发水域位置示意图、疑点分布图等。

案例 20：
"闽狮 Y078××"轮沉船应急扫测

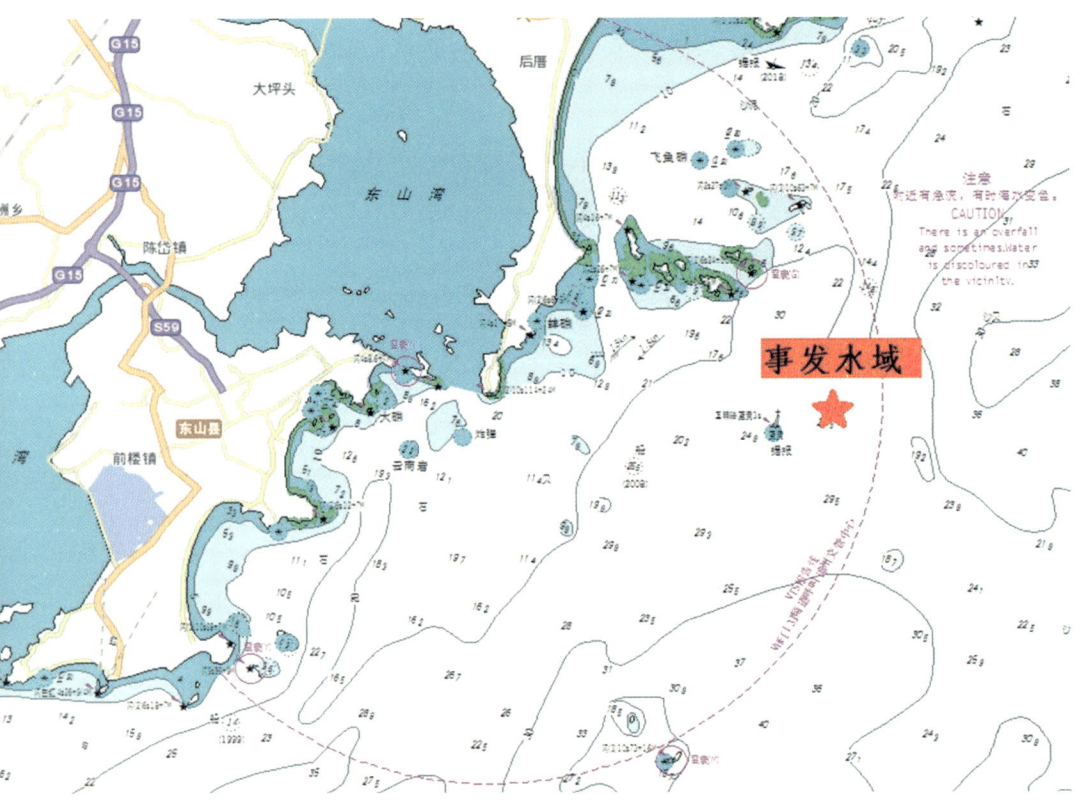

图 1 "闽狮 Y078××"轮沉船概位示意

1 案例背景

2016 年 12 月 20 日 00 时 12 分，一艘从广东汕头驶往福建泉州的集装箱船，途经福建漳州古雷半岛以东约 10.2 n mile 处与福建石狮籍渔船"闽狮 Y078××"轮发生碰撞。事故造成渔船沉没，沉船概位见图 1。

2 实施过程

12月21日11时,上海海事测绘中心接到上级关于"闽狮Y078××"轮沉船应急扫测指令后,随即启动应急预案。21时,应急扫测小组完成资料收集、设备调试、设备装箱托运等相关准备,连夜乘飞机赶赴福建。

12月22日01时30分,应急扫测小组赶至东山古雷半岛,登上当地海事部门联系的渔船,完成设备安装调试,赶赴事发水域。08时,扫测船舶抵达事发水域。虽然现场海况条件恶劣,但是打捞清障工作迫在眉睫,应急扫测小组经现场巡视,综合评估作业安全形势后,克服困难开展应急扫测作业。10时,应急扫测小组完成扫测任务,最终确认沉船位置、沉船水下姿态及周围水深地形信息,完成本次长途奔袭的应急扫测任务。

3 扫测成果

根据多波束和声呐图像(图2和3)的分析得出如下结论:
(1)沉船呈坐沉状态,船首走向北偏东约30°。
(2)沉船中心位置:23°42′××″N,117°46′××″E。
(3)沉船长约39 m,宽约8 m,高出泥面约11 m,最浅水深约28 m。
(4)沉船周围平均水深约40 m。
(5)船舶左前侧舷疑似有破损。

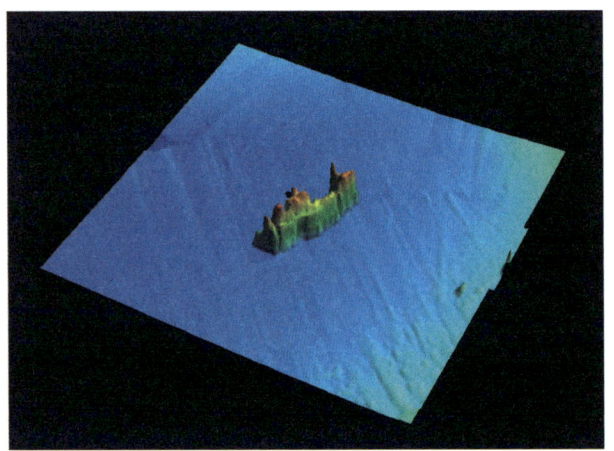

图 2 "闽狮 Y078××"轮沉船多波束立体图

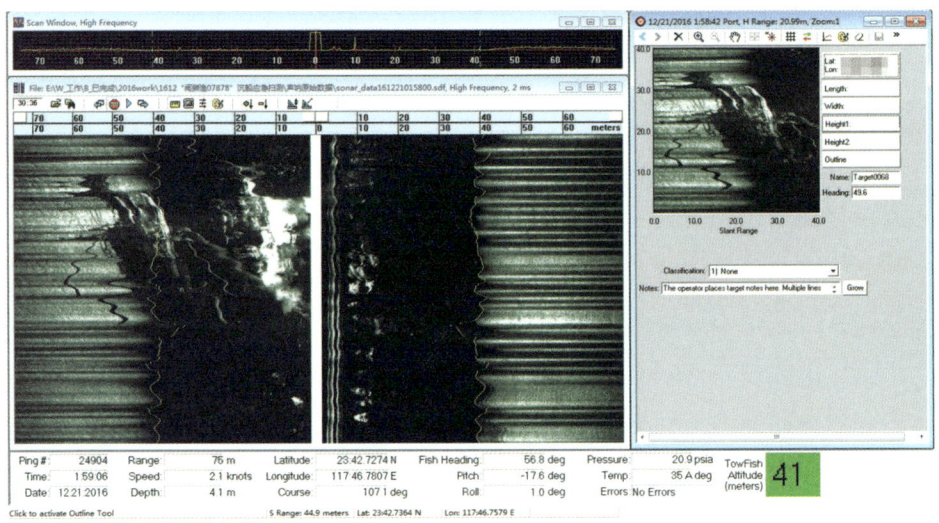

图 3 "闽狮 Y078××"轮沉船声呐图像

4 经验启示

4.1 "闽狮 Y078××"轮沉船应急扫测任务特点

(1) 事故发生在福建沿海海域,应急扫测人员乘飞机抵达福建征用当地船舶实施应急扫测任务。

（2）应急扫测人员采用便携式多波束测深系统和声呐设备实施应急扫测任务。

4.2 "闽狮Y078××"轮沉船应急扫测经验启示

（1）本次应急采用便携式多波束系统和声呐设备。便携式设备，顾名思义就是容易携带，体积小，重量轻，方便在船舶上安装。从使用效果来看，虽然便携式多波束设备的数据成果质量远不及固定安装在专业测量船上的多波束测深系统，但是在应急扫测对水深精度要求不高的情况下，使用便携式多波束设备可以满足应急扫测需求。需要注意的是，便携式多波束设备安装对支架要求比较高，多波束探头在工作时存在明显抖动，影响数据质量，对技术人员的图像和数据判读能力要求高。

（2）在沿海重要港口设立测绘基地或配置应急测绘力量十分必要。这条经验启示在"桦C8"轮沉船应急扫测经验启示中也提及了。因为机构、编制、经费、船艇装备等各方面原因，交通运输部海事系统除了在天津、上海、广州设立了海事测绘基地以外，在其他沿海港口并没有设立专门的海事测绘派驻机构以及专业人员和船艇装备等。一旦在远离天津、上海、广州海事测绘基地以外的港口水域，需要长距离调遣专业技术人员和船艇装备，势必无法充分保证应急测绘效率。建议在重要港口水域设立应急测绘基地，并长期部署应急扫测力量（应急扫测船舶和专业装备），以提升应急反应效率。在一时无法满足机构、技术人员和船艇装备配备的情况下，可以探索在各主要港口建立应急测绘合作机制，收集并建立应急测绘船舶和装备资源库，以便在实施应急测绘时可以紧急调用。

案例 21：
"苏灌 NY131××"轮沉船应急扫测

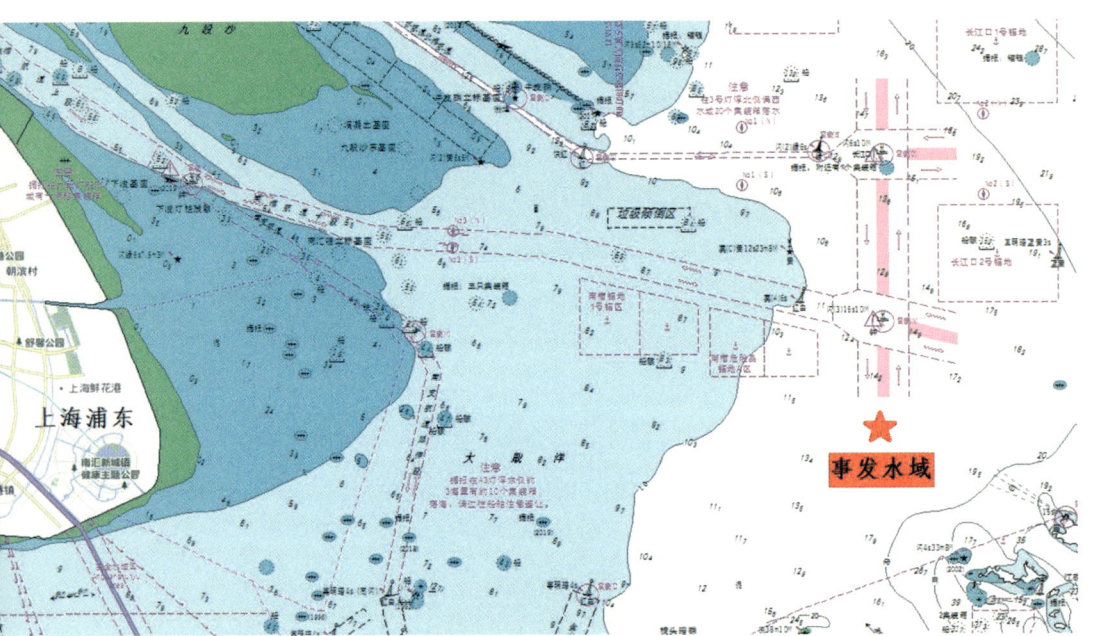

图 1 "苏灌 NY131××"轮沉船概位示意

1 案例背景

2017 年 12 月 21 日 22 时 39 分，福建平潭籍油船"HLY1"轮在长江口船舶定线制南报告线以南约 2 n mile 处与江苏籍渔船"苏灌 NY131××"轮发生碰撞。事故造成"苏灌 NY131××"轮沉没，沉船概位见图 1。

2 实施过程

12 月 22 日 09 时，上海海事测绘中心接到上级关于"苏灌 NY131××"

轮沉船的应急扫测指令后,随即启动应急预案。10时45分,应急扫测小组完成资料收集、设备调试等相关准备,随"海巡166"轮赶赴现场。15时35分,"海巡166"轮抵达事发水域,应急扫测小组对事发水域进行现场巡视,并进行设备连接测试。16时13分,应急扫测小组发现疑似沉船目标,随后以该疑点位置为中心,使用侧扫声呐从3个不同角度进行精扫。17时22分,应急扫测小组完成精扫,终确认疑似沉船的准确位置、高出泥面高度,判断沉船姿态等信息,完成本次应急扫测任务。

3 扫测成果

根据声呐图像(图2)分析得出如下结论:

(1)沉船呈坐沉状态,船首走向西偏北约40°。

(2)沉船中心位置:30°53′××″N,122°31′××″E。

(3)沉船长约33 m,宽约7 m,高出泥面约8.5 m。

(4)沉船周围平均水深约16 m(海图水深)。

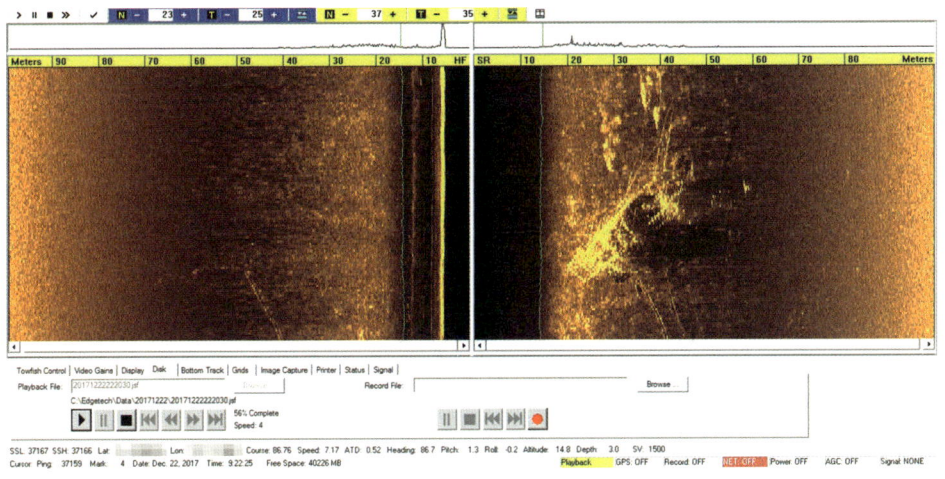

图2 "苏灌NY131××"轮沉船图像

4 经验启示

（1）关于声呐释放深度。在水深条件许可情况下，声呐拖鱼在侧舷释放深度应超过船舶吃水深度 1.5 倍。在实施本次应急任务过程中，采用右舷拖曳声呐，但声呐释放深度偏浅。从声呐图像可以看出，船底受声波反射在声呐图像左侧（靠近发射线）形成一条明显亮线，影响声呐左侧图像质量。

（2）关于扫测成果体现形式。扫测成果报告要符合相关部门的使用习惯。不同的行业和部门对测绘成果使用习惯上略有不同。如：测绘成果坐标形式一般为"度分秒"格式，海事监管和清障打捞相关单位经常使用的格式为"度分"。因此，应急扫测《信息快报》以及最终的《应急扫测报告》，在成果的体现形式上尽可能地符合应急扫测成果使用部门的习惯，以方便使用。

案例 22："振 ×"轮沉船应急扫测

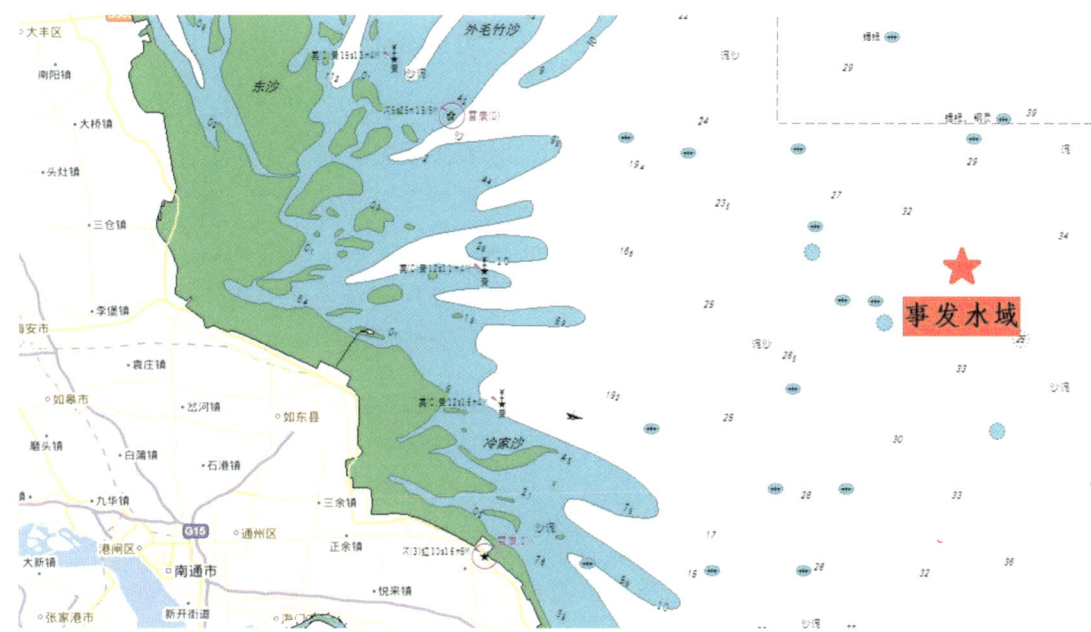

图 1 "振 ×"轮沉船概位示意

1 案例背景

2018 年 9 月 1 日 09 时 30 分，上海海事测绘中心接到《上海海事局指挥中心航海保障应急反应任务协调书》，要求对长江口灯船以北约 100 n mile 处的"振 ×"轮（船长 72.8 m，1 369 总吨）沉船进行扫测。沉船概位见图 1。

2 实施过程

上海海事测绘中心接到应急扫测任务指令后，立即启动应急预案。因

"振×"轮沉没水域离岸较远，上海海事测绘中心紧急调用正在连云港执行江苏沿海航路扫测任务的"海巡166"轮承担此次应急扫测任务。

9月3日11时15分，"海巡166"轮抵达事发水域，应急扫测小组立即对事发水域进行现场巡视。11时30分，应急扫测小组使用侧扫声呐开展扫测作业，发现疑似沉船目标。随后，扫测人员以该疑点位置为中心，从3个不同角度进行精扫。12时30分，应急扫测小组完成精扫，最终确认沉船位置、沉船水下姿态及周围水深地形信息。

但是，现场扫测人员通过声呐图像进行技术判读得到沉船疑点长40 m左右，与任务协调书上"振×"轮船长72.8 m的描述不一致。将情况报告上级后，"海巡166"轮重返测区进一步扫测核实。18时30分，"海巡166"轮完成对沉船概位周边水域及疑似目标复扫确认工作，将声呐数据成果发回上海海事测绘中心。根据现场传回的扫测数据，上海海事测绘中心技术团队对扫测数据进行综合分析研判，得出明确结论：该沉船概位附近无其他疑似沉船信息，扫测发现的疑似沉船目标确实长40 m左右。

为进一步核实沉船信息，上海海事测绘中心与上海海事局指挥中心以及崇明海事局指挥中心取得联系，得到当时参与"振×"轮沉船救援行动的"浙岱渔运01204"轮上船员关于当天救援情况的视频和照片。经过视频和照片上对比分析，"振×"轮仅比"浙岱渔运01204"轮的长度稍长，"浙岱渔运01204"轮登记长度40 m，由此可判断"振×"轮实际长度应与72.8 m不符。同时，照片上"振×"轮的船型也跟现场声呐图像显示的船型基本一致。

综合各种信息分析得出，现场扫获的沉船疑点极有可能就是"振×"轮沉船，上海海事测绘中心将相关情况和应急扫测成果报告上级和海事监管部门，完成此次应急扫测任务。

3 扫测成果

根据声呐图像和声呐数据分析图（图2和3）分析得出如下结论：
（1）沉船呈坐沉状态，船首走向南偏东约40°。

（2）沉船中心位置：32°39′××″N，123°03′××″E。

（3）沉船长约 40 m，宽约 8 m，高出泥面约 8 m。

（4）沉船周围平均水深约 36 m（海图水深）。

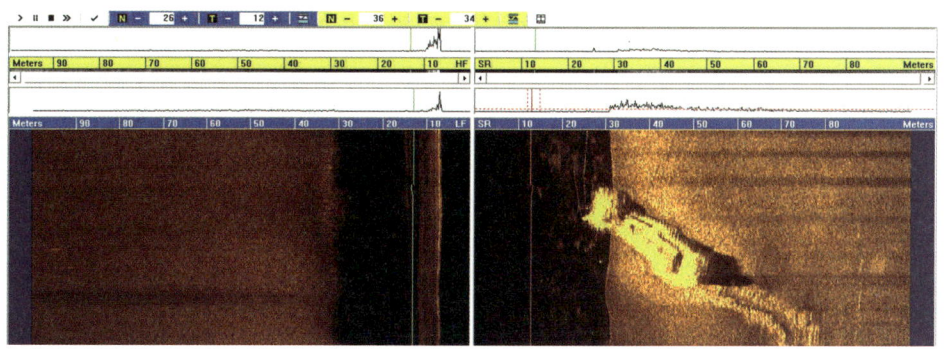

图 2 "振×"轮沉船声呐图像

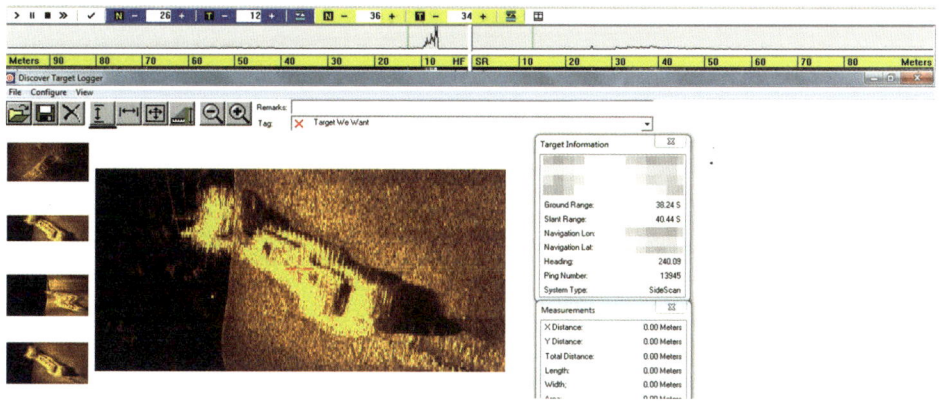

图 3 "振×"轮沉船声呐数据分析图像

4 经验启示

4.1 "振×"轮沉船应急扫测任务特点

（1）"振×"轮沉船概位水域离岸远，距离吴淞口约 110 n mile，对实施应急扫测作业的船舶要求高。

（2）沉船实际船舶尺度与登记船舶尺度信息有出入，给甄别扫测成果带来一定难度。

4.2 "振×"轮沉船应急扫测经验启示

（1）当扫获的疑似目标信息与搜集到的相关信息不一致时，现场应开展复扫确认工作。主要确认内容有两项：一是扫测区域内是否还存在其他疑似目标；二是疑似目标相关特征信息数据核实。

（2）通过复扫确认后的扫测结果，应以扫测结果为基础，结合各方信息进行综合研判；同时要相信数据成果，敢于质疑，在消除疑问的基础上最终确定应急扫测成果。

案例 23：
"浙象 Y410××"轮沉船应急扫测

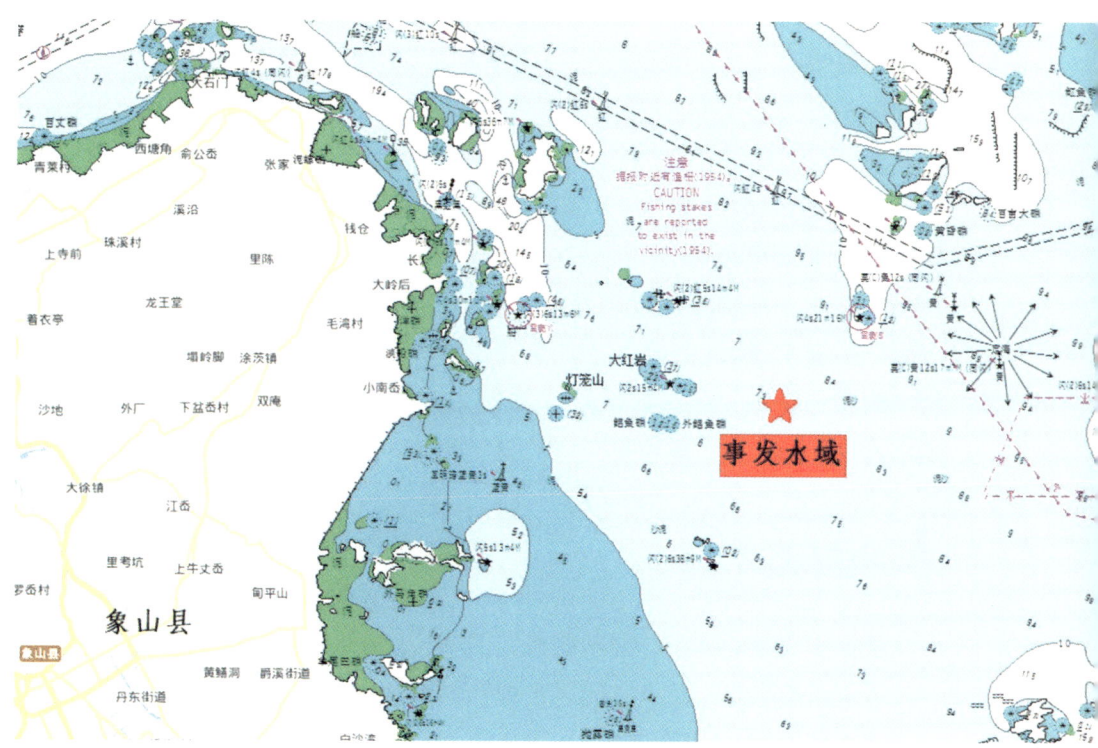

图 1 "浙象 Y410××"轮沉船概位示意

1 案例背景

2018 年 9 月 30 日 23 时许，一艘从上海空载驶往马来西亚的外籍 LNG 船在航行至宁波象山南韭山东北约 56 n mile 处与浙江籍渔船"浙象 Y410××"轮发生碰撞。事故造成"浙象 Y410××"轮沉没，沉船概位见图 1。根据天气预报，2018 年第 25 号台风"康妮"将在 10 月 5 日左右影响东海海域。这是一次"赶时间"的应急扫测任务。

2 实施过程

2018年10月1日17时,上海海事测绘中心接到宁波市海上搜救中心关于请求开展"浙象Y410××"轮沉船应急扫测的函。虽然正值国庆假期,但上海海事测绘中心收到应急扫测任务后,立即启动应急预案,迅速集结扫测船舶、人员、设备、车辆等。21时,应急扫测小组完成资料收集、设备调试等相关准备,随"海巡166"轮连夜赶赴事发水域。

10月2日08时30分,"海巡166"轮抵达事发水域,应急扫测小组立即对事发水域开展巡视,设备连接测试后即刻使用侧扫声呐开展沉船扫测。09时许,应急扫测小组发现疑似沉船目标。随后,应急扫测小组以该疑似沉船目标位置为中心,利用多波束测深系统进行精扫。11时30分,应急扫测小组完成精扫,经过数据处理后最终确认沉船位置、沉船水下姿态及周围水深地形信息,完成本次应急扫测任务。

3 扫测成果

根据多波束立体图、声呐图像(图2~5)分析得出如下结论:
(1)沉船呈坐沉状态,船首走向西偏南约10°。
(2)沉船中心位置:29°33′××″N,123°16′××″E。
(3)沉船长约35 m,宽约7 m,高出泥面约7 m,最浅水深约53 m。
(4)沉船周围平均水深约65 m。

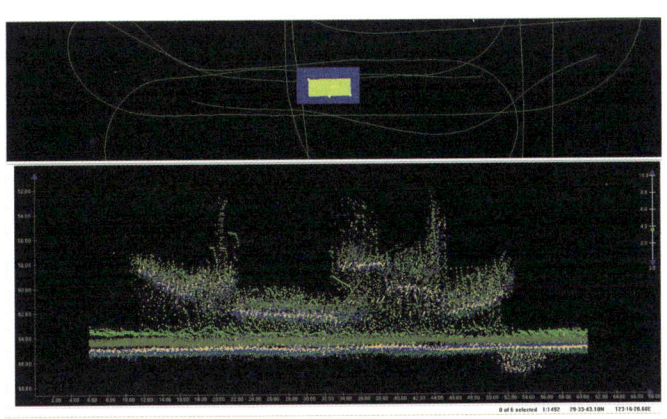

图 2 "浙象 Y410××"轮沉船多波束点云图

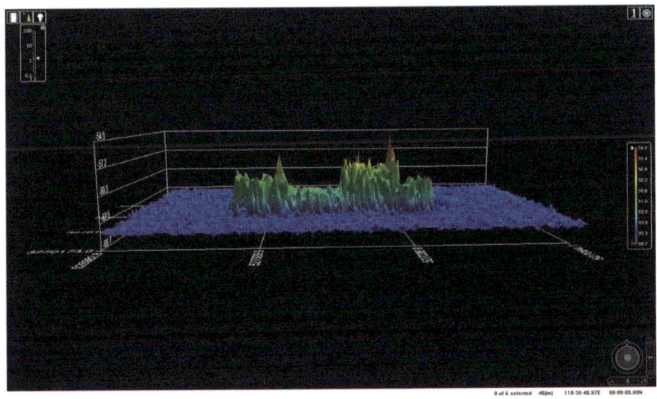

图 3 "浙象 Y410××"轮沉船多波束立体图 1

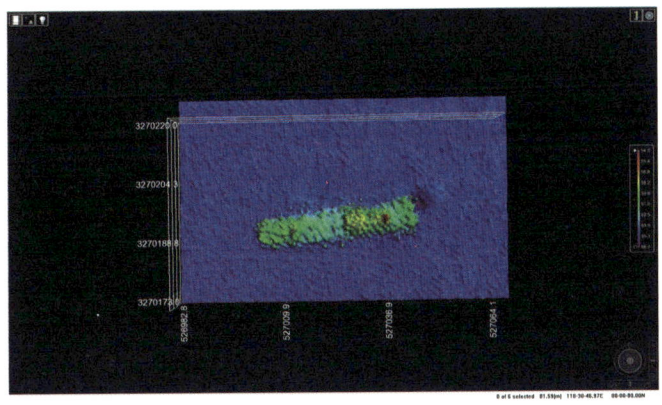

图 4 "浙象 Y410××"轮沉船多波束立体图 2

图 5 "浙象 Y410××"轮沉船声呐图像

4 经验启示

4.1 "浙象 Y410××"轮沉船应急扫测任务特点

（1）事故发生在宁波象山沿海海域，离岸较远，又是在国庆假期，应急扫测小组和专业扫测船"海巡 166"轮长距离调遣约 150 n mile 实施沉船应急扫测。

（2）"康妮"台风将在国庆节后几日影响东海海域，应急扫测有效作业时间十分有限，扫测小组必须与台风赛跑，抢在台风影响到来前完成应急扫测任务。

（3）事故影响大，尽快找到沉船对海事监管部门后续事故调查和处理十分关键。

4.2 "浙象 Y410××"轮沉船应急扫测经验启示

（1）节假日期间为更好地保障水上交通安全，专业应急扫测力量应急值守十分必要。除了中小型专业测量船艇备勤以外，适合近海水域测量的 80 米级专业测量船也要做到随时能够出动。

（2）固定安装在扫测船上的多波束测深系统，信号稳定，扫测成果数据质量高。多波束测深系统加密生成沉船目标点云图，取代多波束侧视图，可更加直观形象地反映出沉船姿态。

案例 24：
"浙富 YH007××"轮沉船应急扫测

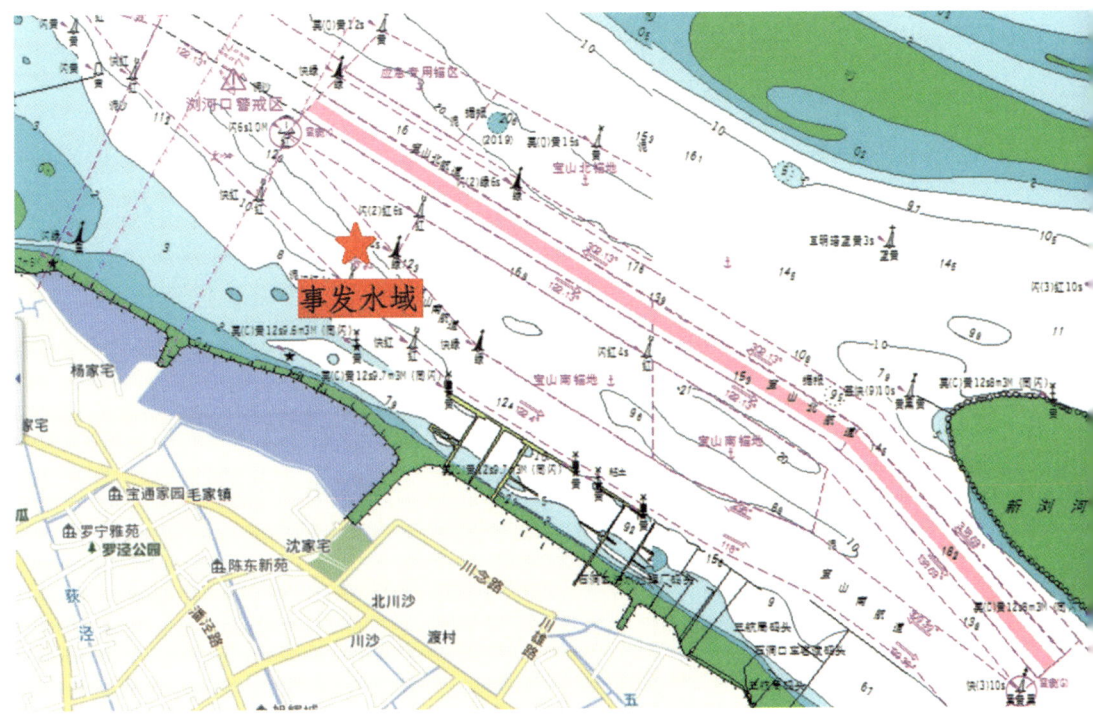

图 1 "浙富 YH007××"轮沉船概位示意

1 案例背景

2019 年 6 月 9 日凌晨，"浙富 YH007××"轮在长江口宝山水域上游，A80 到 A84 灯浮之间沉没。沉船位置位于宝山南航道，此处船舶流量大，船舶类型复杂，容易发生次生事故。沉船概位见图 1。

2 实施过程

6月9日00时25分，上海海事测绘中心接到上海海事局指挥中心应急扫测指令，即刻启动应急预案，调遣白天刚实施了长江口深水航道考核测量任务，正在横沙岛附近水域锚泊的"海巡1668"轮前往事发水域执行应急扫测任务。

与此同时，驻守在上海海事测绘中心的技术人员快速完成扫测设备调试、装箱、装车，将扫测设备运至宝山海事码头，经与宝山海事局指挥中心协调后，由宝山海事局派遣巡逻艇送至"海巡1668"轮。

由于事发水域水深较浅，沉船水下姿态不明，为确保扫测安全，应急扫测小组先对事发水域进行了低潮巡视。经巡视发现，该水域水面存在异常水花。应急扫测小组决定候潮测量作业。08时许，现场已满足扫测作业条件，应急扫测小组即使用侧扫声呐对水花异常水域开展扫测，迅速锁定疑似沉船目标。随后，现场以该疑点位置为中心，从3个不同角度进行精扫。10时，应急扫测小组完成精扫，最终确认沉船位置、沉船水下姿态及周围水深等信息，完成本次应急扫测任务。扫测轨迹见图2。

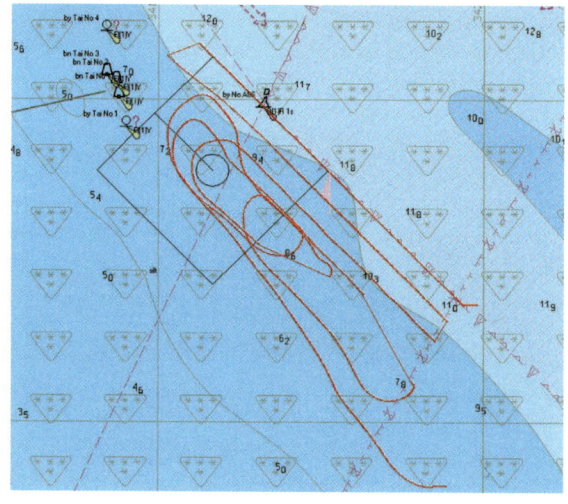

图 2　扫测轨迹

3 扫测成果

根据声呐图像（见图 3 和 4）分析得出如下结论：

（1）沉船呈坐沉状态，船首走向东偏南约 35°。

（2）沉船中心位置：31°32′××″N，121°19′××″E。

（3）沉船长约 45 m，宽约 7 m，高出泥面约 5 m。

（4）沉船周围平均水深约 8 m（海图水深）。

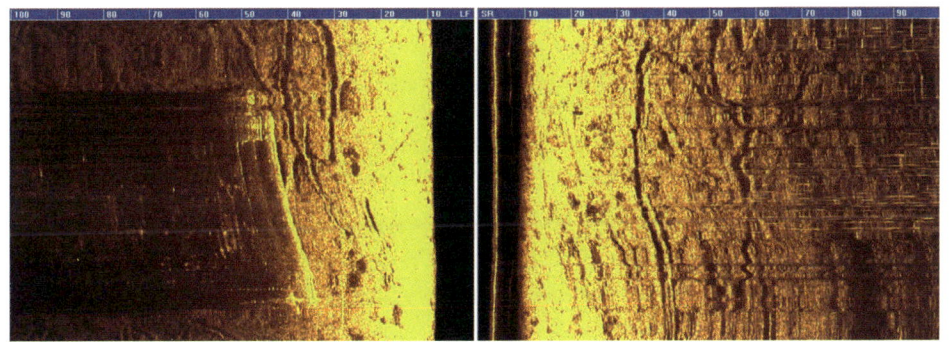

图 3　"浙富 YH007××"轮沉船声呐图像 1

图 4　"浙富 YH007××"轮沉船声呐图像 2

4 经验启示

4.1 "浙富YH007××"轮沉船应急扫测任务特点

（1）沉船位置位于宝山南航道，此处船舶流量大，水域通航安全比较敏感，发生次生事故的风险大。

（2）事故发生在半夜，应急扫测船舶调遣难度大，夜间扫测作业自身安全风险较大。

4.2 "浙富YH007××"轮沉船应急扫测经验启示

（1）通过低潮巡视，如发现沉船概位附近水域存在水花异常，可以快速判断沉船可能位置。

（2）对于存在水花异常水域，因沉船姿态不明，一定要采取候潮作业，不能盲目开展扫测。实施扫测时，要由外向内逐步逼近作业，确保扫测作业安全。

（3）即便采取候潮作业，水深条件已经满足作业安全，也不能横穿沉船概位上方，防止扫测设备被拖挂损毁。在候潮作业过程中，应确保扫测船慢速且顶流作业。船舶顶流作业的好处在于，艉舵受水流的影响小、舵效好，一是便于控制船速，二是便于控制船航向。

名词解释：

候潮测量作业

候潮测量作业主要对浅滩、岛礁、危险区等危险水域，采取低潮巡视判断、等待潮水涨起，待潮水涨到一定高度，可以保证作业安全时再开展测量作业的一种方法。

候潮作业通常选择涨潮时段，以保证安全。在退潮阶段，一旦船舶受困，会带来较大风险。

案例 25："新 AD39"轮沉船应急扫测

图 1 "新 AD39"轮沉船概位示意

1 案例背景

2019 年 9 月 2 日 18 时许，在鱼山测风塔西面约 0.2 n mile 水域附近锚泊的"新 AD39"轮在锚泊期间突遭短时雷雨大风侵袭，随后船舶沉没。沉船概位见图 1。

事发水域位于鱼山岛北侧。该水域地处舟山群岛中西部，是进出宁波舟山港核心港区的重要通道，沉船对通航安全造成隐患。

2 实施过程

9月3日10时18分,舟山海事局指挥中心函请上海海事测绘中心开展沉船扫测。上海海事测绘中心就近指派正在舟山附近实施测绘作业的"浙嵊渔工80002"测量船即刻停止作业,起程转赴事发水域。

14时27分,"浙嵊渔工80002"轮抵达事发水域,应急扫测小组对事发水域开展现场巡视并进行设备连接测试。14时36分,应急扫测人员利用侧扫声呐开展扫测作业,发现疑似沉船目标。随后,现场以该疑点位置为中心,用多波束测深系统进行精扫。16时57分,现场完成多波束精扫并进行了数据处理,最终确认沉船位置、沉船水下姿态及周围水深地形信息,完成本次应急扫测任务。

3 扫测成果

根据多波束、声呐图像(图2~5)分析得出如下结论:

(1)沉船呈坐沉状态,船首走向正西北。
(2)沉船中心位置:30°24′××″N,121°59′××″E。
(3)沉船长约45 m,宽约8 m,高出泥面约4 m,最浅水深约3 m。
(4)沉船周围平均水深约11 m。

第一篇 沉船扫测

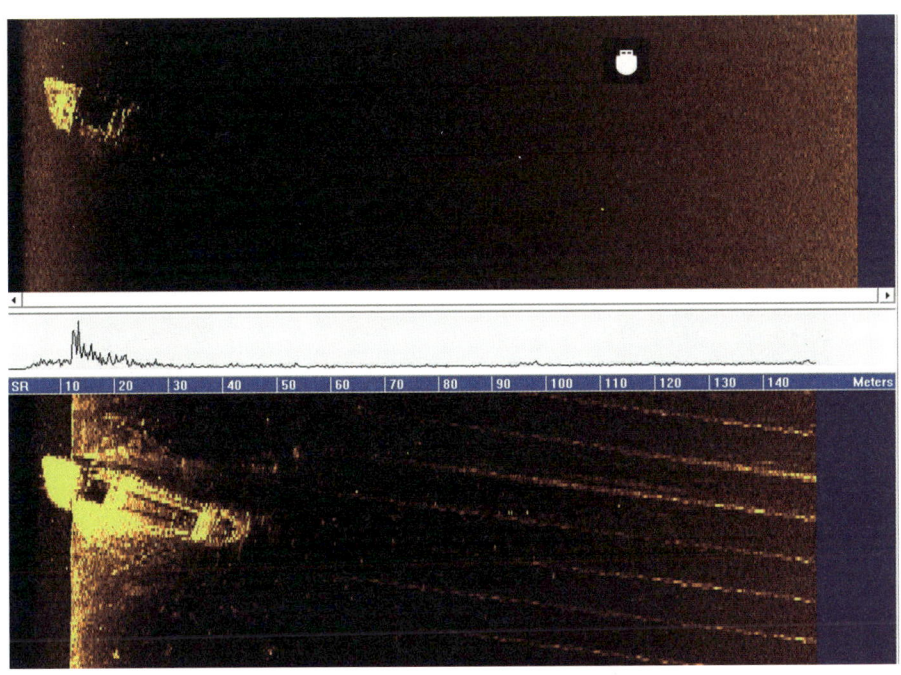

图 2 "新 AD39" 轮沉船声呐图像

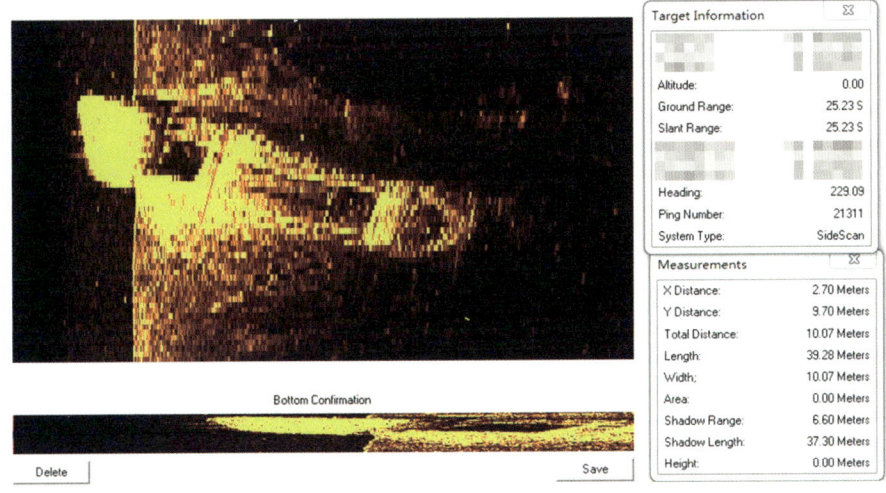

图 3 "新 AD39" 轮沉船声呐数据分析

113

图 4 "新 AD39"轮沉船多波束俯视图

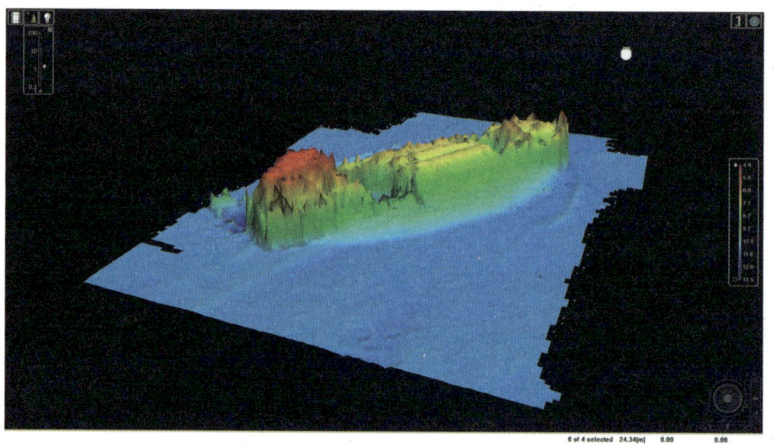

图 5 "新 AD39"轮沉船多波束侧视图

4 经验启示

（1）事发水域水深较浅，为确保设备安全，扫测过程中侧扫声呐不宜释放太深。声呐设备连接安装应确保保险扣处于自由状态，设备采用单点连接。如发生设备被水中物体拖挂状况，保险扣会自行断裂，以便设备倒转逃脱，最大限度保证设备回收。

（2）在舟山沿海水域设置应急测绘基地。基于中国（浙江）自贸试验区"国家能源战略保障"的核心定位，国际石化基地、国际油气储运基地等核心产业在舟山迅速发展。在舟山沿海水域设立常态化运行的测绘基地，常驻应急扫测力量，对有效保障宁波舟山港重要深水航道的通航安全十分必要。

案例26:"KUM H××"轮沉船应急扫测

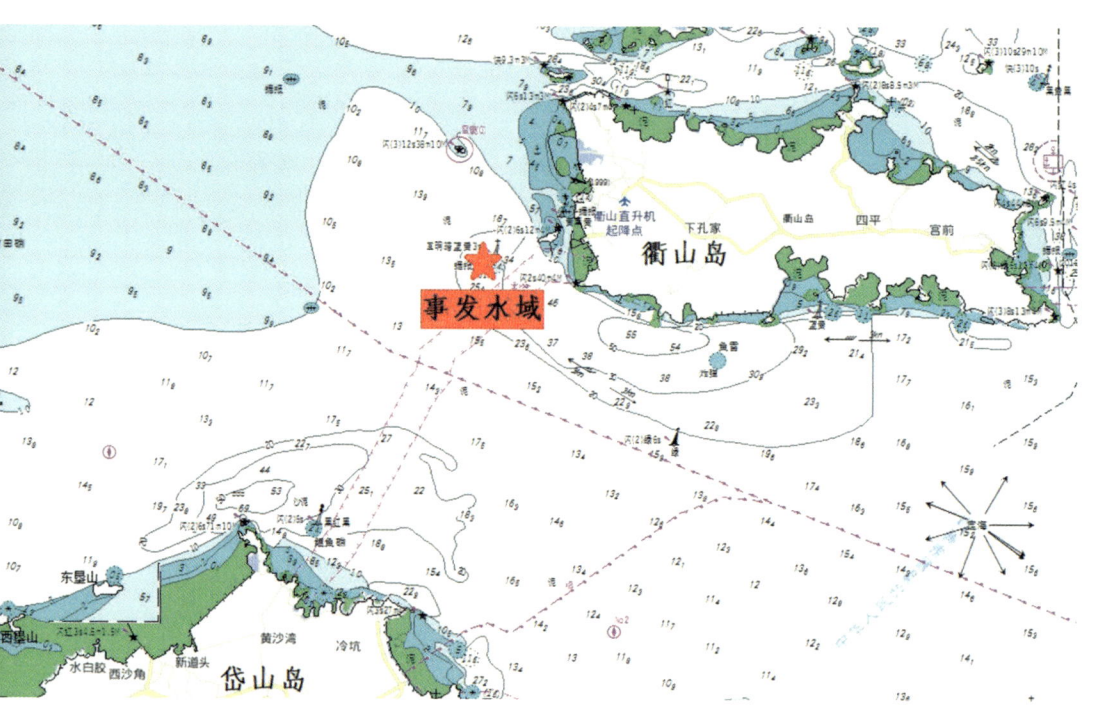

图1 "KUM H××"轮沉船概位示意

1 案例背景

2019年9月23日,台风"塔巴"从舟山海域过境,有多艘船舶在舟山水域锚泊避风。04时许,某岱山籍渔船航经舟山衢山琵琶栏岛附近水域时与锚泊在该水域的朝鲜籍杂货船"KUM H××"轮发生碰撞。事故造成"KUM H××"轮(船长80 m,型宽13 m)沉没,沉船概位见图1。事发水域位于舟山衢山琵琶栏岛西侧,紧邻衢山新中心渔港,为渔船进出中心渔港航经水域,船舶流量大,通航环境较为复杂。

2 实施过程

9月23日09时20分,舟山海事局函请上海海事测绘中心开展沉船扫测。上海海事测绘中心就近指派正在附近作业的"浙嵊渔工80002"测量船启程赴事发水域执行应急扫测任务。

11时35分,"浙嵊渔工80002"轮抵达事发水域并进行现场巡视、设备连接测试等工作。11时45分,现场扫测小组利用侧扫声呐开展扫测作业,发现疑似沉船目标。随后,现场以该疑点位置为中心,用多波束测深系统精扫。13时57分,现场扫测小组完成精扫并进行了数据处理,最终确认沉船位置、沉船水下姿态及周围水深地形信息,完成本次应急扫测任务。

3 扫测成果

根据多波束、声呐图像(图2~4)分析得出如下结论:

(1)沉船呈坐沉状态,船首走向北偏西约33°。
(2)沉船中心位置:30°25′××″N,122°15′××″E。
(3)沉船长约86 m,宽约13 m,高出泥面约7 m,最浅水深约7.9 m。
(4)沉船周围平均水深约31 m。

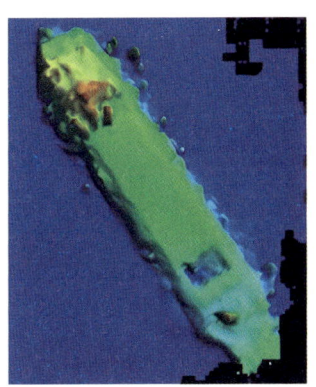

图2 "KUM H××"轮沉船多波束俯视图

图 3 "KUM H××"轮沉船多波束侧视图

图 4 "KUM H××"轮沉船声呐图像

4 经验启示

（1）平行船舶轴向进行声呐精扫，可以得到较好成像效果。

（2）通过对沉船目标进行多波束加密测量，生成沉船水域水深图（图5），可以全面反映沉船水域的水深情况，有利于海事监管部门实施通航安全管理，组织打捞部门进行清障作业。

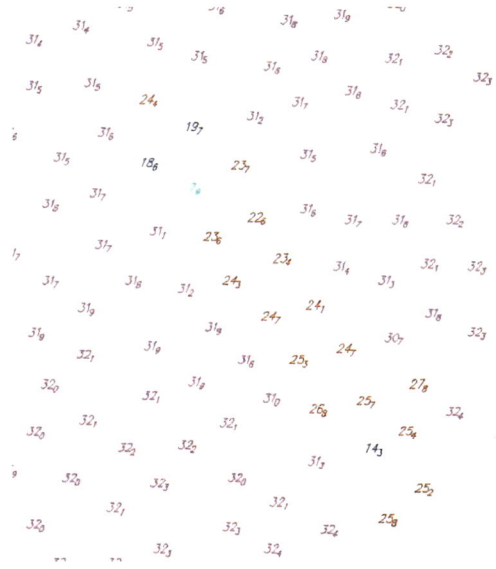

图 5 "KUM H××"轮沉船水深图

案例 27："神 Z19"轮沉船应急扫测

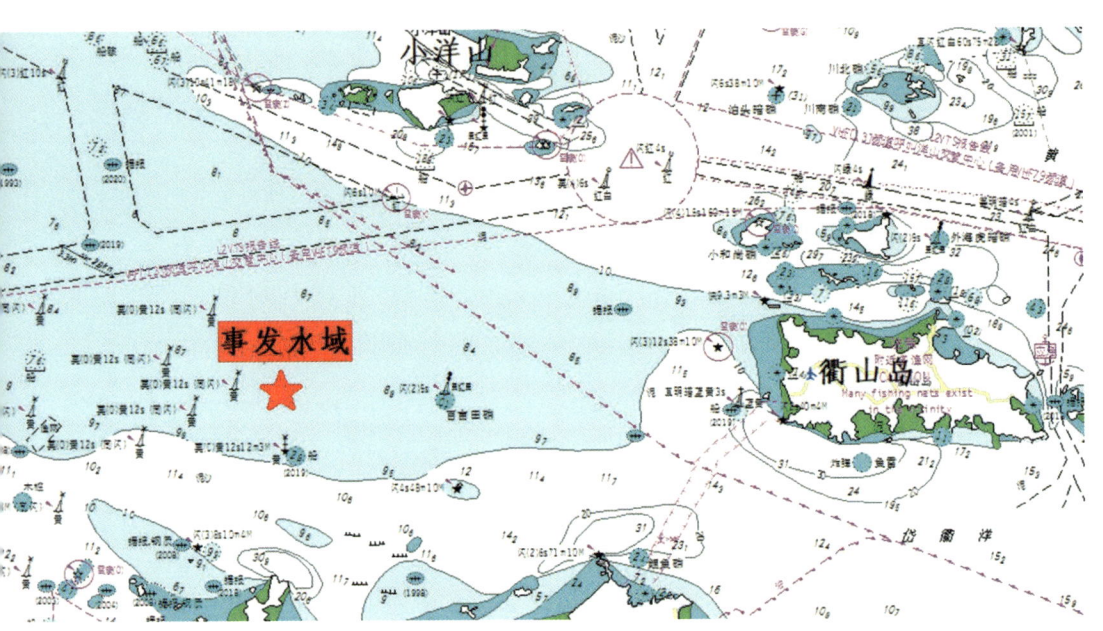

图 1 "神 Z19"轮沉船概位示意

1 案例背景

2020 年正月，新冠肺炎疫情暴发，疫情防控形势十分严峻。2 月 17 日，一股强冷空气过境江浙沿海，舟山海区预报风力达 7~9 级。当日 03 时许，连云港籍干货船"神 Z19"轮（船长 53.4 m，型宽 10.4 m）行至舟山大鱼山北侧海域附近沉没，沉船概位见图 1。

2 实施过程

2 月 17 日 08 时 20 分，上海海事测绘中心接到舟山海事局指挥中心来电，因"神 Z19"轮沉船位置处于通航密集水域，船舶交通流十分复杂，为确保该水域的通航安全，避免次生事故发生，请上海海事测绘中心尽快协助实施沉船应急扫测。

接到应急信息后，上海海事测绘中心立刻启动应急预案。考虑到事发水域的海图水深仅约 9 m，根据沉船的基本信息预判，沉船上方水深较浅，派遣吃水较小的中小型扫测船前往扫测为宜。但因天气状况不佳，江浙沿海大风蓝色预警，舟山海域预报风力达 7~9 级，中小型扫测船又难以应对风浪。应急指挥领导小组经过审慎考虑，制订折中方案：从上海港调派 80 米级"海巡 166"轮前往事发水域，采用侧扫声呐粗扫方式先找沉船，同时安排另一艘吃水较浅的扫测船舶做好支援准备。

上海海事测绘中心各部门按照应急指挥领导小组制订的扫测方案迅速开展各项准备工作，再次联系当地海事监管部门掌握事故处置动态，在最短时间内完成应急扫测设备出库检查和调试（见图 2），运送应急人员和应急扫测设备急速驶往五好沟海事基地码头。"海巡 166"轮全体船员到船并做好开航准备，调试"VSAT"通信系统，确保"海巡 166"轮前后左右视频监控到位、"海巡 166"轮和上海海事测绘中心值班室视频通信畅通。

图 2　技术人员对扫测设备进行连接测试

2月17日14时20分,在完成了人员、设备集结和防疫保护措施确认后,"海巡166"轮解缆离开五好沟海事码头,赶赴舟山水域。17时左右,"海巡166"轮航行至长江口九段沙附近,由于海面风力太大,考虑到船舶自身安全,"海巡166"轮不得不暂时抛锚避风。

2月18日05时,海面风力减小,"海巡166"轮再次起航。09时15分,"海巡166"轮抵达事发水域。由于事发水域水深较浅,沉船具体位置和水下姿态不明,而扫测船舶吃水较深,且悬挂侧扫声呐设备,因此为确保扫测作业安全进行,应急扫测小组先在事发水域进行低潮巡视。经巡视,现场得出结论:一是事发水域沉船不干出,且无油花或者明显识别物;二是事故周边水域过浅,结合"海巡166"吃水情况,不具备多波束测量条件;三是沉船概位北方由于水流过急,"海巡166"轮出于自身安全考虑,无法深入测量。以上巡视结果上报应急指挥领导小组,征得领导小组同意后,由现场根据实际情况处置。11时05分,在充分判断测区情况后,现场开始实施扫测作业。由于低潮刚过,正在涨潮,现场扫测采取由外向内逐步逼近方式开始扫测(图3)。与此同时,在上海海事测绘中心值班室,后方技术团队通过"VSAT"视频传输等信息化手段实时察看扫测现场情况,全程为现场应急扫测作业提供技术支持。

12时52分,现场应急扫测小组报告:发现一艘疑似沉船。上海海事测绘中心应急指挥领导小组要求现场以该疑点位置为中心,继续使用侧扫声呐从3个不同角度进行精扫(图4)。

图3 扫测人员现场作业图1

图4 扫测人员现场作业图2

14时,现场应急扫测小组完成精扫,最终确认沉船位置、沉船水下姿态及周围水深地形信息。根据现场扫测信息编制的《应急扫测信息快报》经应急指挥领导小组批准后,第一时间通报舟山海事局。14时50分,经与舟山海事局沟通并报应急指挥领导小组同意后,"海巡166"轮撤离扫测现场。

3 扫测成果

根据声呐图像(图 5 和 6)分析得出如下结论:

(1)沉船呈侧躺沉状态,船首走向东偏南约 10°。
(2)沉船中心位置:30° 26′ ××″N,121° 58′ ××″E。
(3)沉船长约 55 m,宽约 10 m,中部突出。
(4)沉船周围平均水深约 9 m(海图水深)。

 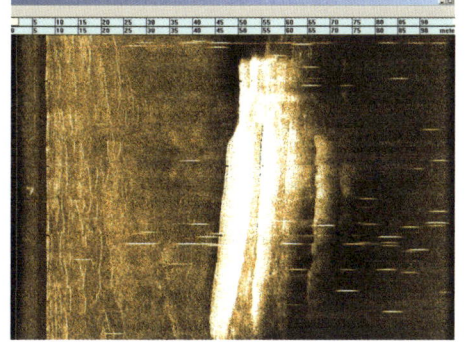

图 5 "神 Z19"轮沉船声呐图像 1　　图 6 "神 Z19"轮沉船声呐图像 2

4 经验启示

4.1 "神 Z19"轮沉船应急扫测任务特点

(1)沉船位置处于通航密集水域,船舶交通流复杂,如若不能及时应急清障,通航安全风险大,容易发生次生事故。

（2）新冠肺炎疫情暴发，疫情防控形势严峻，给船舶、人员跨地区远距离调遣带来极大影响。

（3）沉船态势不明，现场作业安全风险大。

4.2 "神Z19"轮沉船应急扫测经验启示

（1）合理调遣应急扫测力量。"神Z19"轮沉船发生在舟山大鱼山北侧海域附近，且舟山沿海水域没有常驻应急测绘力量。同时，江浙沿海大风蓝色预警，海况恶劣，小型应急扫测船舶无法实施应急扫测作业，派遣80米级专业测量船"海巡166"轮前往扫测，可以最大限度地保证应急响应效率；事发水域水深较浅，同步准备好中小型扫测船作为后备力量，一旦在"海巡166"轮不具备作业条件情况下视情跟进，以尽快完成应急扫测任务。

（2）根据现场巡视后实际情况灵活制订现场扫测作业方案：如水深条件许可，可优先沉船概位扫测，以便快速发现目标；如事发水域水深较浅，应采取涨潮阶段逐步逼近方式，利用好潮水，确保扫测安全高效。本次"神Z19"轮侧躺沉，沉船型宽约10 m，海图水深也仅9 m，采取利用涨潮逐渐逼近方式实施扫测比较安全可靠。

（3）协调处理好疫情防控与应急扫测之间的关系，提前落实好船舶和应急人员的疫情防控措施，做到在实施应急扫测全程人员不上岸。

（4）通过通信信息手段实现远程辅助决策，有助于提升应急扫测效率。在本次应急扫测过程中，上海海事测绘中心后方技术团队通过"VSAT"视频传输等信息化手段实时察看扫测现场情况，全程为现场应急扫测工作提供技术决策支持，确保了应急扫测各个环节安全可控。

案例 28：
"浙普 Y239××"轮沉船应急扫测

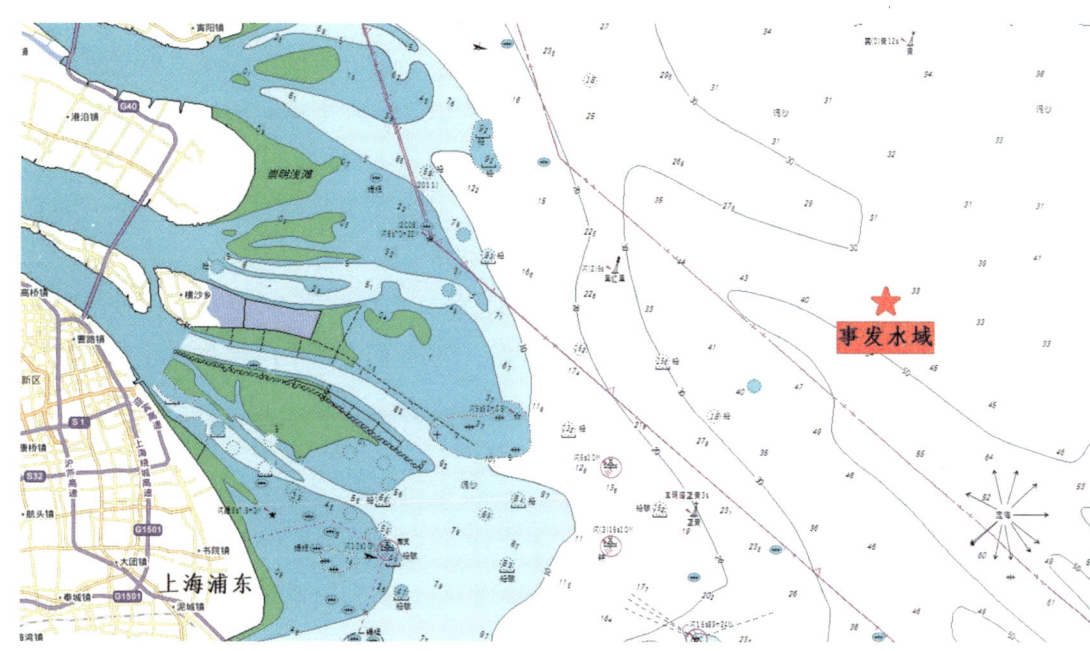

图 1 "浙普 Y239××"轮沉船概位示意

1 案例背景

2020年3月6日03时20分许，台州籍商船"CH"轮与"浙普 Y239××"轮在崇明岛以东约 50 n mile 处发生碰撞事故。事故造成"浙普 Y239××"轮沉没，沉船概位见图1。

2 实施过程

3月6日08时30分，上海海事测绘中心接到上级应急指令，立即启动应急预案。

由于事发水域远在长江口灯船东北约 25 n mile 处，离岸较远，又正值冬春季节，海面的涌浪对扫测作业的影响很大。从应急扫测作业的安全性以及效率等方面考虑，80 米级专业测量船"海巡 166"轮是最合适的应急扫测船舶。但是，"海巡 166"轮刚于前一天 3 月 5 日 09 时 15 分离开五好沟海事基地码头，开往连云港，计划实施连云港 30 万吨级航道二期工程通航尺度核定测量。此时的"海巡 166"轮已经过 26 个小时的连续航行，刚抵达连云港附近水域。

应急就是命令，优先实施应急扫测任务！应急指挥领导小组指示"海巡166"轮立即从连云港返航，赶赴长江口外沉船水域执行应急扫测任务。

3 月 7 日 11 时 10 分，"海巡 166"轮又连续航行 24 个小时，抵达事发水域。应急扫测小组经过现场巡视后，随即使用侧扫声呐和多波束测深系统开展扫测作业。12 时 50 分，应急扫测小组发现疑似沉船目标。随后以该疑点位置为中心，从 3 个不同角度进行精扫。13 时 32 分，应急扫测小组完成精扫并结合"东海海区精细化潮汐预报模型"推算出实时潮位进行数据处理，最终确认沉船位置、沉船水下姿态及周围水深地形信息。

15 时 18 分，经与现场指挥船沟通并报应急指挥领导小组同意，"海巡166"轮从扫测现场撤离，继续北上连云港实施通航尺度核定测量任务。

3 扫测成果

根据声呐图像（图 2）分析得出如下结论：
（1）沉船呈坐沉状态，船首走向正西南。
（2）沉船中心位置：31°19′××″N，122°58′××″E。
（3）沉船长约 30 m，宽约 7 m，高出泥面约 5 m，最浅水深 45.4 m。
（4）沉船周围平均水深约 53 m。

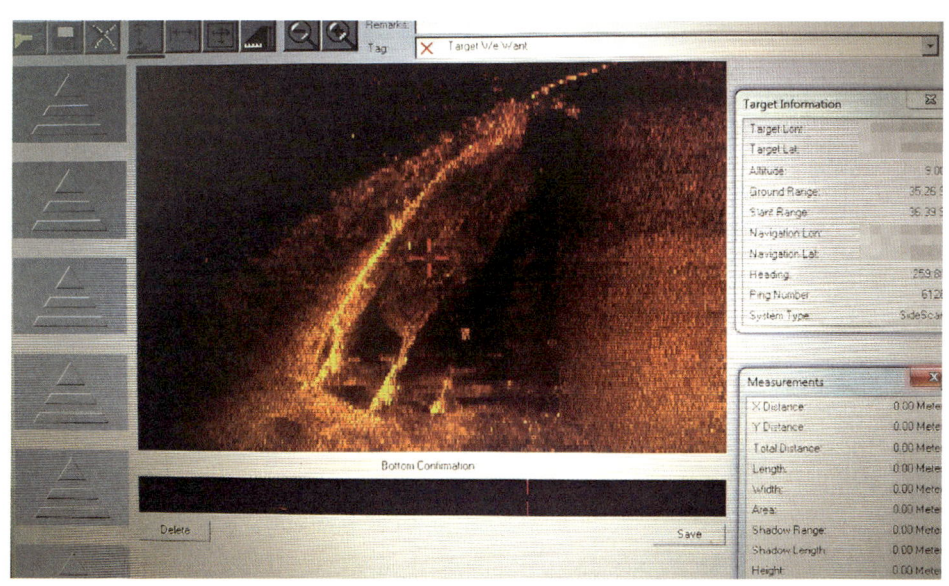

图 2 "浙普 Y239××"轮沉船声呐图像

4 经验启示

4.1 "浙普 Y239××"轮沉船应急扫测任务特点

（1）沉船事故发生在崇明岛以东 50 n mile 左右的东海海域，离岸距离远，冬春季节海面涌浪对扫测作业影响大，一般中小型扫测船难以承担此项任务，船舶调遣难。

（2）沉船概位不明确，应急扫测范围大。

4.2 "浙普 Y239××"轮沉船应急扫测经验启示

（1）专业精干的应急扫测队伍也是港口发展水平的重要体现。航运作为一种重要的贸易运输方式，国际航运业承担了全球贸易 80% 的运输任务。由于海洋环境复杂多变，或因事故、或因恶劣海况等因素，港口、航道、航路等一些重要通航水域，沉船沉物事件时有发生，如上海港平均每年达到十余起。为切实保障航路安全，针对突发的沉船沉物，是否能够及时予以精准定位，并尽快组织清障打捞，既体现了保障航路安全的能力，又体现了一个地区港口发展的水平。因此，沉船沉物应急扫测定位，尤其在海上，需要一支信念坚定、技能精湛、善于攻坚、作风过硬的专业队伍。这个专业队伍必须训练有素、装备精良、召之即来、来之能战，关键时候能够发挥关键作用。

（2）注重科技成果的综合运用。沉船附近水域水深40余米，且离岸较远，附近没有固定潮位站。如果按照传统方法监测潮位并计算海图深度基准面，显然费时费力也不经济。利用科技成果"东海海区精细化潮汐预报模型"就较好地解决了这个问题。通过"东海海区精细化潮汐预报模型"推算出实时潮位，对实测水深进行潮汐改正，得到沉船水域较精确水深值，大大提高了数据处理的效率，为后续沉船打捞清障工作提供了有力支撑。

知识链接：

东海海区精细化潮汐预报模型

2018年，上海海事测绘中心联合南京水利科学研究院共同研发"长江口精细化潮汐预报数值模拟系统"（图3）。该系统集建模、计算、后处理于一体，采用有限体积法、GPU并行计算方法、嵌套模型法等多种方法，实现了长江口潮汐数学模型多重嵌套及高效的数值计算。该研究成果达到国际先进水平，并获评2019年度中国航海学会科学技术奖一等奖。

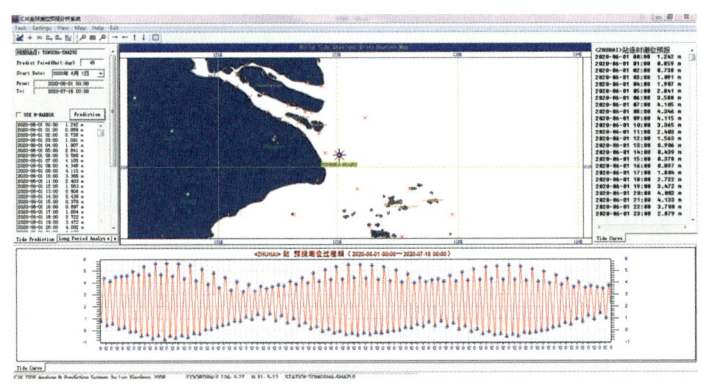

图3 分析预报系统

在此基础上，上海海事测绘中心与南京水利科学研究院将建模范围（图4）拓展到东海沿海，建立"东海海区精细化潮汐预报模型"。经上海海事测绘中心所属的65个长期验潮站及100余个短期验潮站数据对模型参数进行率定验证，系统构建的精细化潮汐预报数值模型可预报区域内任意点任意时刻潮位，在东海沿海港口，其分辨率与精度明显优于国内外常用的潮汐预报模型。

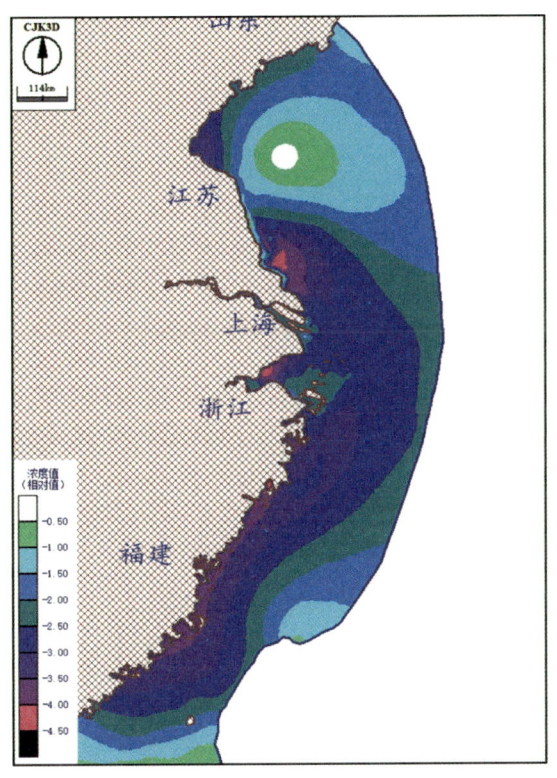

图4　模型范围

"东海海区精细化潮汐预报模型"现已应用于东海海区潮汐表推算、气象潮预报、港口航道测量、区域深度基准面的变化研究、港口生产调度管理、航海保障服务等相关领域，取得了良好的社会效益和经济效益。

案例29："宁HL12××"轮沉船应急扫测

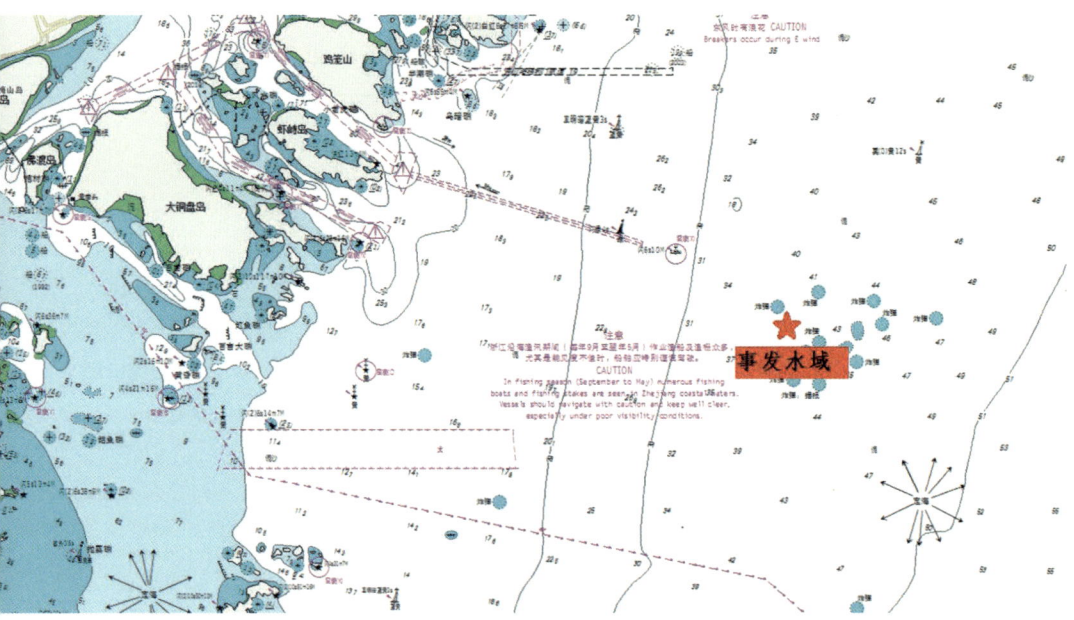

图1 "宁HL12××"轮沉船概位示意

1 案例背景

2020年8月6日03时35分左右，装载约8 000 t海沙的南京籍散货船"宁HL12××"轮（船长约110 m，型宽约21 m）在舟山六横岛以东水域与浙江嵊泗籍渔船"ZSY058××"轮发生碰撞。事故造成"ZSY058××"轮船球鼻首局部凹陷破损，"宁HL12××"轮进水沉没，沉船概位见图1。

2 实施过程

8月6日09时30分许,舟山海事局函请上海海事测绘中心对沉船开展应急扫测。上海海事测绘中心立即启动应急预案,就近指派"浙嵊渔工80007"测量船即刻停止当前测量作业任务,起程转赴事发水域。

15时,"浙嵊渔工80007"轮抵达事发水域,现场对事发水域进行现场巡视后,使用侧扫声呐、多波束测深系统开始扫测(图2)。15时11分,应急扫测小组发现疑似沉船目标,随即以该疑点位置为中心,从3个不同角度进行精扫。17时50分,应急扫测小组完成精扫并进行数据处理,最终确认沉船位置、沉船水下姿态及周围水深地形等信息,完成本次应急扫测任务。

图 2　扫测现场作业图

3 扫测成果

根据多波束立体图和声呐图像(图3~5)分析得出如下结论:
(1)沉船呈坐沉状态,船首走向西偏南约30°。

（2）沉船中心位置：29°37′××″N，122°38′××″E。

（3）沉船长约 108 m，宽约 20 m，高出泥面约 11 m，最浅水深约 26.3 m。

（4）沉船周围平均水深约 41 m。

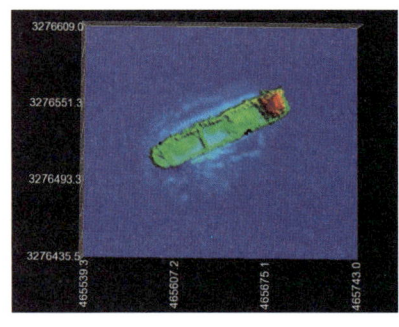

图 3 "宁 HL12××"轮沉船多波束俯视图　　图 4 "宁 HL12××"轮沉船多波束侧视图

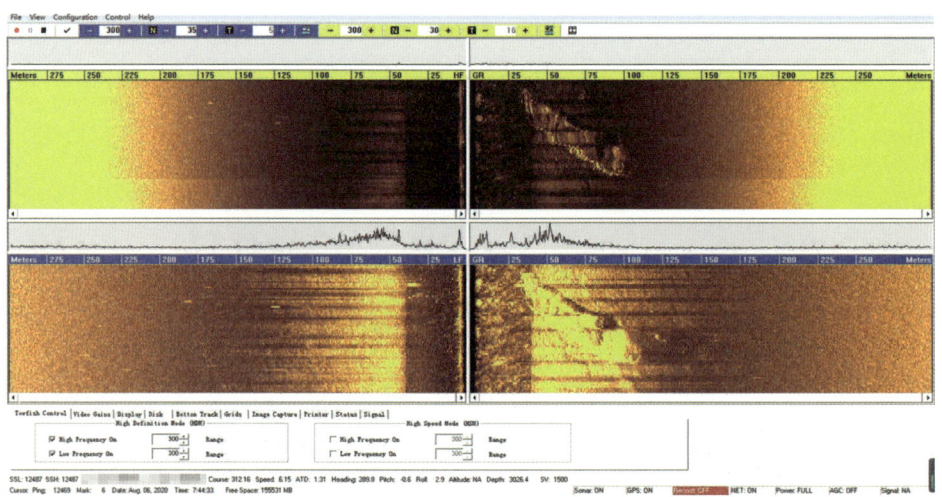

图 5 "宁 HL12××"轮沉船声呐图像

4 经验启示

4.1 "宁 HL12××"轮沉船应急扫测任务特点

扫测水域附近有流网，水流复杂，对现场作业造成一定困难。

4.2 "宁HL12××"轮沉船应急扫测经验启示

（1）声呐数据传输线缆不能受力。声呐数据线缆连接主机和托体，线缆沿着安全绳索绑扎，要注意每段绑扎线缆应比相应绳索稍长一些，以避免线缆受力损坏。

（2）应急扫测过程中应实时关注托体在水中状态以及线缆状态，特别注意作业水域是否存在流网，若有流网应避开作业。

（3）若声呐线缆上缠绕水中漂浮物，应及时暂停作业，收回声呐设备，清理缠绕物，确保声呐设备安全。

名词解释：

流网

流网是渔网的一种，也叫刺流网，由数十至数百片网连成长带形放在水中直立呈墙状，随水流漂移，把游动的鱼挂住或缠住，用来捕捞各个中水层的鱼类，如黄鱼等。

流网分布面积大（可以长达数千米，最长可以达到近百千米），深度上覆盖了海洋生物最为活跃的表层约 20 m 的区域，而且一放就是十余小时甚至几天之久，因此不仅是海洋生物，测量船舶、测量设备也极易触网而被缠绕。

案例 30："长×68"轮沉船应急扫测

图 1 "长×68"轮沉船概位示意

1 案例背景

2022 年 9 月 30 日，货船"长×68"轮（船长 53 m，型宽 8 m）在岱山水道北口水域沉没，沉船概位见图 1。正值国庆佳节来临之际，沉船位于口门通航密集水域，交通繁杂，如若不能及时应急清障，通航安全风险大，容易发生次生事故。根据天气预报显示，假期间天气受较强冷空气影响，之后将有大风和降水降温过程，沉船扫测行动迫在眉睫。

2 实施过程

10月1日07时许，舟山海事局函请上海海事测绘中心开展沉船扫测。上海海事测绘中心立即启动应急预案，就近指派在洋山港附近实施测量作业的"海测1"轮起程驰援事发水域。09时45分，"海测1"轮抵达事发水域并进行现场巡视、设备连接测试等工作。09时55分，现场扫测小组利用侧扫声呐开展扫测作业，45分钟后即发现疑似沉船目标。随后，现场扫测小组以该疑点位置为中心，用多波束测深系统进行精扫。12时44分，现场扫测小组完成精扫并进行数据处理，最终确认沉船位置、沉船水下姿态及周围水深地形信息，完成本次应急扫测任务。

3 扫测成果

根据多波束立体图和声呐图像（图2~4）分析得出如下结论：

（1）沉船呈坐沉状态，船首向为正南方向。

（2）沉船中心位置：30°18′××″N，122°16′××″E。

（3）沉船长约52.5 m，宽约8.2 m，高出泥面约10 m，最浅水深约4.4 m。

（4）沉船周围平均水深约14 m。

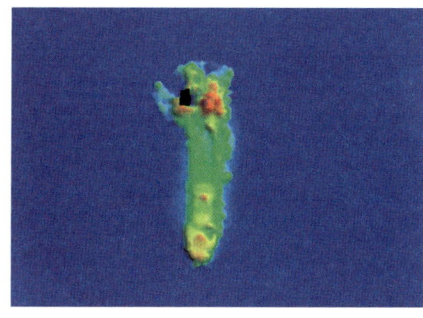
图2 "长×68"轮沉船多波束俯视图

图3 "长×68"轮沉船多波束侧视图

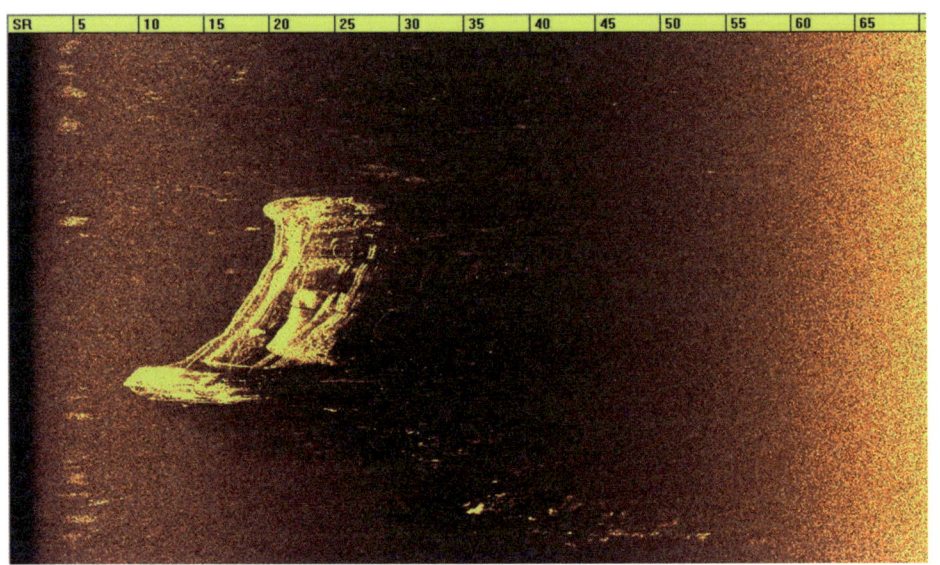

图 4 "长×68"轮沉船声呐图像

4 经验启示

4.1 "长×68"轮沉船应急扫测任务特点

（1）沉船位置位于岱山水道北口水域，此处船舶流量大，水域通航安全比较敏感，发生次生事故风险大。

（2）受较强冷空气影响，之后将有大风和降水降温过程，应急扫测有效作业时间十分有限，现场扫测小组必须抢在强冷空气影响到来前快速完成应急扫测任务。

4.2 "长×68"轮沉船应急扫测经验启示

（1）本次应急扫测采用上海海事测绘中心联合相关软件单位自研的"测绘数据处理一体化系统"进行数据采集和编辑处理。通过实际应用表明，该系统集成度高、适应性强、功能稳定、操作便捷、响应速度快，对提高测量作业和数据处理效率很有帮助。

（2）推动海洋测绘装备国产化进程十分迫切。实现海洋强国，海洋产业相关装备制造强国是十分重要的方面。过去，海洋测绘大型装备主要依赖进口。目前，国产扫海测量设备已相继研发成功并投入市场应用。从实际使用情况来看，声呐设备性能比较可靠。加速水上测量设备国产化进程，既需要国家产业政策予以引导和鼓励，又需要研发单位和使用单位密切配合、共同努力，不断提升国产设备性能。

名词解释：

测绘数据处理一体化系统

测绘数据处理一体化系统（图5）是由上海海事测绘中心联合相关软件单位共同研发的国产化水深测量专业软件，支持接入全球导航卫星系统（GNSS）、惯性导航测量系统（POS MV）、测深仪、姿态仪、光纤罗经、涌浪等多种设备进行测量作业。系统集内外业数据采集处理于一体，主要包括导航显示、计划测线制作、数据采集、数据后处理、潮位布设与分析、数据质量评估等功能，能有效提高水深测量作业效率。适用于港口航道图测量、应急测绘、水上工程测量等业务领域。

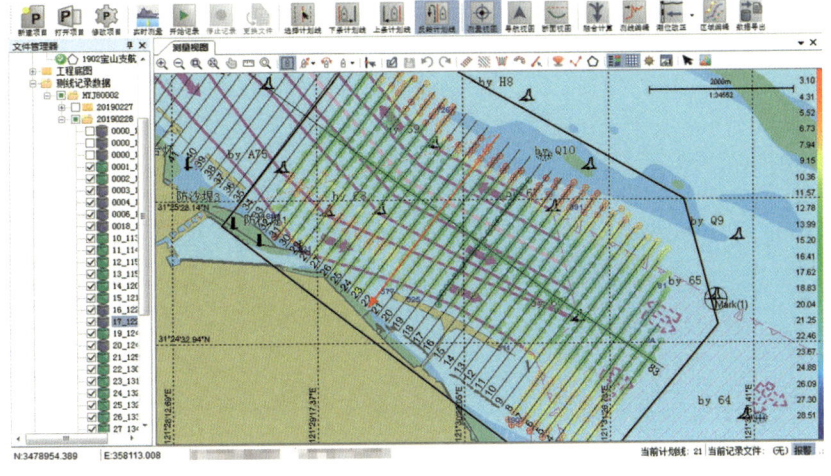

图5　测绘数据处理一体化系统

第二篇
集装箱扫测

案例 31：
"顺 G19"轮落水集装箱应急扫测

图 1 "顺 G19"轮倾斜

1 案例背景

2017 年 5 月 10 日 21 时 20 分，由外高桥开往江苏太仓的装有 129 个集装箱的多用途船"顺 G19"轮行驶到吴淞口警戒区时受到风浪影响，船体发生大幅度倾斜，导致 37 个集装箱翻倒落水，见图 1。集装箱落水事发概位见图 2。事故造成原计划 11 日 07 点靠港的皇家加勒比海洋量子号和歌诗达赛琳娜号两艘国际邮轮分别在圆圆沙和长江口锚地锚泊，吴淞口邮轮港大量出入境旅客滞留。为确保进出长江、黄浦江船舶安全航行，吴淞口航道也处于临时交通管制的状态，航道临时封闭。

吴淞口水域警戒区是船舶进出长江口、黄浦江的交汇区，航道十分繁忙。37个落水集装箱对航道通航安全带来极大影响，整个上海港如鲠在喉。集装箱落江后的位置、状态未知，且吴淞口水域警戒区水流流态复杂，落江集装箱会随着潮流漂移，如不及时打捞清障，后果不堪设想。因此，如何在最短的时间内精准定位落水集装箱，保障航道安全畅通、保障大型邮轮安全进港成了一项十分关键的任务。

图2 "顺G19"轮落水集装箱事发位置

2 实施过程

事故发生后，上海市委市政府、交通运输部领导高度重视，先后指示快速组织力量抢险打捞，排除险情，避免二次事故发生，尽快恢复航道正常运行。

5月10日22时50分，上海海事测绘中心收到上级应急指令后，立即启动应急预案。应急指挥领导小组以及各部门主要负责人第一时间赶到单位商定应急扫测方案（图3）。与此同时，扫测人员、船员、后勤保障人员等快速集结并调试设备（图4）。

图 3　应急反应领导工作小组商定扫测方案

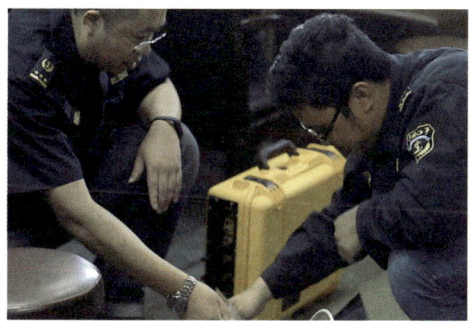

图 4　人员集结并调试设备

（1）应急扫测第一阶段从 11 日至 13 日。5 月 11 日 00 时 30 分，"海巡 1668"轮完成人员集结，携带扫测设备，紧急驶往吴淞口事发水域，对吴淞口 A58~A74 灯浮之间的水域进行扫测（图 5）。

图 5　"海巡 1668"轮离泊赶赴事发水域

06时10分,扫测船"海巡1666"轮[图6(b)]搭载第二批应急扫测人员和设备驶离复兴岛码头。07时20分抵达现场开始扫测。

09时30分,扫测船"海恒1"轮[图6(c)]搭载第三批应急扫测人员和设备驶离复兴岛码头。10时50分抵达现场开始扫测。

11时10分,扫测船"海巡1667"轮[图6(d)]搭载第四批应急扫测人员和设备驶离复兴岛码头。12时40分抵达现场开始扫测。

(a)"海巡1668"轮

(b)"海巡1666"轮

(c)"海恒1"轮

(d)"海巡1667"轮

图6 多艘应急扫测船舶集结

应急扫测第一阶段从5月10日22时50分至5月13日13时,上海海事测绘中心组织在沪全部扫测力量对重点水域进行地毯式的来回扫测(图7和8),包括吴淞口警戒区、长江口深水航道延伸段、吴淞口国际邮轮码头前沿等。扫测首日,现场就准确定位疑点28处,为打捞和应急处置提供了有力的技术支撑,也为 11 日晚皇家加勒比海洋量子号、歌诗达赛琳娜号两艘大型国际邮轮进港航线的制订提供科学依据。

图 7　扫测人员施放声呐

图 8　现场作业

5月12日,扫测还在紧张地进行中,还有部分集装箱未被打捞或锁定位置,航道危险尚未完全排除。但由于皇家加勒比海洋量子号、歌诗达赛琳娜号两艘邮轮上大量乘客在锚地滞留多时,上海海事局指挥中心决定由扫测船"海巡1668"轮在两艘邮轮前面领航,及时探明航道里是否存在障碍物,为邮轮紧急开辟安全通道,确保两艘邮轮先行安全靠港。12日下午,两艘邮轮顺利靠港,乘客安全着陆。

(2)应急扫测第二阶段从5月14日至5月15日,按照上海海事局指挥中心要求扩大扫测范围(图9),对宝山部分航道、外高桥部分航道、吴淞口部分锚地附近水域等进行了扫测,继续搜寻落江集装箱。

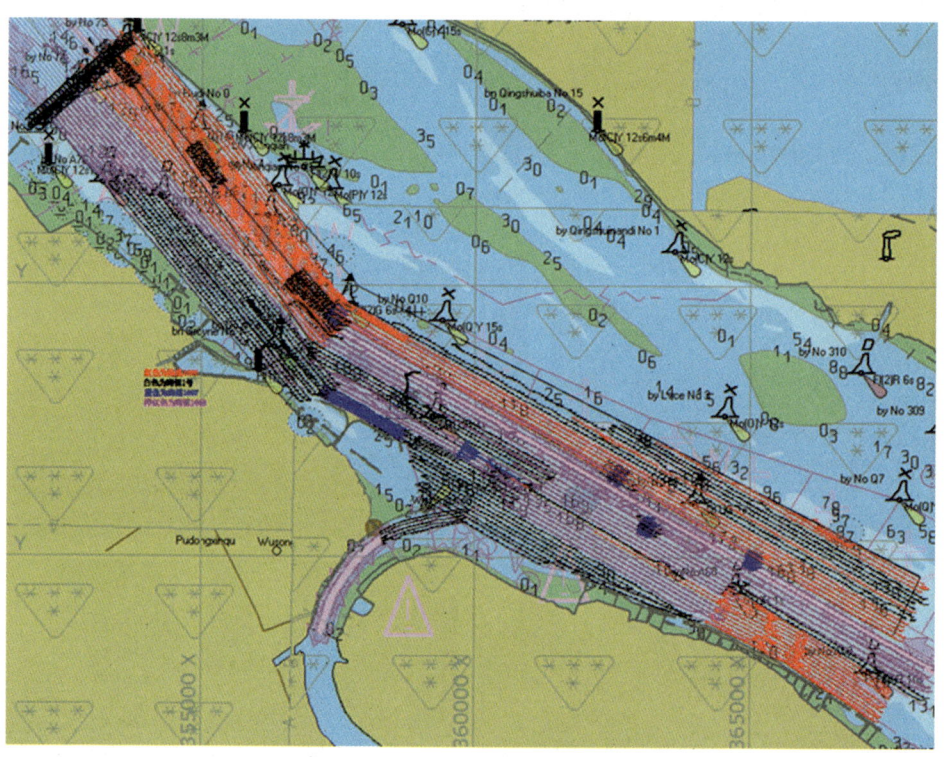

图9 第一次扩大扫测范围

(3)应急扫测第三阶段从5月16日至5月21日,再次扩大扫测范围(图10),在原有范围基础上,对已经扫测过的主航道再复测一遍,防止集装箱再次漂移到主航道,确保航道安全万无一失,并向已完成测区的上、下游进一步延伸,再对黄浦江部分重点水域、吴淞口1#~11#锚地以及外高桥航道等重要水域进行扫测,确保水域通航安全。

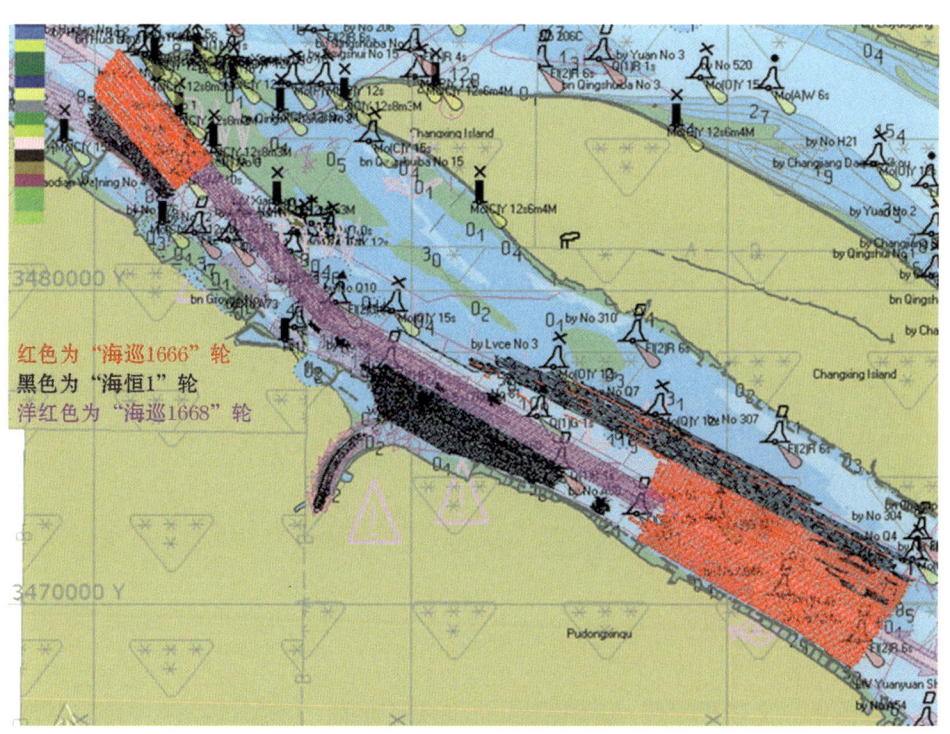

图 10　第二次扩大扫测范围

3 扫测成果

从 5 月 10 日 22 时 50 分到 5 月 21 日 15 时，在历时 11 天的连续应急扫测中，上海海事测绘中心共投入了 4 艘扫测船、70 余名一线扫测人员。各扫测船现场工作时间合计达 425 小时，累计完成侧扫声呐测线 1 978 km，扫测面积达 143.7 km^2。先后定位集装箱疑点 34 处（图 11~39），为 29 个沉江集装箱的成功打捞（共打捞集装箱 35 个，其中 6 个浮箱）提供了及时、精准的定位数据，为海事监管部门科学制订水上交通管控方案，为大型邮轮的安全进出港、相关水域逐步恢复正常通航提供了十分重要的技术服务保障。此外，本次应急扫测还发现无名沉船 1 艘（图 40 和 41）。

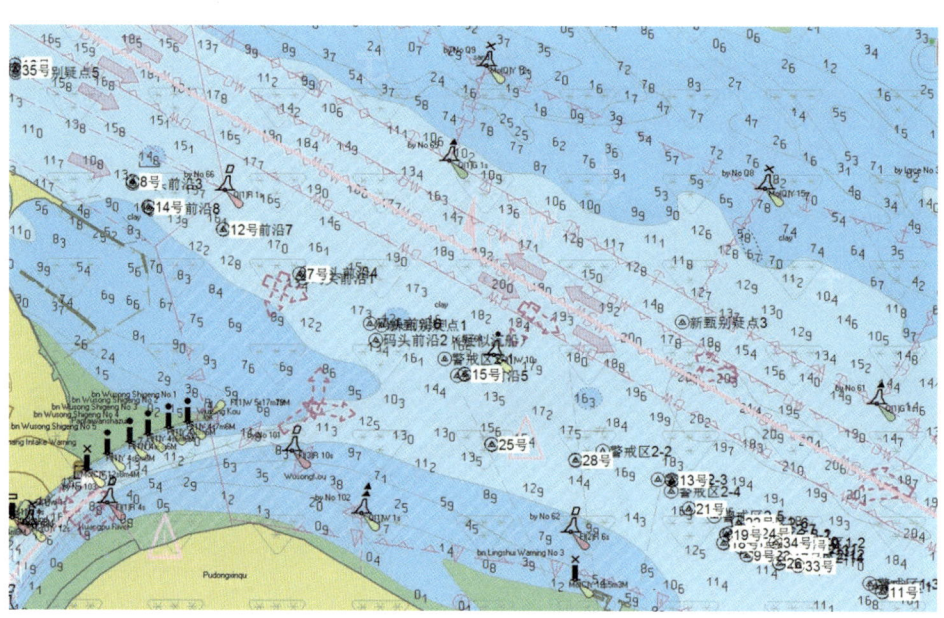

图 11　扫获疑点与捞获位置分布示意

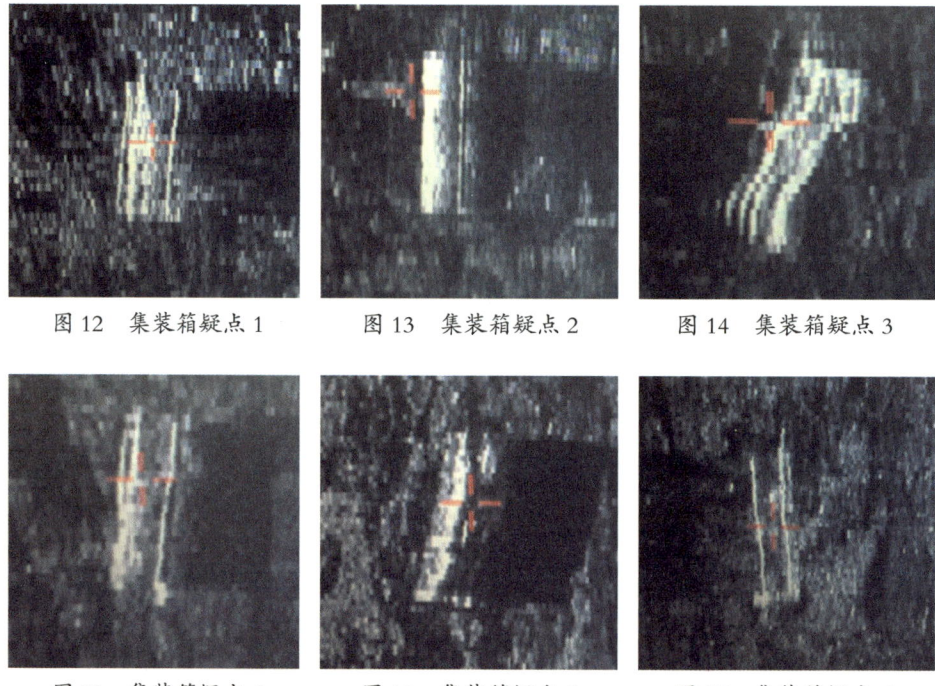

图 12　集装箱疑点 1　　　图 13　集装箱疑点 2　　　图 14　集装箱疑点 3

图 15　集装箱疑点 4　　　图 16　集装箱疑点 5　　　图 17　集装箱疑点 6

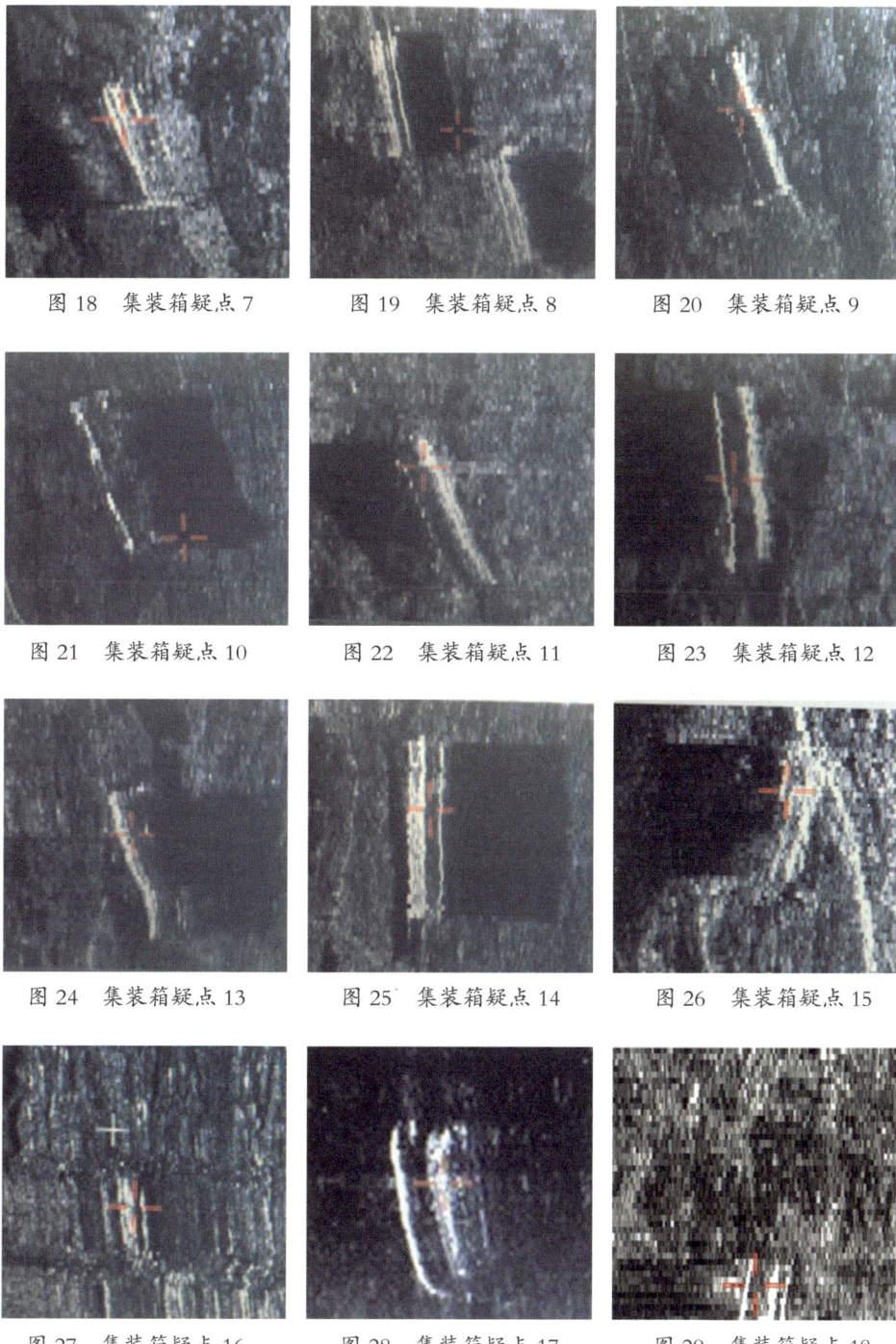

图 18　集装箱疑点 7　　　图 19　集装箱疑点 8　　　图 20　集装箱疑点 9

图 21　集装箱疑点 10　　图 22　集装箱疑点 11　　图 23　集装箱疑点 12

图 24　集装箱疑点 13　　图 25　集装箱疑点 14　　图 26　集装箱疑点 15

图 27　集装箱疑点 16　　图 28　集装箱疑点 17　　图 29　集装箱疑点 18

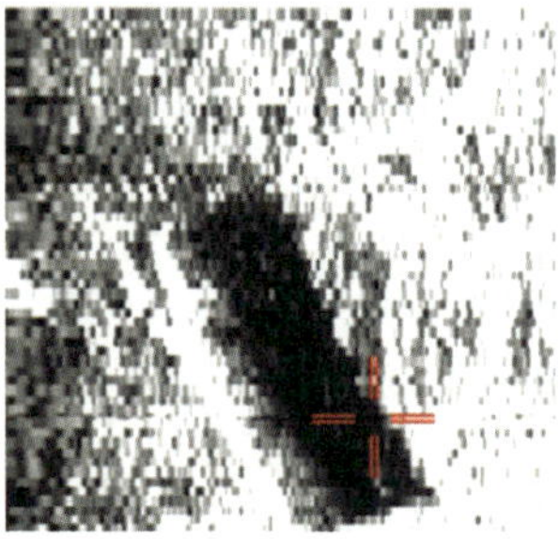

图30 集装箱疑点19 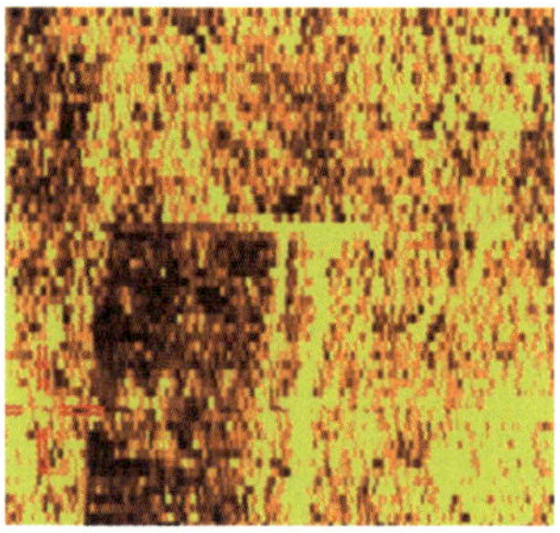　　图31 集装箱疑点20 　　图32 集装箱疑点21

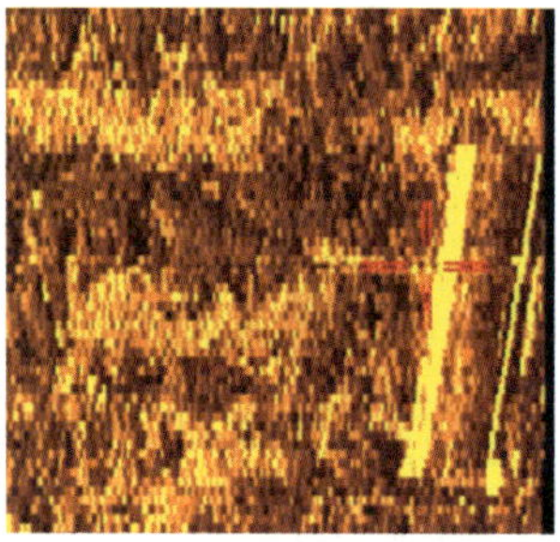

图33 集装箱疑点22 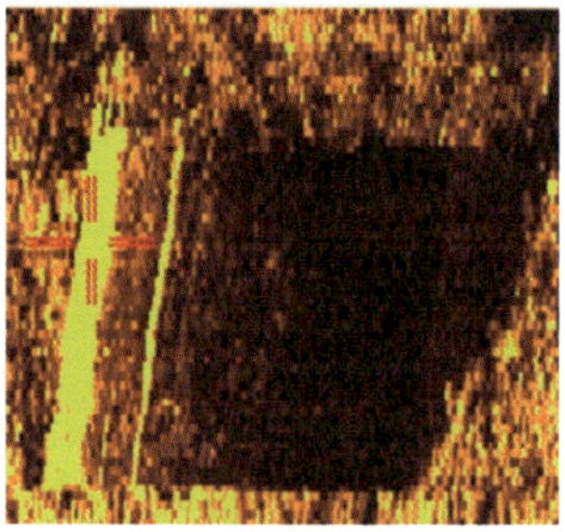　　图34 集装箱疑点23 　　图35 集装箱疑点24

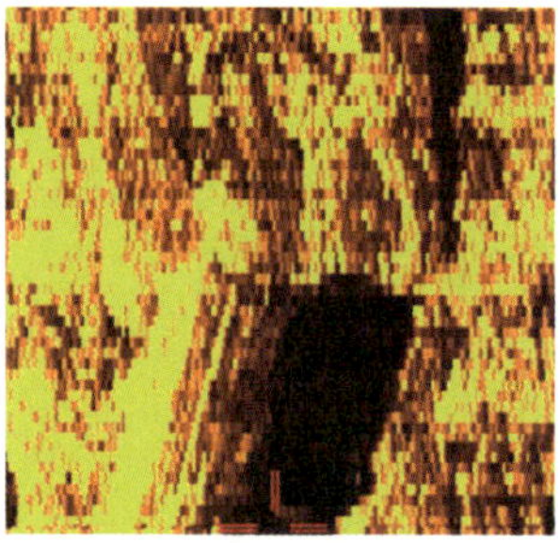

图36 集装箱疑点25 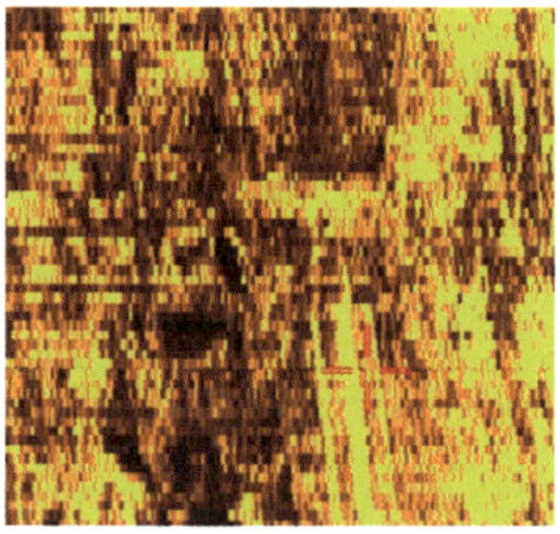　　图37 集装箱疑点26 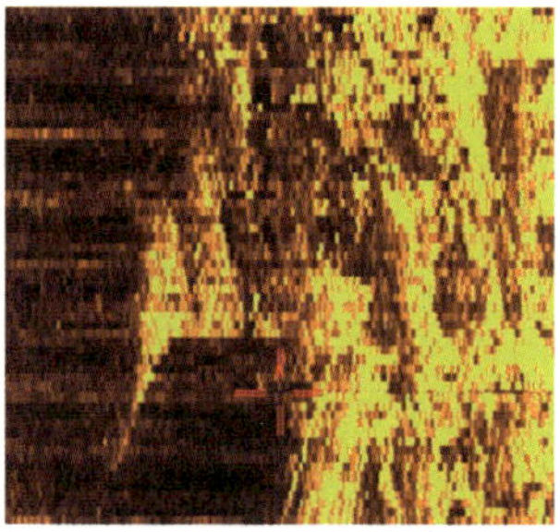　　图38 集装箱疑点27

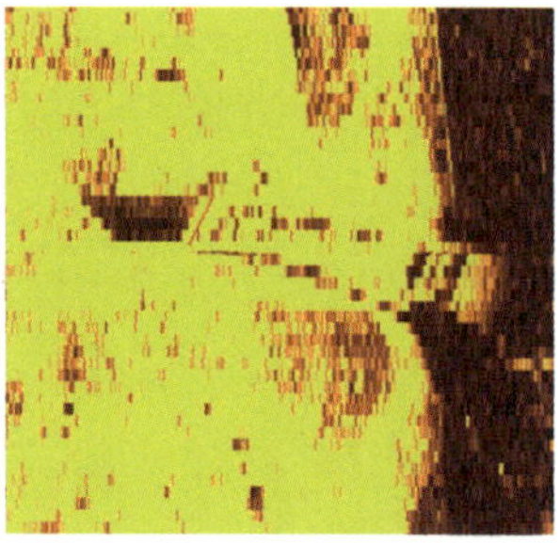

图39 集装箱疑点28 　　图40 前期沉船声呐图像1 　　图41 前期沉船声呐图像2

4 经验启示

4.1 "顺G19"轮落水集装箱应急扫测任务特点

（1）该起集装箱落水事故发生在吴淞口水域警戒区，水域安全敏感度高；事故对进出长江口和黄浦江的国际邮轮、货船的航行安全带来很大影响，引起的社会关注度高；落水集装箱数量多且状态未知，在长江口水域往复流的作用下落水集装箱位置极易漂移。本次应急扫测任务急、难、重，是一场攻坚战、持久战。

（2）连夜出航实施应急扫测作业，落江集装箱状态未知，对扫测船和装备自身安全影响大。

4.2 "顺G19"轮落水集装箱应急扫测经验启示

（1）如何协调应急指挥的问题。面对社会关注度极高的大规模应急扫测任务，要在最短的时间里把应急力量组织好，把现场任务实施好，把扫测信息及时准确报送好，为上级决策提供优质的技术支持，功夫全靠平时。在应急状态下，政令畅通、执行高效，才能为应急抢险赢得宝贵时间。越是在高压状态下，越是在指令多头的时候，越要保持镇定，保持政令一致，确保一线工作能紧张有序开展，这既是对指挥者的考验，也是对应急执行的考验。按照上海海事局要求，此次落江集装箱的应急处置工作由吴淞海事局统一协调组织。在应急扫测期间，上海海事测绘中心成立了应急扫测总指挥部和现场协调指挥部。总指挥部负责应急扫测工作总体调度及与吴淞海事局对接，负责研究并制订总体扫测方案、统筹安排扫测力量的配布、及时下达重点工作要求、时刻指导现场扫测工作、组织后方技术和制图支持、安排后勤保障等工作。现场协调指挥部按照总指挥部的要求，作为现场上传下达的唯一信息枢纽，归口收集吴淞海事局等指挥部门的扫测指令和需求、具体分配现场船艇的扫测区域、统一汇总现场成果、及时做好扫测情况等重要信息的报送工作。通过两个指挥部的有效对接，

实现应急扫测工作统一指挥、工作决策科学有效、信息指令及时传递、现场执行坚决有力。

（2）如何准确传递信息的问题。面对特别紧急的应急扫测任务，扫测成果信息及时报送十分关键。多艘应急扫测船投入应急扫测任务后，须有效统筹协调，明确一艘扫测船作为指挥船，现场各船艇和各船应急扫测小组之间要合理分工、密切配合、坚决执行应急指挥领导小组下达的任务指示。现场由指挥船负责及时汇总整理现场扫测工作信息并集中报送，且专人负责。指挥船与海事监管指挥中心的联系和信息报告也由专人负责，并规范报告格式，尤其是经纬度位置信息，以免因使用习惯不同而出现偏差。总指挥部制订了明确的信息报送流程：现场四艘测量船负责分区扫测，发现疑似目标后，第一时间报告现场协调指挥部；现场协调指挥部负责汇总疑点信息后，进行审核判断，必要时将疑难数据传输至后方技术专家团队进行再分析比对，确保可靠性；技术专家团队对疑难数据进行再判断后，报告总指挥部下达复扫确认工作，编制《应急扫测信息快报》，将重要疑点信息和扫测情况及时发布至海事监管部门。

（3）如何确保作业安全的问题。测量船舶实施扫测作业相比正常航行，本身就有着较高的安全风险，在作业中确保自身安全是顺利完成整个扫测工作的基本前提。5月11日凌晨，尽管受到夜间视线不佳、沉箱漂浮状况不明的双重影响，为了尽快扫测沉箱、排除险情，"海巡1668"轮通过与吴淞海事局交通管制中心保持密切联系，开启全部灯光照明，安排船员在船舷四周彻夜瞭望，实时掌握潮流、潮高信息，时刻关注扫测图像信息，及时转向规避等一系列规范、谨慎的操作，克服夜间作业困难，确保扫测工作安全实施。

（4）如何提供充分保障的问题。针对持续时间较长的重大应急扫测任务，保障是否到位，也是一次应急任务能否成功的关键。启动应急任务，必须同步考虑应急保障问题。其中，有船艇设备保障问题，也有技术保障和后勤保障的问题。船艇和设备保障重在平时，一到用时就能马上拉得出。技术保障方面，针对一线的扫测结果，后方能够及时提供有效的技术支持。一线的数据及时反馈到后方，后方进行比对、判读、复核后出图等，作为应急队伍需要具备这种即时处置的能力。一旦遇到重大应急扫测任务，要组建专门技术保障小组，负责对一线反馈的数据进行再比对、再处理，确保数据可靠。兵马未动，粮草先行。后勤保障方面，应急出动，往往生活物资等方面的准备不一定很充分，后方就要调动一切积极因素，及时考虑一线扫测人员调换休整、扫测船艇补给等问题，为前方解决后顾之忧。

案例 32：
"集 H1006"轮落水集装箱应急扫测

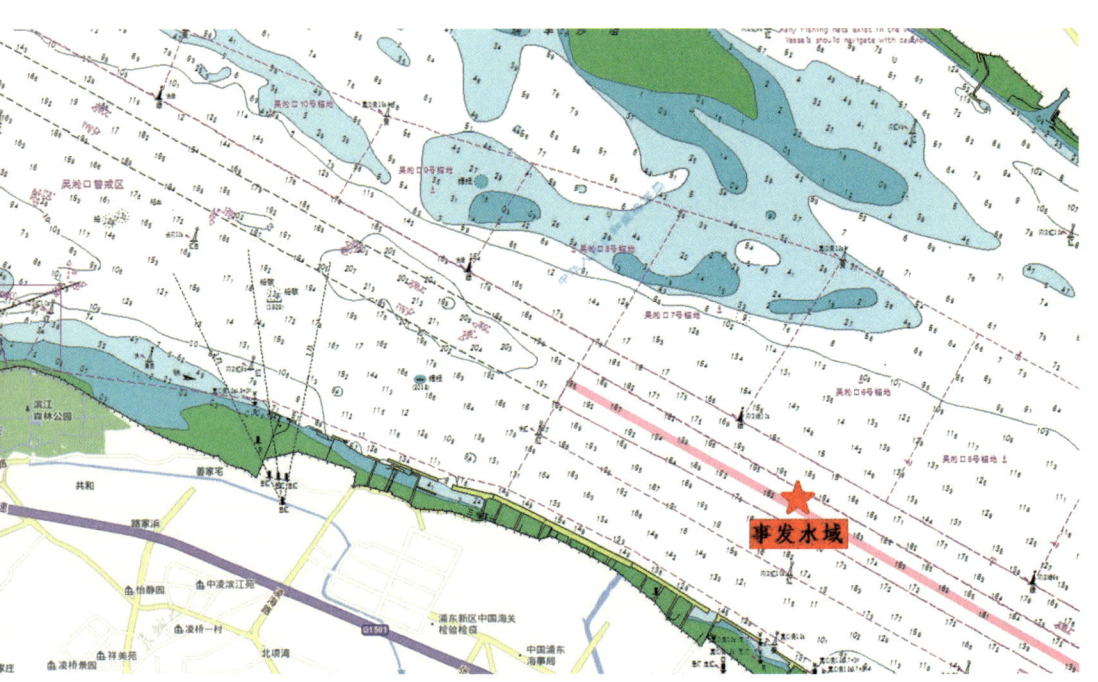

图 1　事发水域

1 案例背景

2007 年 5 月 4 日 11 时 15 分，载着 71 个集装箱的"集 H1006"轮航行至长江口出口航道 58# 灯浮附近水域与另一艘船相撞。事故造成该船 8 个集装箱落水，事发水域见图 1。该处船舶通行密集，落水集装箱对该水域航道周围的船舶安全通航造成了极大的隐患。

2 实施过程

5月4日11时45分，上海海事局海测大队接到上海海事局应急扫测指令后，立即启动应急扫测预案。应急扫测小组完成资料收集、设备调试等相关准备工作后，随"浙嵊渔运0770"轮赶赴事发水域实施扫测任务。

5月4日15时30分，"浙嵊渔运0770"轮抵达事发水域。应急扫测人员随即对事发水域长江口出口航道上下游及周边外高桥码头泊位水域开展扫测作业，扫测轨迹见图2。

5月4日16时20分，"海测1007"轮抵达事发水域，共同开展应急扫测。"海测1007"轮扫测轨迹见图3。

5月5日一早，为进一步探明扫测水域落水集装箱状态，扫测人员对所有集装箱疑点采用多波束进行加密测量，为后续顺利打捞集装箱提供技术支持。

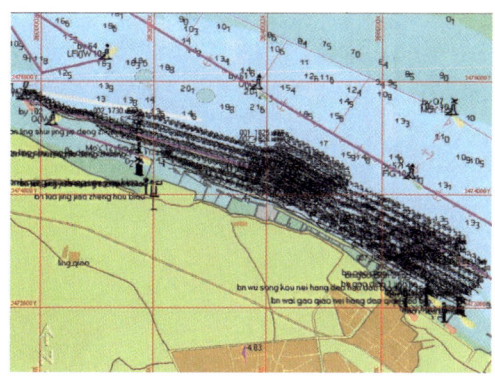
图2 "浙嵊渔运0770"轮声呐扫测轨迹

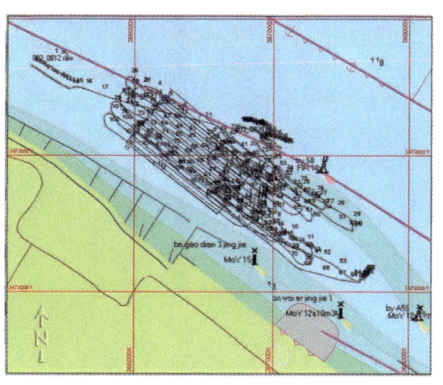
图3 "海测1007"轮扫测轨迹

3 扫测成果

经过两天的努力，在两船的协作配合下，现场扫测组先后定位10处落水集装箱疑点位置（图4）。经现场摸排确认，外高桥沿岸航道及其附近水域的8个落水集装箱被陆续成功打捞上岸，航路扫清，外高桥沿岸码头船舶靠离泊作业禁令得以解除。

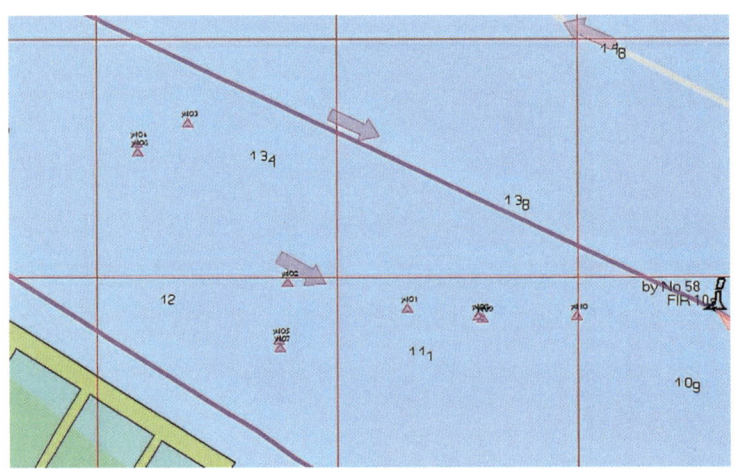

图 4 疑点位置分布示意

疑点具体图像见图 5~14。

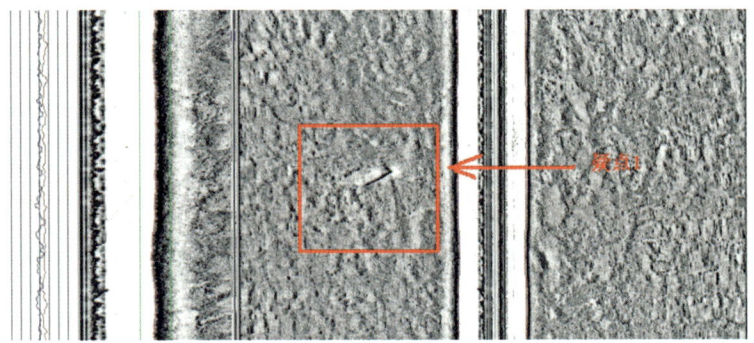

图 5 1 号疑点声呐图像

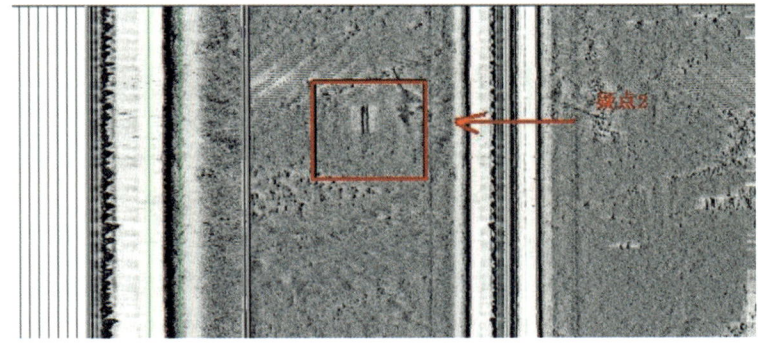

图 6 2 号疑点声呐图像

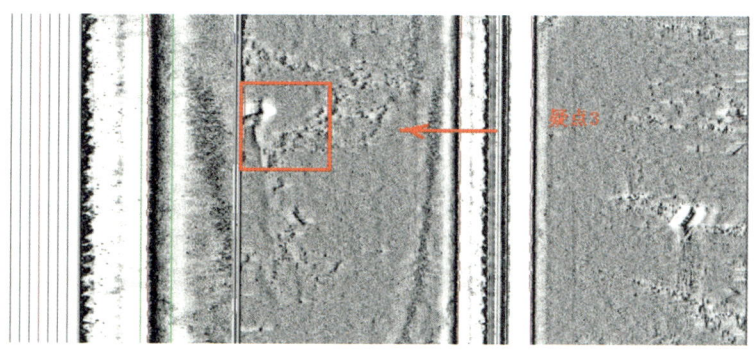

图 7　3 号疑点声呐图像

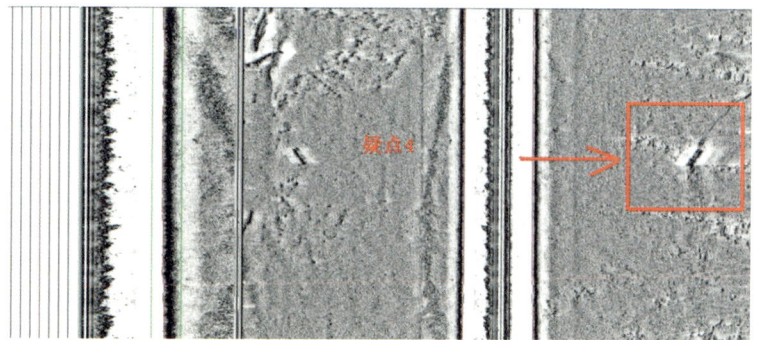

图 8　4 号疑点声呐图像

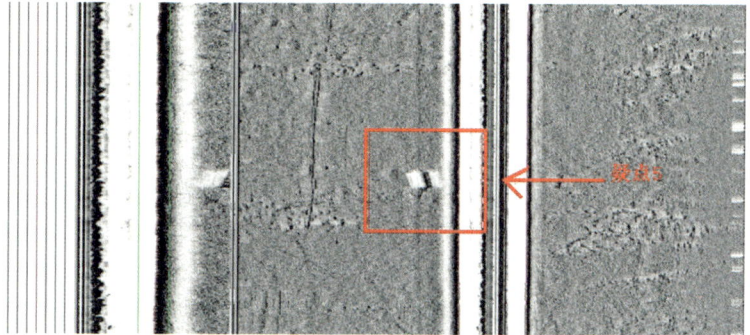

图 9　5 号疑点声呐图像

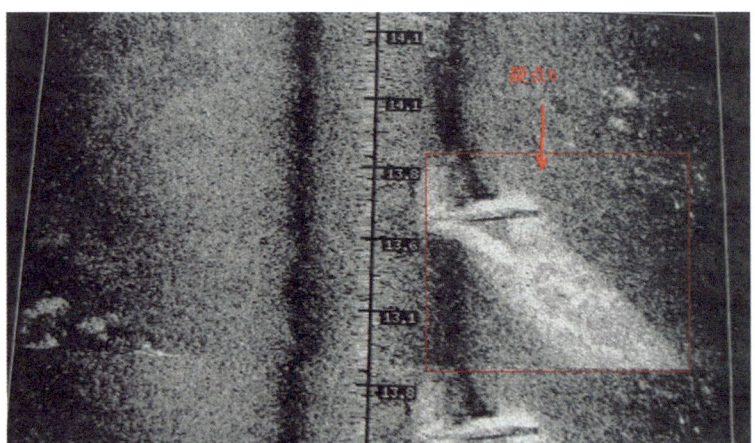

图10　6号疑点声呐图像

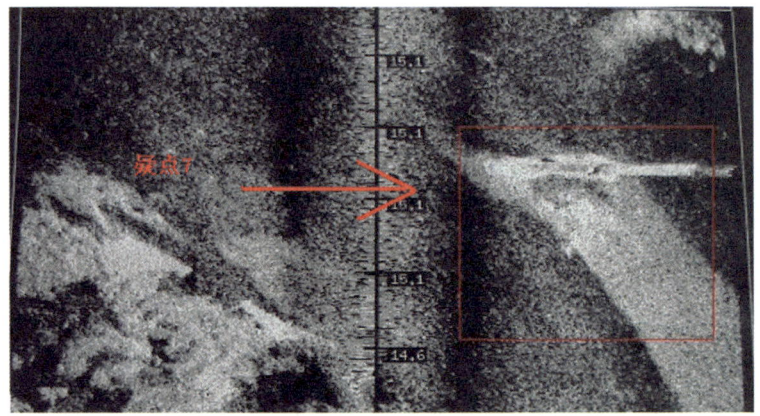

图11　7号疑点声呐图像

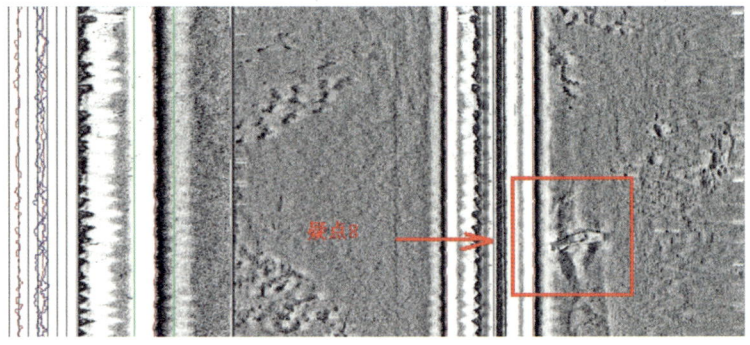

图12　8号疑点声呐图像

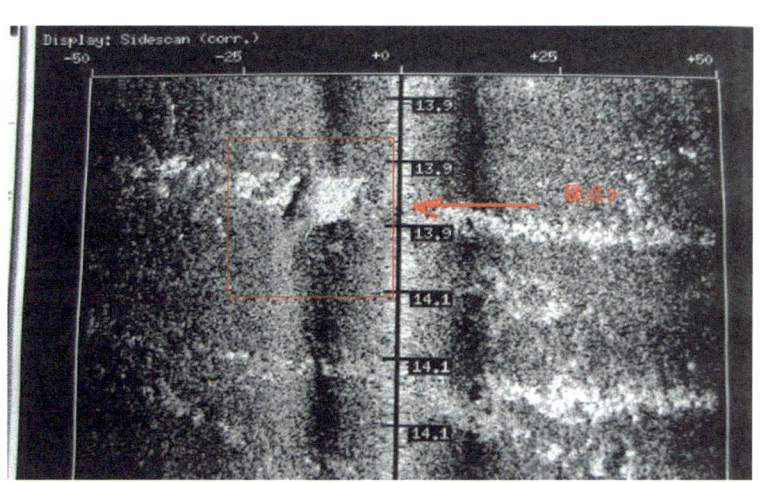

图 13　9 号疑点声呐图像

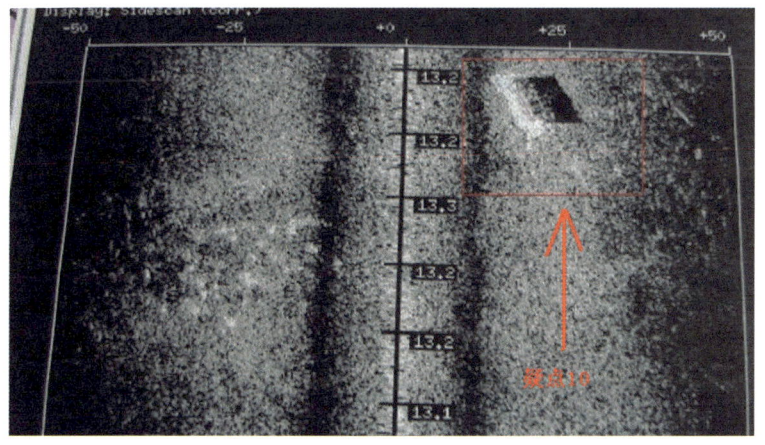

图 14　10 号疑点声呐图像

4　经验启示

（1）集装箱状态的不确定性。集装箱目标较沉船尺寸小，其落水状态随风、浪、流、沙、石等共同影响，在海底显现的形态各异，或整体规则裸露，或不规则半裸露，甚至嵌在码头底部。因此在扫测过程中，必须对可疑目标要做到应标尽标，不轻易放过任何疑似集装箱的疑点。

（2）扫测水域环境的不确定性。本次应急正值上海港大汛期间，水流速度快，落水集装箱流动的可能性较大。现场扫测时应先根据潮流潮速确定扫测范围先后次序，以求更快速有效的施测。当采用声呐进行粗扫确定疑点后，应立即对该疑点通过多波束测深系统加密确认，以便精准定位落水集装箱水下概位，给后续快速打捞清障提供精准位置信息和技术支撑。

案例33："生S1"轮落水集装箱应急扫测

图1 事发水域

1 案例背景

2007年1月18日23时，由广州驶往太仓的"生S1"轮在途经长江口54#灯浮下游附近时，与出口船"YS"轮发生碰撞，事发水域见图1。事故造成"生S1"轮在54#灯浮下游100 m处的出口航道航行沉没，船上165个集装箱中有7个集装箱散落入水，严重威胁来往船舶的航行安全，导致上海港黄金水道被迫关闭。

2 实施过程

1月19日09时,上海海事局海测大队接到上海海事局应急扫测指令后,立即启动应急扫测预案,组织"浙嵊渔运0770"轮、"浙嵊渔136"轮、"沪崇渔2388"轮、"机海测"轮等4艘扫测船舶开展扫测作业。

通过对现场情况的分析研判,扫测组将扫测区域按照52#~54#灯浮连线、58#~60#灯浮连线、56#~58#灯浮连线、54#~56#灯浮连线进行划分,4艘船舶合理任务分工,分别向北扫测到高桥航道中间分隔带,向南扫测到码头前沿(或码头前沿延长线连线)等范围,进行侧扫声呐全覆盖扫测。

3 扫测成果

截至1月20日15时30分,扫测组发现7处沉箱疑点(图2~8),并经现场探摸证实为落水集装箱,完成本次扫测任务。

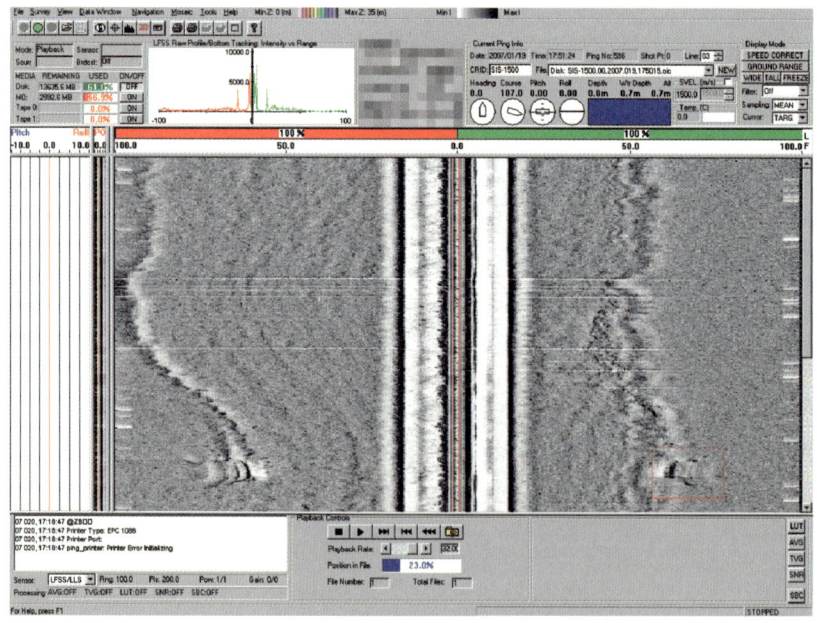

图2 1号疑点声呐图像

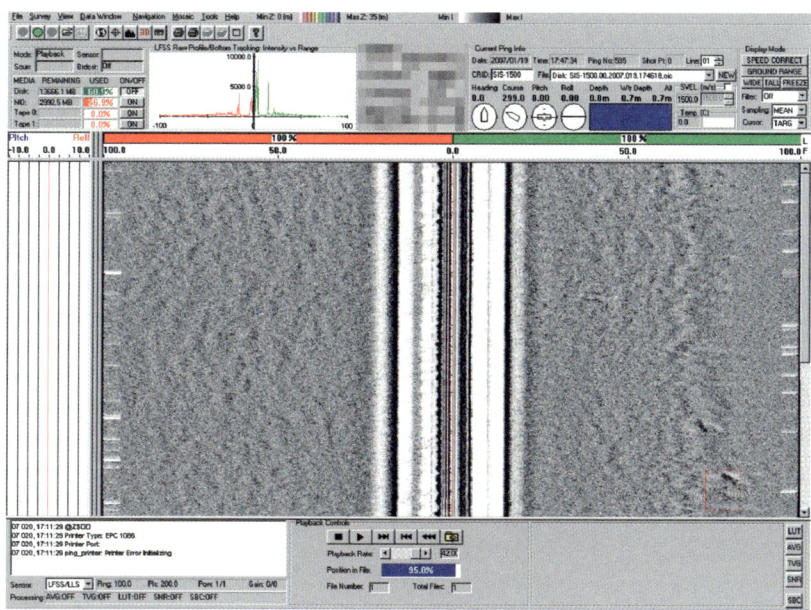

图 3 2号疑点声呐图像

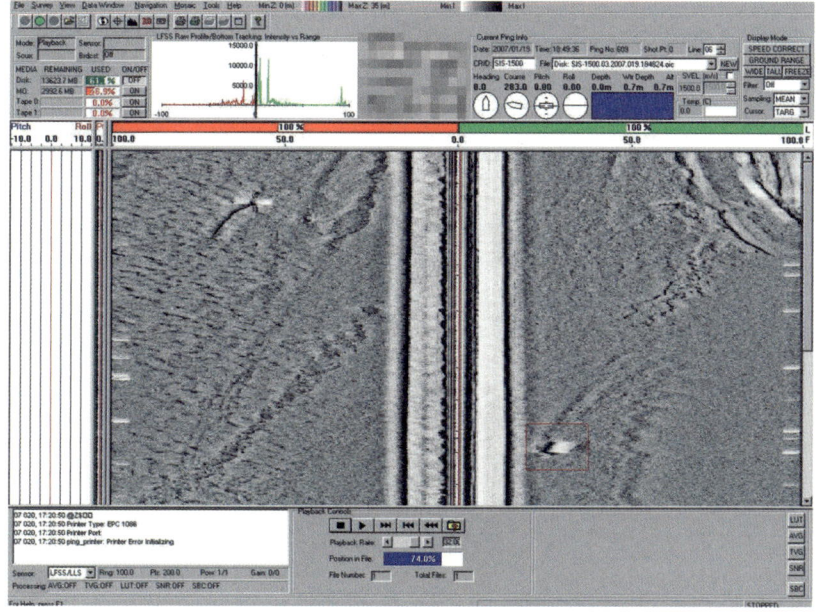

图 4 3号疑点声呐图像

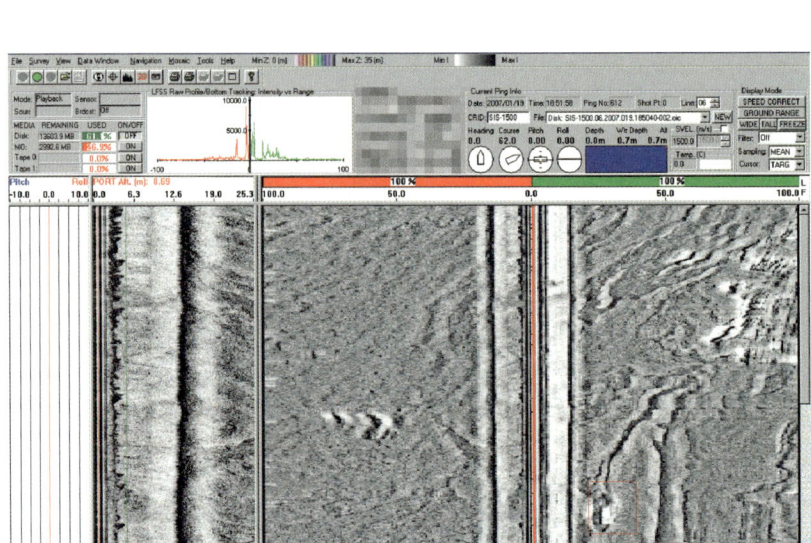

图 5　4 号疑点声呐图像

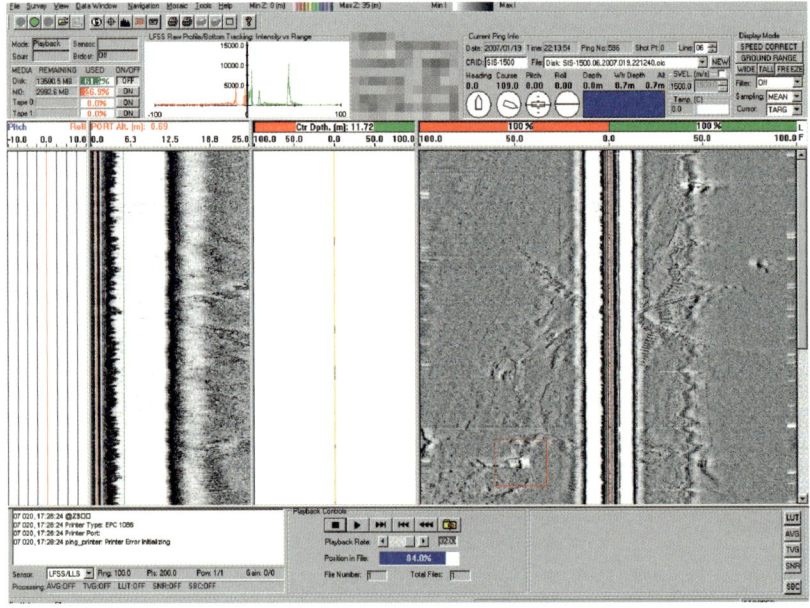

图 6　5 号疑点声呐图像

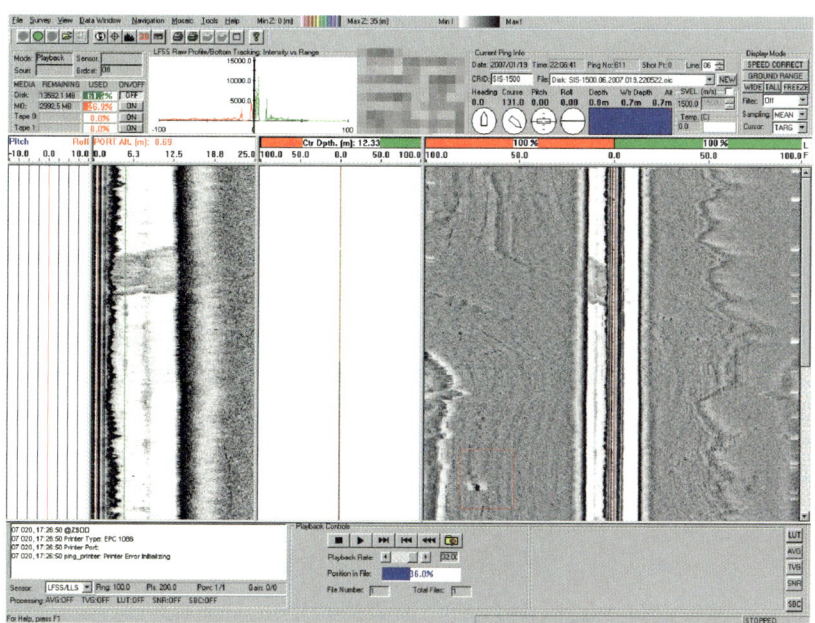

图7　6号疑点声呐图像

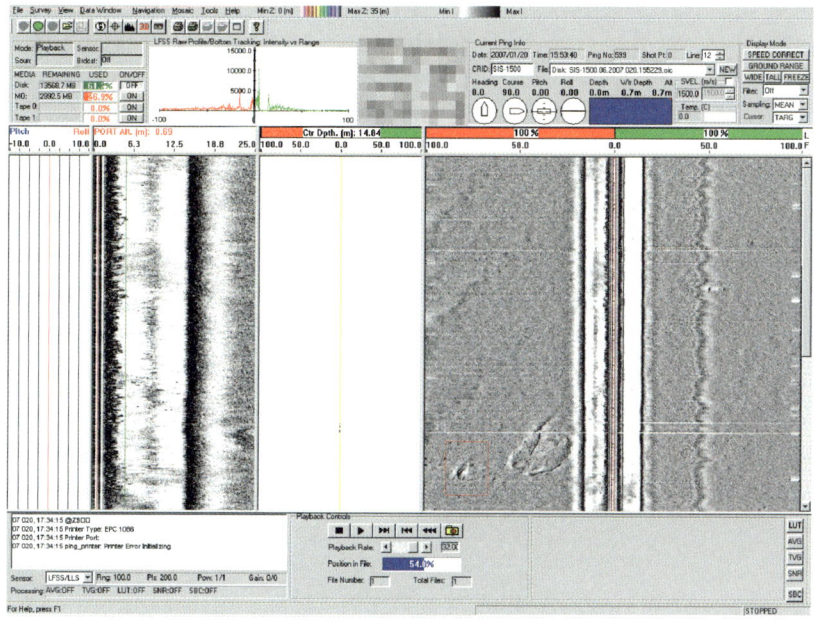

图8　7号疑点声呐图像

4 经验启示

（1）对重要港口须加强应急扫测资源储备。重要港口之所以重要，表现在船舶进出港繁忙与航道资源紧张局促的矛盾比较突出，水域安全敏感度高，港口航道的区位优势特别明显，社会影响力大。上海港是受潮汐影响的河口型海港，长江口航道又是窄水道，航道水深、宽度资源十分紧张。对这类港口，一旦发生航道内沉物事故，立刻会对船舶进出港产生深刻影响，事态严重时可能会限制通航或临时禁止通航。因此，适当加强应急扫测资源储备对保障上海港航道安全畅通十分必要。如此，一旦发生影响航道通航的事故，在收到应急扫测指令的第一时间，能够及时调遣应急扫测船舶、装备和技术人员，确保集中优势力量在最短的时间内精准定位沉物，为打捞清障赢得时间，最大限度地降低或减少对航道通航的影响。

（2）尽可能详细掌握应急扫测环境。接到应急扫测任务后，扫测人员应尽快了解事发水域情况，收集有关扫测水域环境、扫测内容的具体信息，为后续扫测方式选择、扫测范围确定以及扫测力量派遣做好前期准备。

案例 34：
外高桥发电厂前沿落水集装箱应急扫测

图 1　事发水域

1 案例背景

2009 年 1 月 1 日，正值元旦假期，长江口船只如梭。14 时 25 分，上海海事局海测大队接到上级应急扫测指令："有目击者反映在外高桥发电厂前沿水域附近发现一个落水集装箱,具体位置不明。为保障海上交通安全,须尽快确定落水集装箱水下位置信息。"事发水域见图1。

2 实施过程

收到指令后,上海海事局海测大队立即启动应急预案。1月1日15时55分,一切准备就绪后,扫测组随"浙嵊渔运0770"轮赶赴外高桥发电厂水域。17时50分,"浙嵊渔运0770"轮到达现场,扫测组与目击者取得联系,确认发现落水集装箱概位,并以概位为中心,上下游各600 m、码头前沿向外300 m范围进行声呐扫测,扫测轨迹见图2。

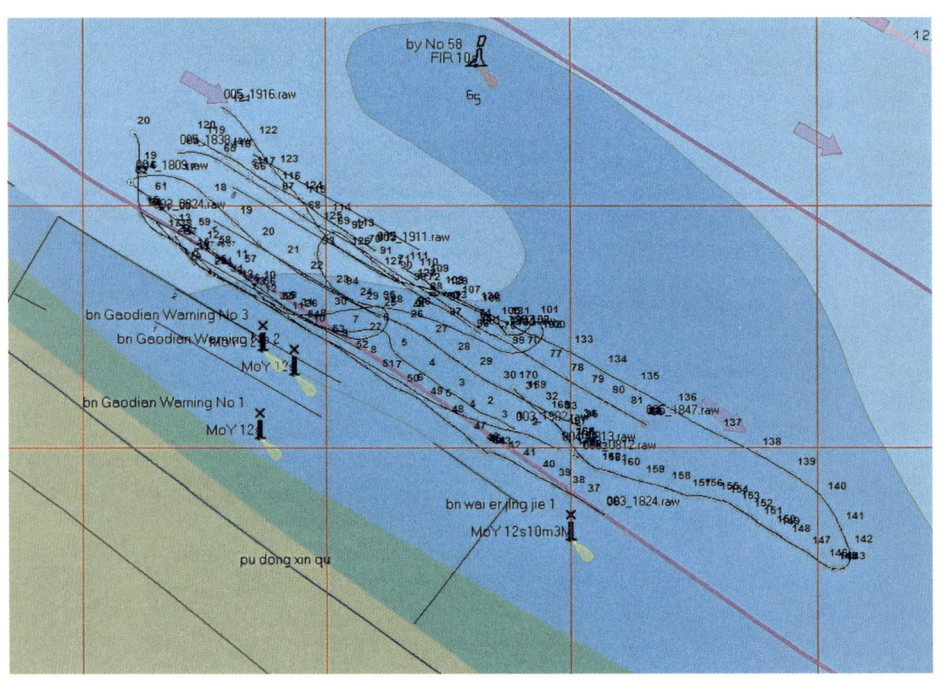

图 2 扫测轨迹

18时45分,扫测组发现1处疑点,经打捞船核实,确定不是落水集装箱,见图3。

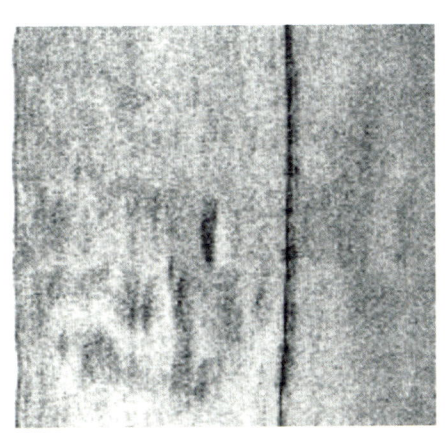

图 3　疑点 1 声呐图像

1月2日08时33分许，扫测组发现第二个疑点，并将位置信息提供给负责清障打捞部门。经确认，该疑点为落水集装箱。

3 扫测成果

通过声呐图像（图4和5）分析，扫测组先后发现2处疑点信息，经探摸证实其中1处确定为落水集装箱。

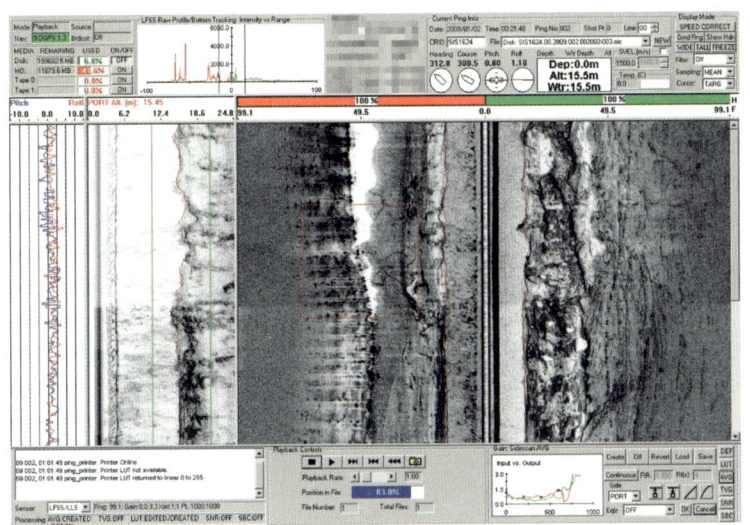

图 4　沉箱疑点声呐图像

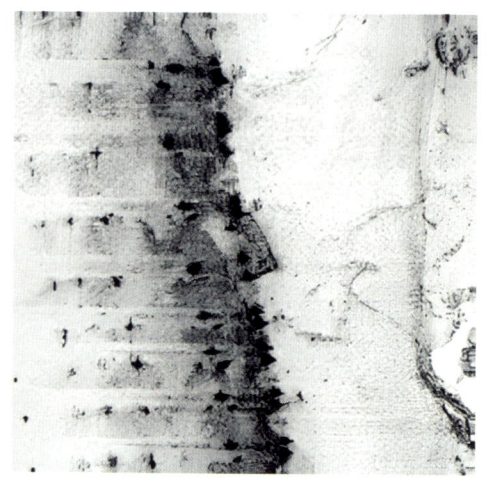

图 5　疑点具体声呐图像

4 经验启示

（1）本次应急扫测水域海底声呐图像成像复杂，要在众多特征中找到集装箱疑点颇具难度，对应急扫测人员的声呐图像识别经验要求高。

（2）落水集装箱能被目击发现，说明集装箱落水之初处在悬浮状态，在水流的作用下快速移动。落水集装箱沉入江底与否以及沉入江底的具体位置，不仅跟水流流态（流速、流向）密切相关，而且跟集装箱自身的情况密切相关，如箱内装载的货物性质、重量等。对落水集装箱应急扫测，为提高应急扫测的有效性，需要充分考虑上述因素，并事先进行判别。一旦发现沉箱疑点后，须及时跟进探摸确认，以防落水集装箱在水流作用下再次位移。

案例35：
洋山深水港前沿落水集装箱应急扫测

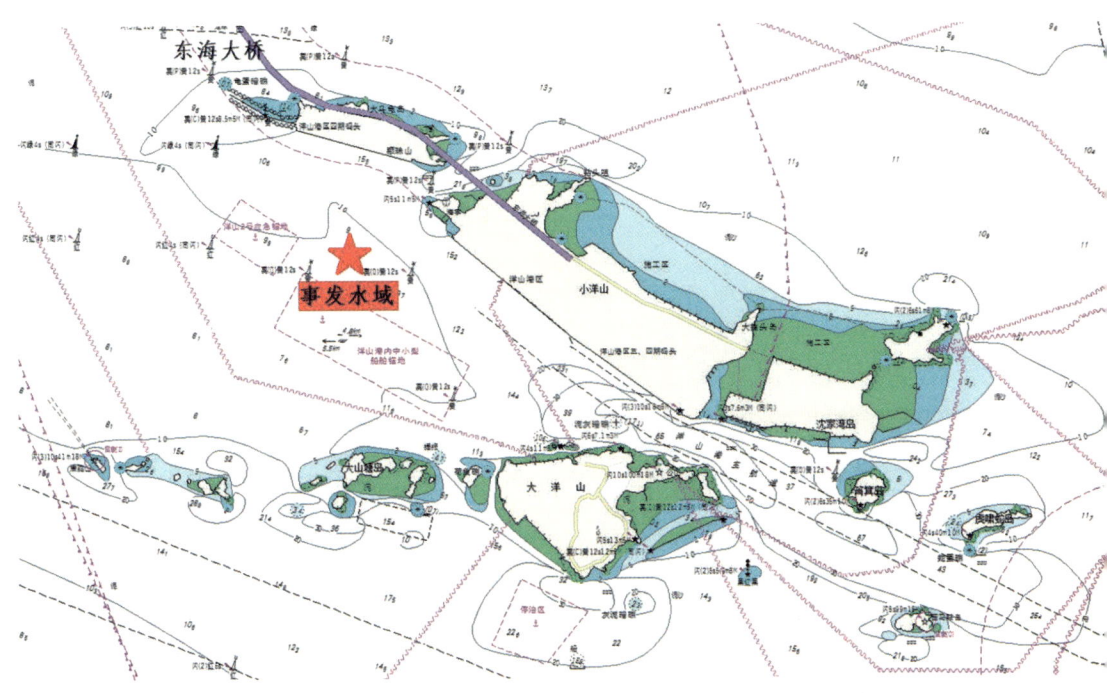

图1 事发水域

1 案例背景

2010年4月22日早晨，洋山港海事处来电：在洋山深水港码头前沿水域有1艘货船有多个集装箱落水，请上海海事局海测大队尽快安排扫测力量，确定落水集装箱水下位置信息。事发水域见图1。

洋山港是重要深水港，吞吐量大、来往船舶数量多。落水集装箱状态的不确定性严重威胁到靠离洋山港码头船舶的通航安全。

2 实施过程

4月22日09时50分，上海海事局海测大队接报后立即启动应急预案。10时30分，应急扫测小组完成资料收集、设备调试等相关准备工作后，随"海测1010"轮赶赴事发水域。13时10分，"海测1010"轮抵达洋山深水港。经与洋山港海事处沟通后，确定先以洋山港一期、二期、三期码头泊位前沿（图2中"范围一"）为重点扫测区域。扫测范围见图2。

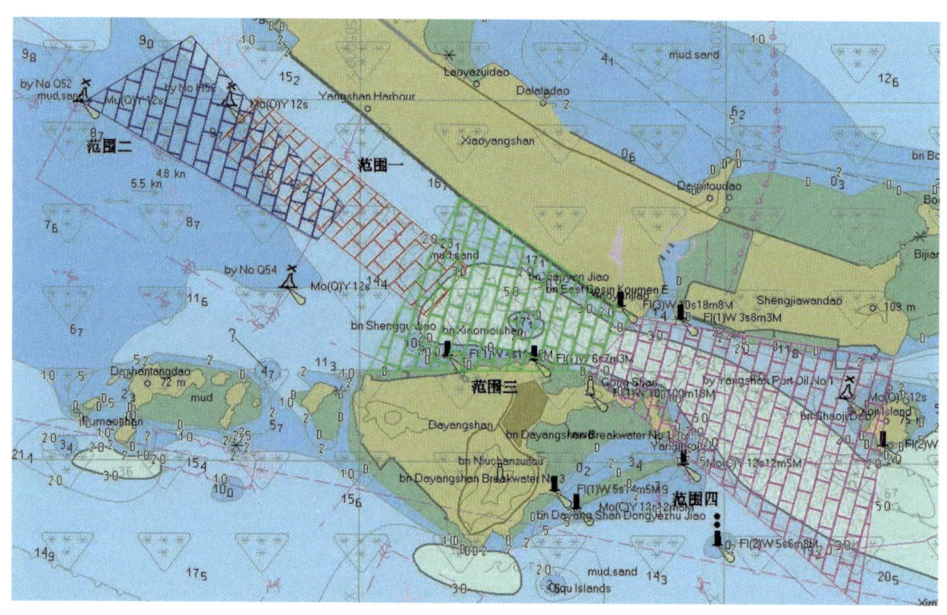

图2 扫测范围

由于险情紧急，应急扫测小组决定在保障自身安全的情况下，连夜对"范围一"开展应急扫测。4月23日00时10分许，现场发现第一个疑似集装箱；00时23分，发现第二处疑似集装箱；00时45分发现第三处疑似集装箱。

4月24日早上，考虑到落水集装箱数量未知，在完成"范围一"扫测后，应急扫测小组与洋山港海事处商议，在事发水域下游增加扫测范围（图2中"范围二"）。当日16时26分，扫测现场在"范围二"发现第四处疑似集装箱。

4月25日早上,为彻底消除航行安全隐患,应急扫测小组与洋山港海事处商议,在事发水域上游洋山港主航道再增加2处扫测范围(图2中"范围三"和"范围四")。经扫测,现场未再发现新集装箱疑点,完成本次应急任务。

3 扫测成果

本次应急扫测先后定位4处落水集装箱疑点,最终打捞确认3个并由打捞部门予以打捞清障。经探摸确认疑点1(图3)不是落水集装箱,疑点2~4(图4~6)是落水集装箱。

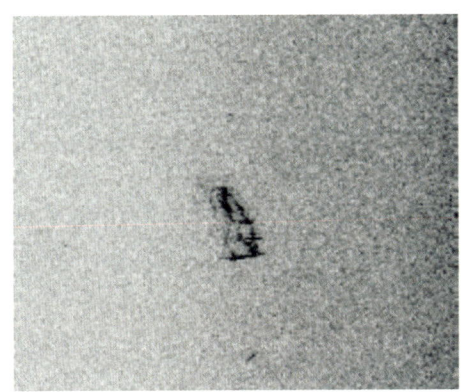

图3 声呐图像疑点1

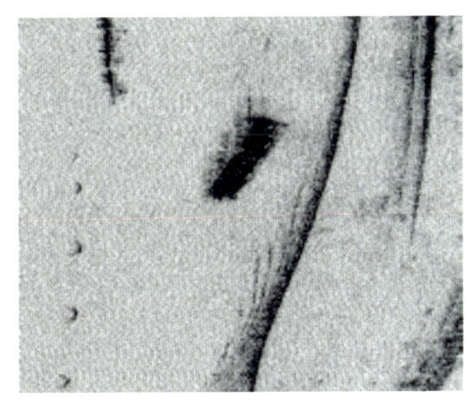

图4 声呐图像疑点2

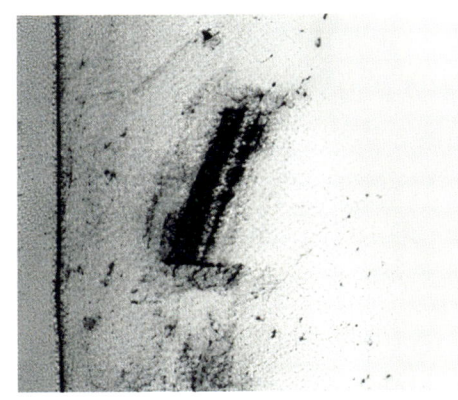

图5 声呐图像疑点3

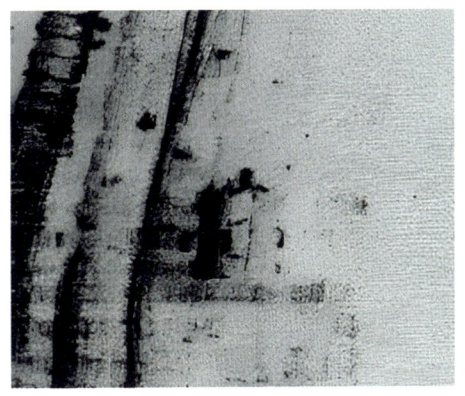

图6 声呐图像疑点4

4 经验启示

（1）落水集装箱应急扫测范围大，经常需要彻夜搜寻。因此，一方面扫测人员要注重在日常的应急演习、安全作业操作等方面积累经验，在应急扫测过程中要合理安排测线，密切关注扫测图像信息，与船舶驾驶人员密切沟通配合；另一方面，船舶驾驶人员也需要具备实施夜间扫测作业的心理素质、精神状态和驾驶技能，确保船舶和设备安全。

（2）关于疑点图像的判定。集装箱在海底目标小，因沉箱姿态各异，扫测图像易变形，判读难度大。在本次应急扫测中，虽然第一个疑点经潜水员探摸后，确认不是集装箱，但现场扫测人员在充分判读图像的基础上，根据"像是疑点即报告、不放过任何一处疑点"的原则上报扫测成果，确保不漏任何一个目标。

（3）关于如何科学合理制订应急扫测范围。落水集装箱扫测范围的制订不仅需要考虑落水集装箱大小、装载货物情况、落水后潮流的流速流向变化情况等影响因素，还需结合航行安全要素，确定重点水域、次重要水域和一般水域，以合理部署应急扫测力量，实现高效扫测。如本次应急扫测，由于落水集装箱数量、性质未知，应急扫测小组与洋山港海事处商议后，对事发水域靠近码头泊位侧（"范围一"）作为重点水域连夜开展扫测，在最短时间内排除水下隐患，确保船舶靠离岸航行安全；在完成"范围一"扫测后，应急扫测人员考虑到近岸水域（尤其是江河入海口）落水流速一般会略大于涨水流速（因为海水重力、江水阻力、水下地形阻力等因素影响），因此将事发水域下游、洋山港进出港主要方向（"范围二"）作为次重要水域开展应急扫测；在完成"范围二"扫测后，再将洋山港上游洋山港主航道（"范围三""范围四"）作为其他一般水域，开展应急扫测。通过科学制订扫测范围，合理高效完成本次应急扫测任务。

案例 36：
"浦 H226"轮落水集装箱应急扫测

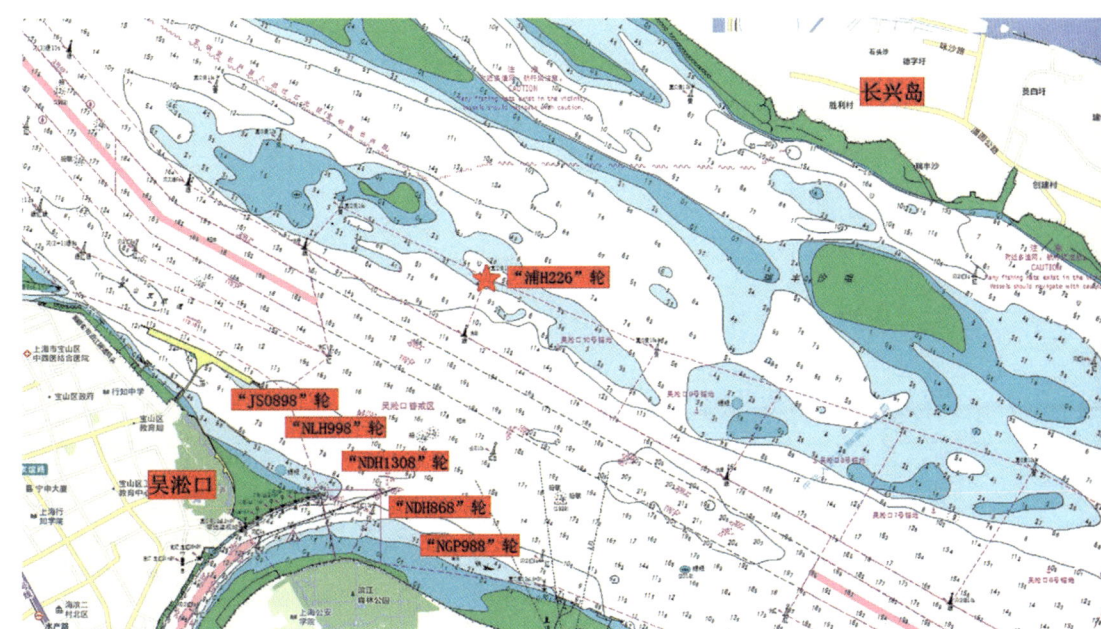

图 1　事发水域

1 案例背景

2013 年 6 月 7 日，长江口水域突发 8~9 级的大风，一连串事故接踵而至……

14 时 40 分许，装载约 900 t 大理石的干货船"JM288"轮在航行至长江口南支航道禁 9 灯浮附近水域时进水下沉。

19 时 25 分，"JS0898"轮在吴淞口水域遇险后沉没。

19 时 38 分，"NLH998"轮、"NDH1308"轮、"NDH868"轮、"NGP988"轮在吴淞口水域遇险先后沉没。

20时25分,"浦H226"轮在吴淞口锚地锚泊时因风浪大,船上7个集装箱落水。

事发水域见图1。

上海海上搜救中心第一时间全力组织搜寻,上海海事部门出动20多艘海巡船、专业打捞船等,前往事发水域救援。同时,上海海上搜救中心通知黄浦江各海事处停止船舶出口签证,吴淞VTS也对吴淞口水域和南、北槽航道实行临时交通管制,暂停船舶进出口。因吴淞口和宝山水域发生多艘沉船和集装箱落水,崇明三岛客渡、吴淞至普陀山客船、国际客运班轮和邮轮全线停航。

2 实施过程

6月7日22时50分,上海海事测绘中心接到上海海事局和东海航海保障中心指示:"立即搜寻'浦H226'轮7个落水集装箱中尚未发现的3个集装箱以及从上游可能漂下来的11个集装箱,须在确认重点通航水域经过扫测无集装箱疑点后,保障尽快恢复通航!"

险情就是命令!上海海事测绘中心立即启动应急预案,成立"浦H226"轮落水集装箱应急扫测指挥小组,迅速集结扫测船舶、人员、设备,赶赴事发水域。

2.1 扫测第一阶段

6月8日01时50分,"海巡1666"轮到达现场后连夜实施11#锚地扫测及南侧主航道扫测工作。02时30分,"海巡16608"轮抵达现场后与"海巡1666"轮共同开展扫测工作。至07时30分,"海巡1666"轮及"海巡16608"轮完成了11#锚地扫测及南侧的主航道扫测工作结束。现场发现集装箱疑点1处和疑似沉船1艘,并及时上报。08时30分,"海巡166"轮抵达现场,与"海巡16608"轮共同实施67#灯浮至宝山灯浮主航道扫测工作。至18时许,两船完成了60#灯浮至72#灯浮之间的主航道扫测任务。现场发现疑似集装箱2处,疑似沉船1艘,同时对当日发现的2艘疑似沉船进行加密获得沉船姿态信息及最浅水深,并及时上报。

2.2 扫测第二阶段

6月9日11时47分,现场应急扫测小组接指示,暂停72#灯浮至宝山灯浮之间的主航道扫测,开始实施60#灯浮至圆圆沙灯船之间的主航道及沿岸航道扫测。13时40分许,"海巡16608"轮、"海巡166"轮、"海巡1665"轮、"海巡1666"轮等4艘扫测船舶先后抵达扫测现场,开展扫测工作。至10日13时许该区域扫测全部完成。扫测区域内没有发现集装箱疑点。

2.3 扫测第三阶段

6月10日13时50分,再次收到扩大扫测范围的指示,扫测范围为宝山南航道及码头前沿、宝山北水道及吴淞口警戒区。至6月11日16时50分,现场应急扫测小组完成了所有的扫测任务,经请示后返港。该范围内共发现疑似集装箱3处,疑似沉船1艘,并及时上报相关信息。

2.4 扫测第四阶段

为了确保宝山水域的通航安全,6月13日至18日,上海海事测绘中心安排应急扫测小组对宝山南锚地、宝山北锚地、宝山临时锚地、宝山各码头港池水域、宝钢原料码头至综合码头非航道水域、宝山南锚地上游三角区、宝山临时锚地下游三角区、宝钢上锚地、吴淞口锚地1#~10#等水域进行扫测,未再发现沉箱疑点。

至此,应急扫测任务全部完成。

3 扫测成果

自6月7日起至6月18日,上海海事测绘中心先后完成了从上海港界至圆圆沙灯船之间的航道、警戒区、码头前沿及11#锚地、宝山南北锚地、宝山临时锚地、宝山港池及宝山的一些码头内侧、吴淞口1#~10#锚地扫测。累计扫测面积158.2 km^2(其中多波束扫测80.07 km^2),累计测线

2 419.65 km。总扫测范围见图2。

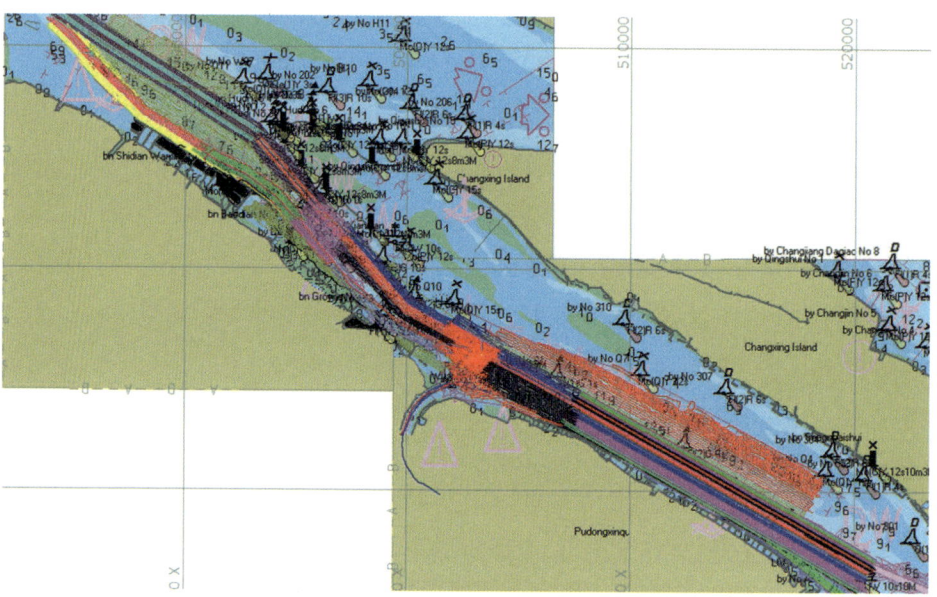

图 2　总扫测范围

共发现9个疑点（图3~13），其中：3个疑点是沉船；1个疑点在吴淞口警戒区101#灯浮附近，经探摸确认是钢板；1个疑点在65#~67#灯浮之间靠近主航道边线，经探摸确认是集装箱；1个疑点在宝山主副原料码头桩之间，经探摸确认是集装箱；2个疑点在宝山南航道A82#至A84#之间，经打捞未发现沉物；1个疑点在11#锚地内，经打捞未发现沉物。9个疑点声呐图像如下。

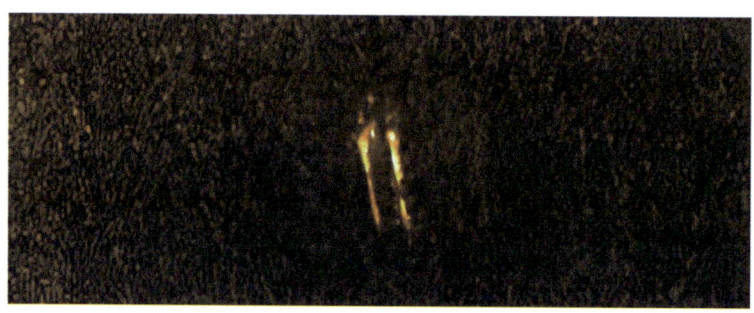

注：打捞未发现异常。

图 3　疑点1声呐图像

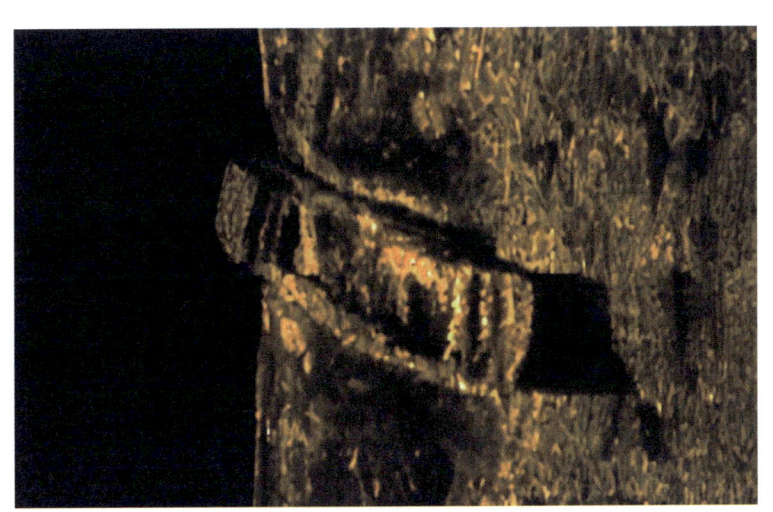

注:经确认,疑点 2 为沉船,长约 26 m,宽约 6 m,高约 2.2 m。

图 4　疑点 2 声呐图像

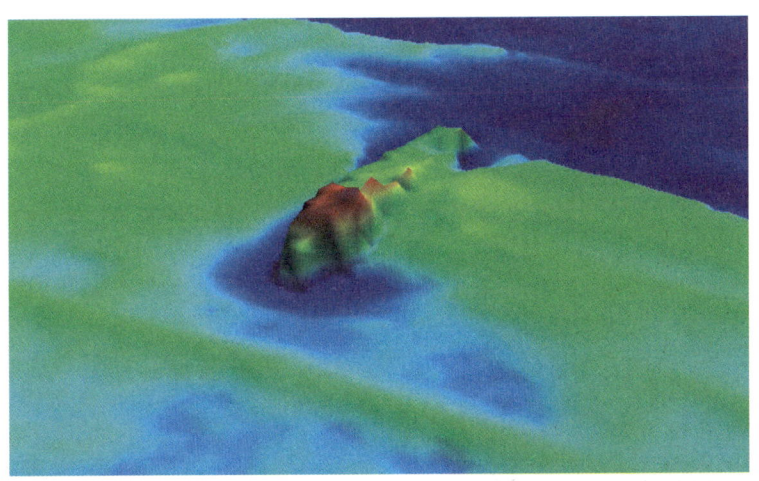

注:最浅水深 13.3 m。

图 5　疑点 2 多波束立体图像

注：经确认，疑点3为集装箱。

图6 疑点3声呐图像

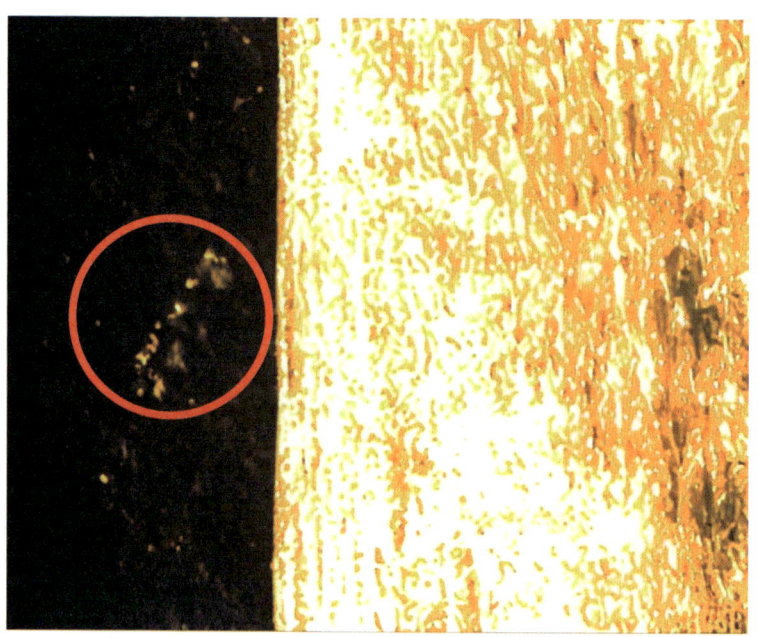

注：经确认，疑点4为钢板。

图7 疑点4声呐图像

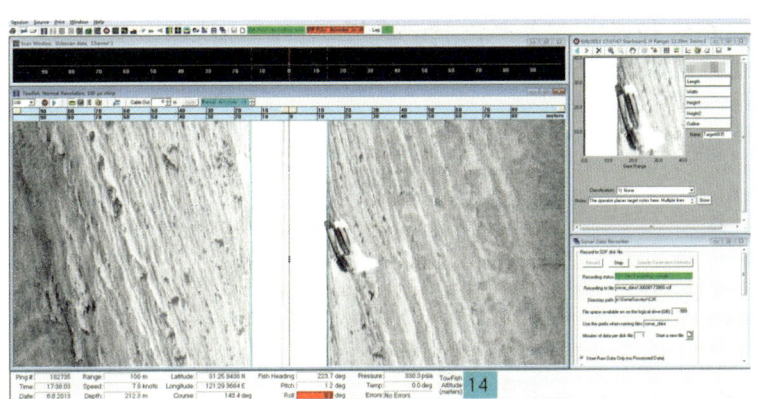

注：经确认，疑点 5 为沉船，长约 30 m，宽约 6 m。

图 8　疑点 5 声呐图像

注：最浅水深 12.0 m。

图 9　疑点 5 多波束立体图像

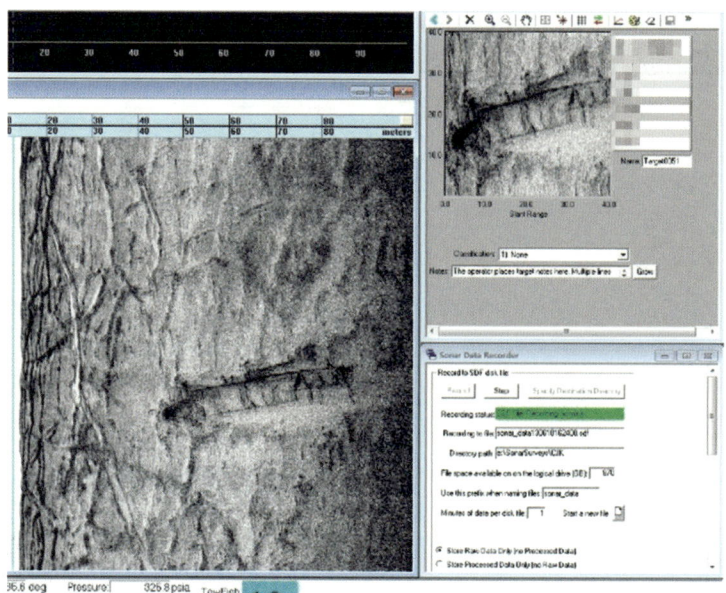

注：经确认，疑点 6 为沉船，长约 45 m，宽约 8 m，高约 3 m。

图 10　疑点 6 声呐图像

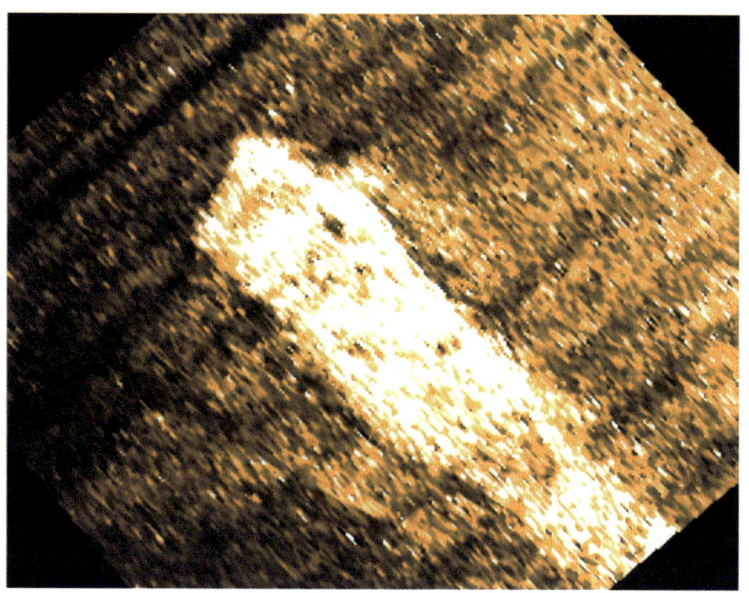

注：打捞未发现异常。

图 11　疑点 7 声呐图像

第二篇　集装箱扫测

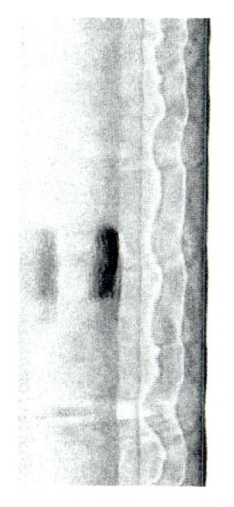
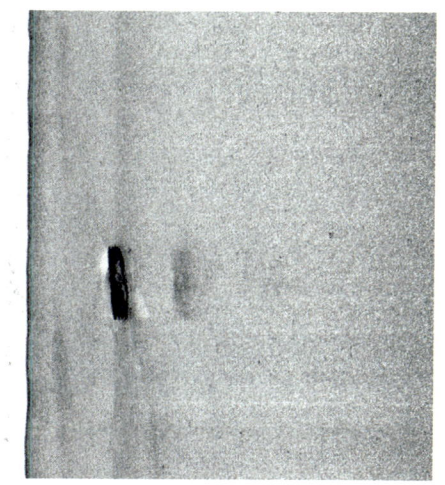

注：打捞未发现异常。

图 12　疑点 8 声呐图像

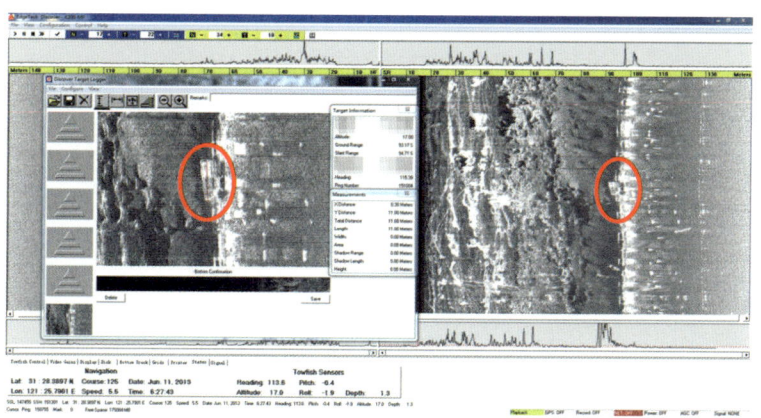

注：经确认，疑点 9 为集装箱。

图 13　疑点 9 声呐图像

4 经验启示

（1）科学划定扫测区域，优先扫测重点航道、重点水域。划定扫测区域需要通过专业的分析研判，结合与海事监管部门的信息共享沟通来科学划定。通过合理规划扫测顺序，对事发水域的交通情况认真仔细地加以分析，从中找出重点。对类似于航道这类过往船舶数量较多或是水上交通必经的枢纽水域，要提前合理组织应急扫测计划，在保证通航安全的前提下尽可能快速完成该水域的扫测任务，以利于快速恢复正常通航，避免造成更大损失。

（2）合理调整应急扫测策略。落水集装箱因其自身装载情况不同，且受到水流流态（流速、流向）的影响，位置多变，应急扫测常常会陷入持久战。故要及时研判落水集装箱演变态势，调整现场应急力量和应急扫测策略，尽可能地减少无效劳动，确保应急扫测人员能够保持良好的精神状态和工作效率。

案例 37：
外高桥沿岸航道落水集装箱应急扫测

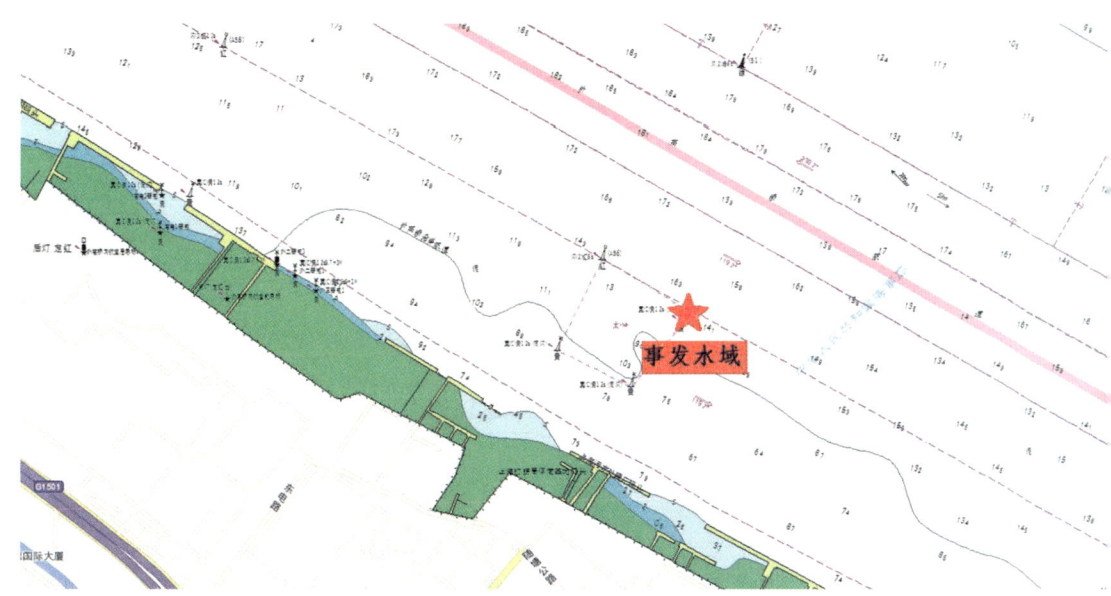

图 1　事发水域

1 案例背景

2014 年 10 月 9 日 08 时 39 分，"ZD45178" 轮驶出吴淞口航行至外高桥沿岸航道合流 1# 灯浮附近时，与外五期离泊船"长 JH918"轮发生碰擦，事故造成"长 JH918"轮一个集装箱落水，事发水域见图 1。

2 实施过程

10 月 9 日 21 时 50 分，上海海事测绘中心接到上级应急扫测指令后，立即启动应急预案。因接报时间距离事发时间接近 12 小时，已经历一个涨落潮，扫测船舶连夜扫测效果不佳，因此应急指挥小组决定扫测船舶次日黎明赶赴现场扫测。

10月10日06时35分，扫测船"海巡1667"轮、"海恒1"轮先后抵达事发水域，使用侧扫声呐开展扫测工作。10时05分，现场发现疑似集装箱疑点1处，经复核确认后上报。

10月11日12时53分，落水集装箱打捞出水，应急扫测任务结束。

3 扫测成果

现场扫获落水集装箱疑点1处，经打捞确认。侧扫声呐图像见图2~4。

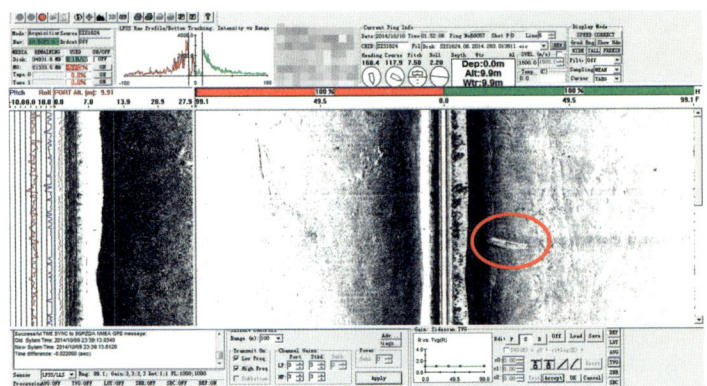

图2　声呐疑点图像1

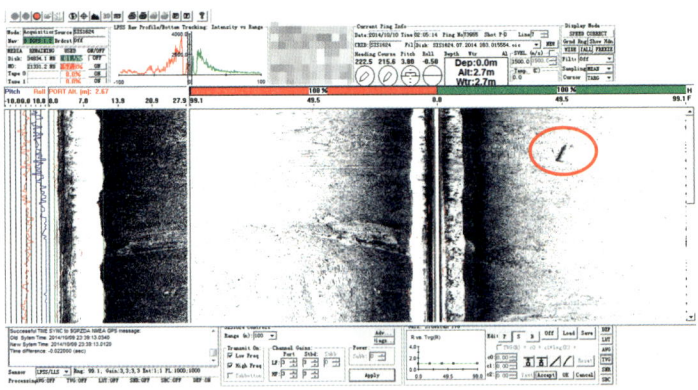

图3　声呐疑点图像2

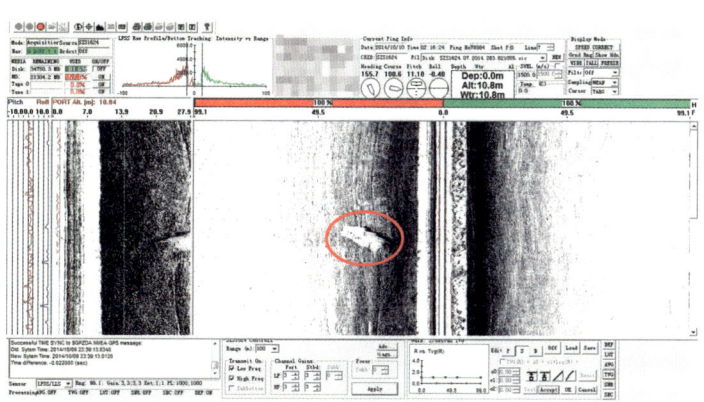

图 4　声呐疑点图像 3

4 经验启示

（1）实施落水集装箱应急扫测任务前，充分了解集装箱落水位置、流速、风浪、测区内的渔网分布情况等相关环境信息，有助于制订合理的扫测方案，既保证应急扫测效率，又保证船舶航行和设备安全。可以通过查阅当天的潮汐表以及附近潮位站潮位资料，根据事发时间到扫测船抵达现场的这段时间的潮汐变化，初步判定落水集装箱可能的走向，确定重点扫测区域。

（2）尽可能地充分了解落水集装箱数量、尺寸、外部结构以及集装箱重量等扫测目标信息，可以为选择最优的声呐量程提供依据，更有助于声呐图像判断确认工作。

案例 38：
"重 LJ3010" 轮落水集装箱应急扫测

图 1 "重 LJ3010" 轮事故现场

1 案例背景

2017 年 7 月 31 日 22 时 30 分，"重 LJ3010" 轮在长江 9# 灯浮附近发生

碰撞事故（图 1），船上 183 个集装箱（20 英尺集装箱 96 个、40 英尺集装箱 87 个）落水，其中 21 个已被拖到岸边。

落水集装箱在太仓港航道、码头前沿水域、锚地等关键通航水域的漂失，给船舶航行、靠离泊及进出锚地作业造成严重影响。

2 实施过程

8月1日，江苏海事局函请东海航海保障中心派遣船舶前往事发水域开展应急扫测工作。上海海事测绘中心接到应急扫测任务后，立即启动应急预案。11 时许，迅速集结专业技术人员 25 人分水路和陆路（车辆）两部分赶赴太仓。一路人员随扫测船"海巡 1668"轮开赴太仓；另一路人员带着声呐设备等从陆路奔赴太仓。

8月1日12时30分，陆路扫测人员到达太仓海事局指挥中心，立即与太仓海事局事故处置现场指挥就测区水下地形情况、扫测工作安排、船舶靠泊以及现场临时测量船舶调派等事宜进行了沟通。13 时 30 分，"海巡 1668"轮抵达太仓事发水域。根据太仓海事局的应急分工方案，上海海事测绘中心重点负责长江 5#~8# 航道、5#~8# 码头前沿水域、5#~8# 锚地及停泊区水域的扫测任务。同时，为了提高应急效率，太仓海事局协调"海巡 06862"轮作为临时扫测船供上海海事测绘中心使用。现场扫测人员临时制作安装了在该船上使用的声呐吊架，改造了供电设施等，以基本满足应急扫测工作要求。从陆路赶赴太仓的技术人员登上"海巡 06862"轮实施应急扫测任务。

8月1日14时15分，扫测人员开始对太仓 5#~8# 灯浮之间的航道进行扫测。16 时许，江面风浪逐渐增强。16 时 50 分，现场无法正常开展扫测任务，应急扫测小组决定暂停扫测。

8月2日05时50分，"海巡 1668"轮和"海巡 06862"轮分别对太仓 5#~8# 灯浮之间的航道以及航道边线至码头前沿水域进行扫测，确认并上报沉箱疑点 17 处。

8月3日05时15分，"海巡 1668"轮和"海巡 06862"轮继续对太仓海船锚地及停泊区进行扫测，确认并上报沉箱疑点 23 处，疑似沉船 1 艘。

3 扫测成果

8月1日至3日，上海海事测绘中心组织扫测船"海巡1668"轮及"海巡06862"轮分别使用侧扫声呐对分工负责的重点水域进行全方位扫测，除部分水域受水深影响未施测外，其他扫测区域均已完成全覆盖扫测，共计完成测线 312 km。

通过对侧扫声呐图像的回放分析，在上海海事测绘中心负责的水域范围内共发现疑似沉箱 37 处，疑似沉船 1 艘；水域范围外发现疑似沉箱 3 处。疑点图像见图 2~42。

图 2　疑似沉箱 1

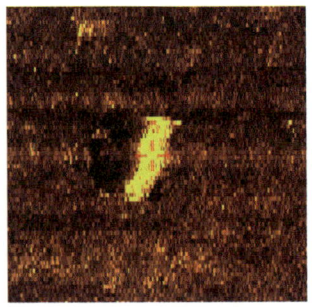
图 3　疑似沉箱 2

图 4　疑似沉箱 3

图 5　疑似沉箱 4

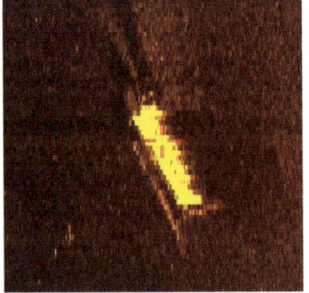
图 6　疑似沉箱 5

图 7　疑似沉箱 6

第二篇 集装箱扫测

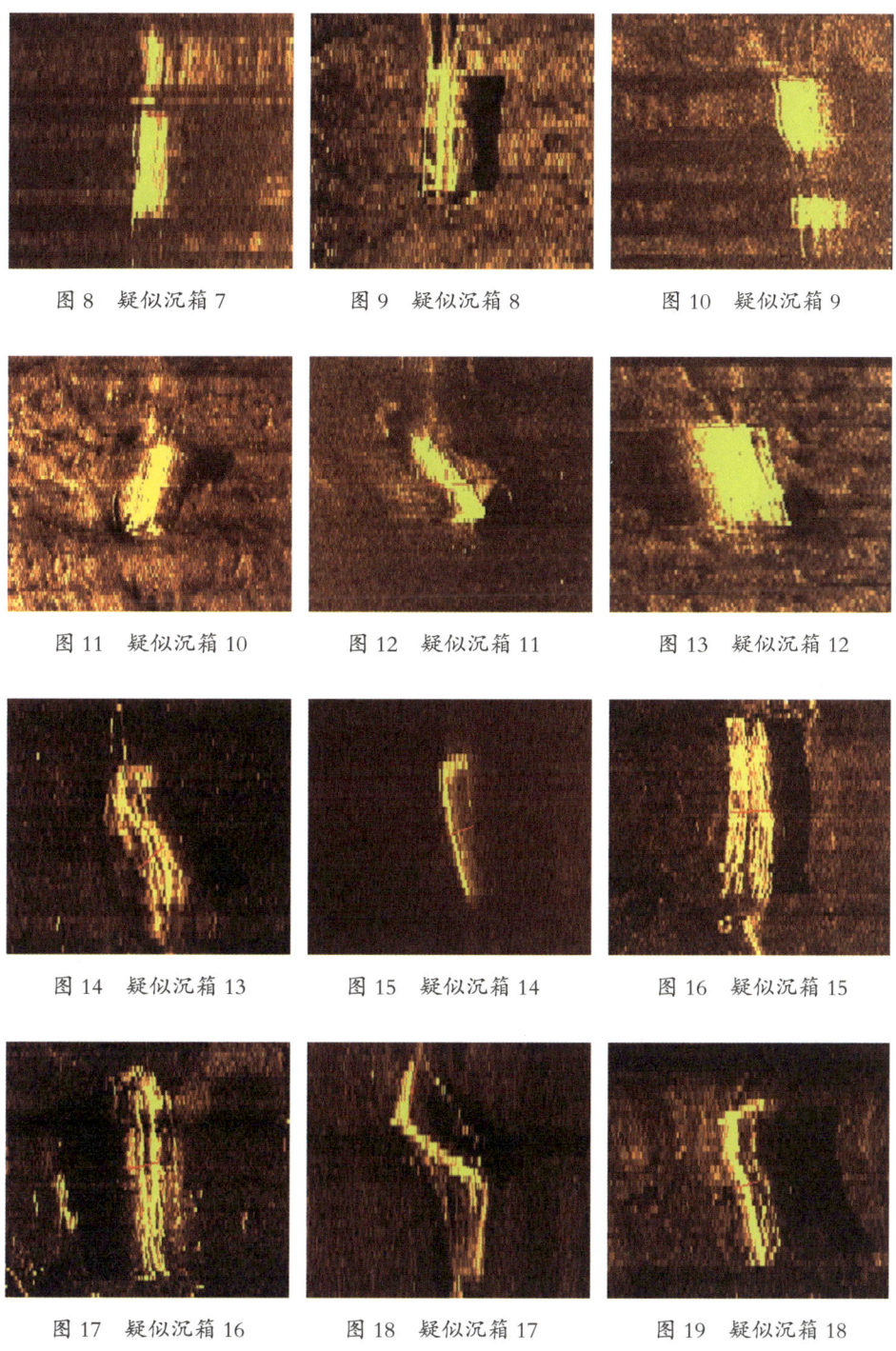

图 8　疑似沉箱 7　　　　图 9　疑似沉箱 8　　　　图 10　疑似沉箱 9

图 11　疑似沉箱 10　　　图 12　疑似沉箱 11　　　图 13　疑似沉箱 12

图 14　疑似沉箱 13　　　图 15　疑似沉箱 14　　　图 16　疑似沉箱 15

图 17　疑似沉箱 16　　　图 18　疑似沉箱 17　　　图 19　疑似沉箱 18

191

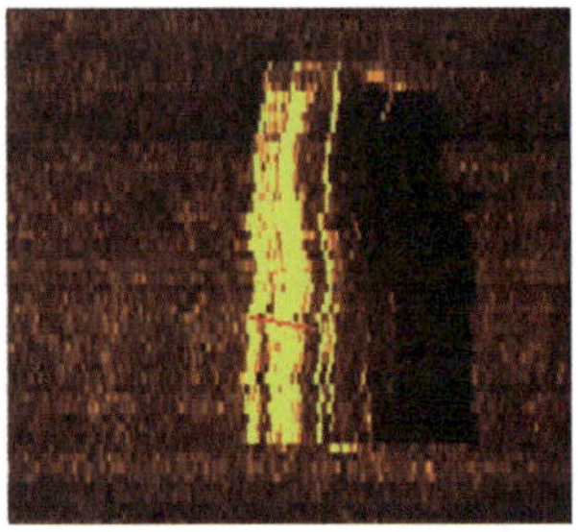

图 20　疑似沉箱 19 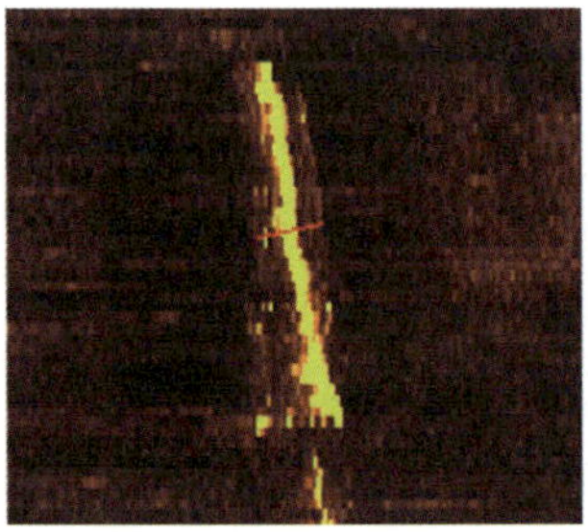　　　图 21　疑似沉箱 20 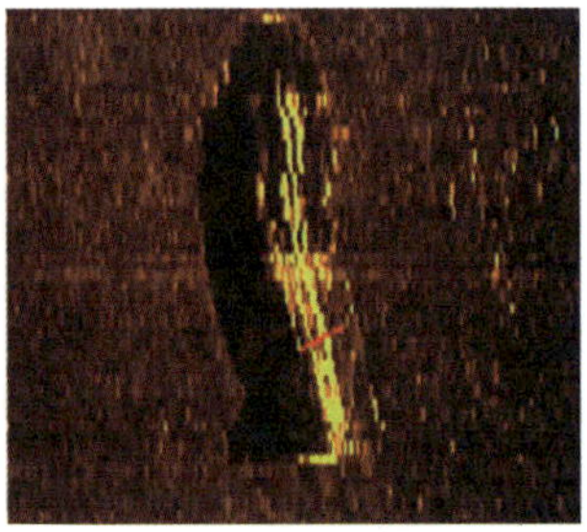　　　图 22　疑似沉箱 21

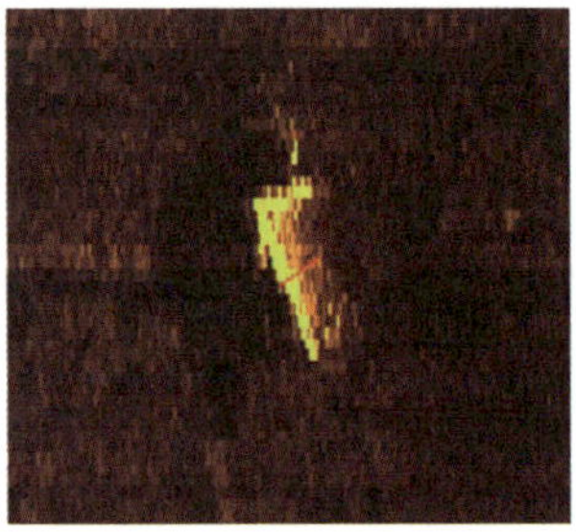

图 23　疑似沉箱 22 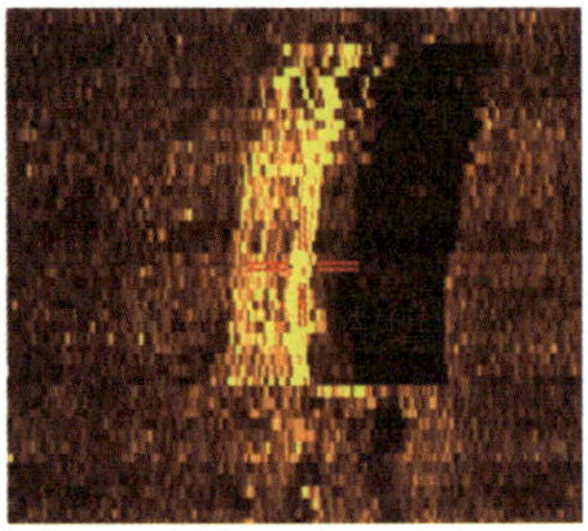　　　图 24　疑似沉箱 23 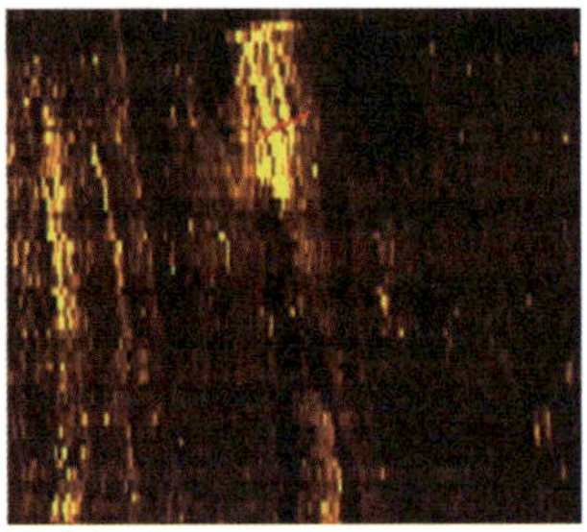　　　图 25　疑似沉箱 24

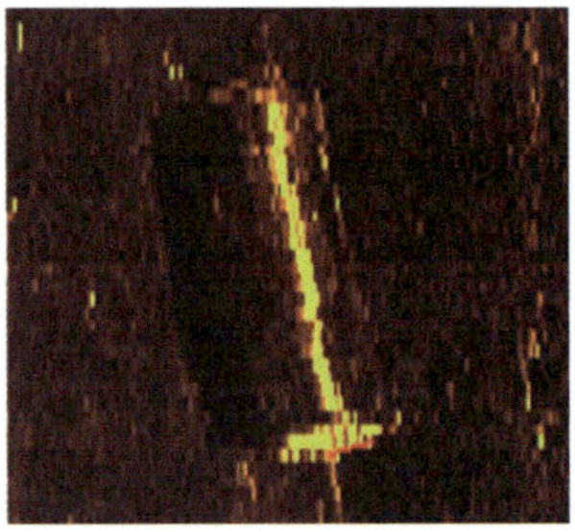

图 26　疑似沉箱 25 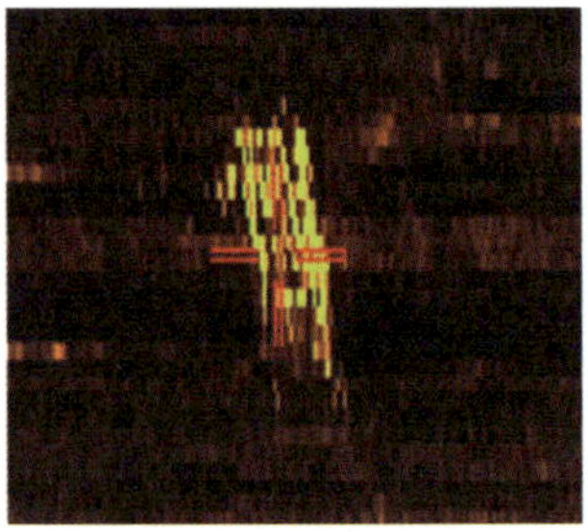　　　图 27　疑似沉箱 26 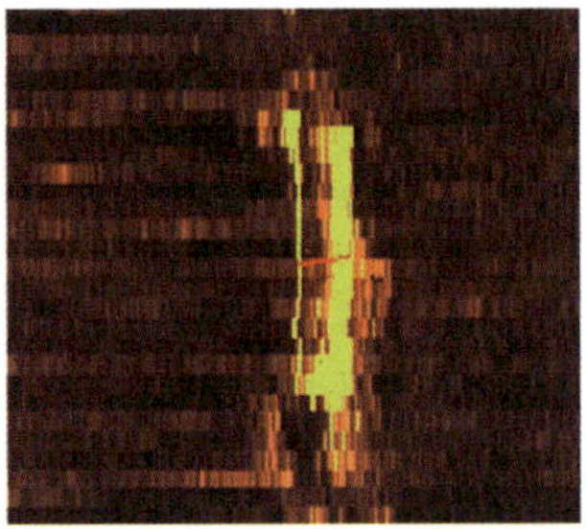　　　图 28　疑似沉箱 27

图 29　疑似沉箱 28 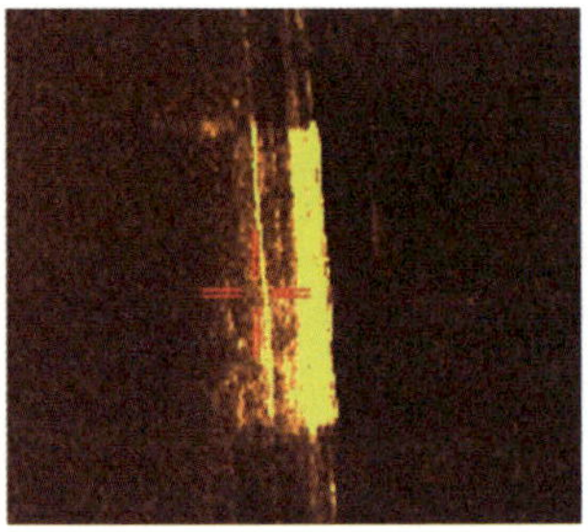　　　图 30　疑似沉箱 29 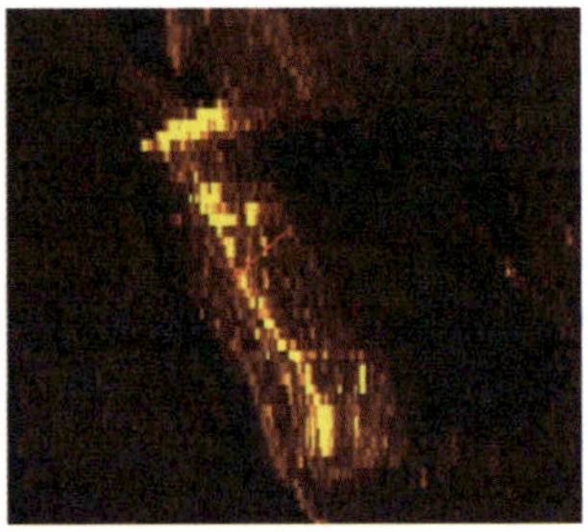　　　图 31　疑似沉箱 30

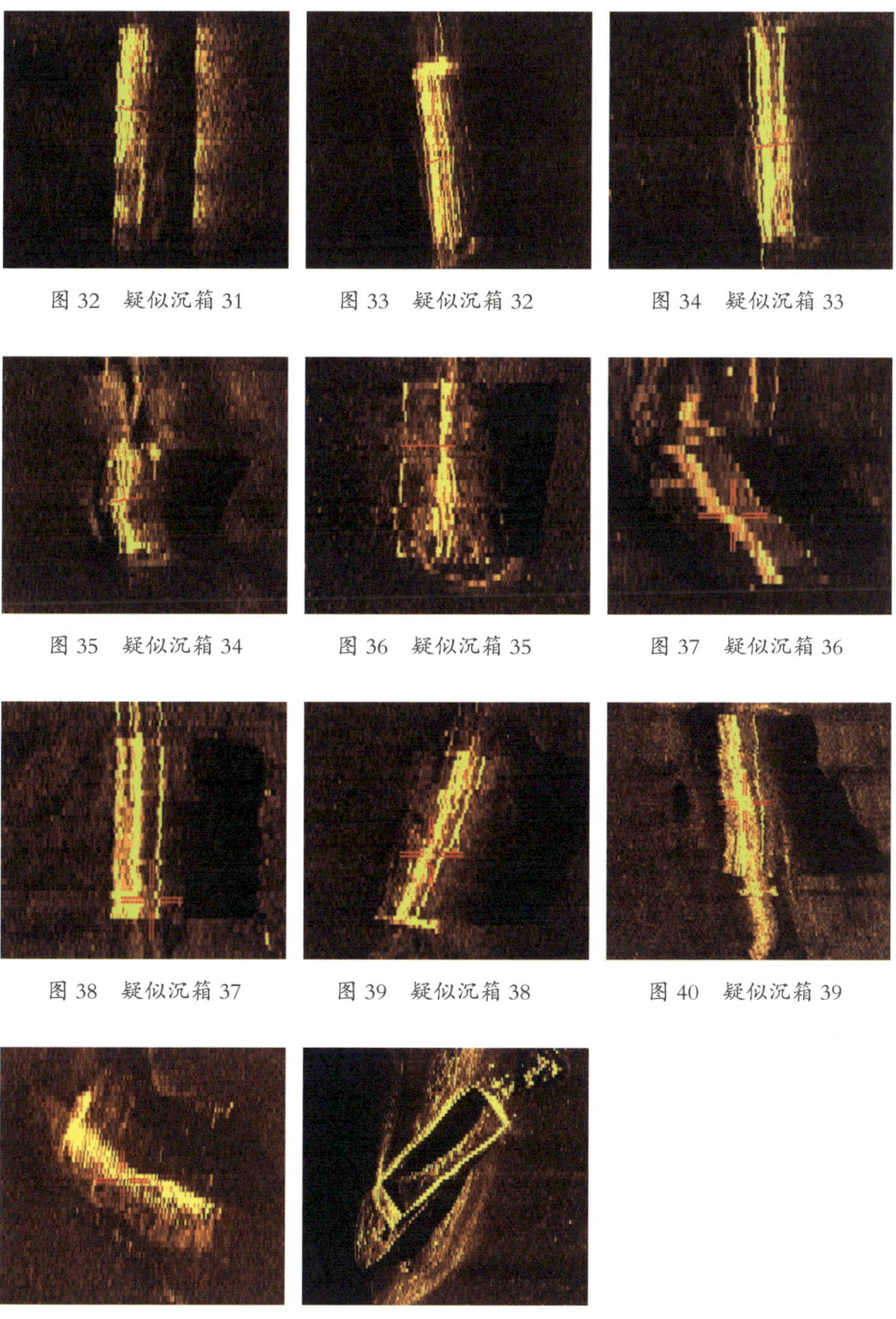

图 32　疑似沉箱 31　　　图 33　疑似沉箱 32　　　图 34　疑似沉箱 33

图 35　疑似沉箱 34　　　图 36　疑似沉箱 35　　　图 37　疑似沉箱 36

图 38　疑似沉箱 37　　　图 39　疑似沉箱 38　　　图 40　疑似沉箱 39

图 41　疑似沉箱 40　　　图 42　疑似沉船 41

4 经验启示

（1）借助声呐数据回放来判断落水集装箱。集装箱体积小，受船速、流速、风浪等因素的影响，声呐图像往往有变形，在实施扫测的过程中判读图像时间有限，有时很难判断或者导致判断疏漏。在本次应急扫测任务中，应急扫测小组在每日外业完成后，利用晚上休息时间"复盘"，集中回放当日声呐数据，讨论分析每一个疑点，提高了声呐图像判读质量。

（2）大型水上交通事故的应急扫测需要多方协作，信息的互融互通尤为重要。本次应急任务的落水集装箱数量多，应急扫测任务重，参与方多，有的参与方对事发水域情况不熟，为了高效实施应急扫测任务，事故处置部门向参与应急扫测部门进行事故信息和扫测任务通报交底十分重要。通过这种方式，让扫测小组能够在短时间内了解事故水域情况、事故现场基本信息、扫测任务安排等，既有利于应急扫测工作高效展开，也有利于保障扫测船舶和装备自身安全。事故处置部门应每日召集参与扫测部门沟通汇总信息，通报次日应急扫测计划，协调打捞清障力量及时跟进，明确是否及时打捞清障等。根据落水集装箱随水流作用漂移的可能性，如若没能及时组织探摸确认并打捞清障，不但前期应急扫测成果可能会失效，且沉入江底或漂移的集装箱始终是通航安全隐患。

案例 39：
"中艺 ZT"轮落水集装箱应急扫测

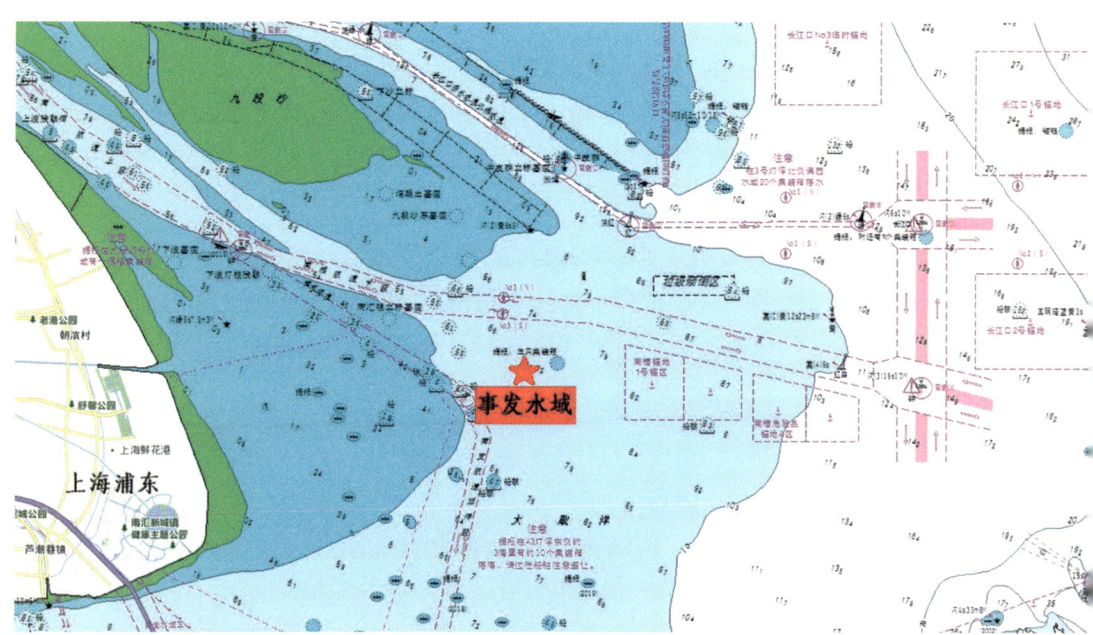

图 1 事发水域

1 案例背景

2018年8月24日10时许，"中艺 ZT"轮航行至长江口南槽航道 S26 灯浮以南水域（图1）时，船上3个40英尺集装箱落水。该水域是长江口重要通航水域，往来船舶较多，严重影响通航安全。

2 实施过程

8月24日12时30分，上海海事测绘中心接到上级的应急指令后，立即启动应急预案。14 时 20 分，应急扫测人员做好各项准备工作后，分别随"升海测 1"轮、"海恒 1"轮前往事发水域实施应急扫测。

8 月 25 日 11 时 20 分，由于海况条件愈加恶劣，现场无法继续实施扫测，应急扫测小组返航待命。

8 月 28 日气象稍有好转。15 时 10 分，应急扫测小组随"海巡 1666"轮和"升海测 1"轮再度出航，继续实施应急扫测任务。至 9 月 1 日 20 时 10 分，应急扫测小组完成了相关水域应急扫测，落水集装箱声呐扫测轨迹见图 2。扫测发现 3 处集装箱疑点：疑点 1 和疑点 3 经潜水员下潜探摸确认是集装箱，而疑点 2 在潜水员下潜探摸后认为是石堆。上海海事测绘中心组织技术人员对疑点 2 声呐图像再次进行技术判读，坚持认为该疑点是集装箱的可能性非常大。9 月 1 日，上海海事测绘中心协助打捞船对疑点 2 进行精确定位，经潜水员再次下水探摸后，确认该疑点是集装箱。

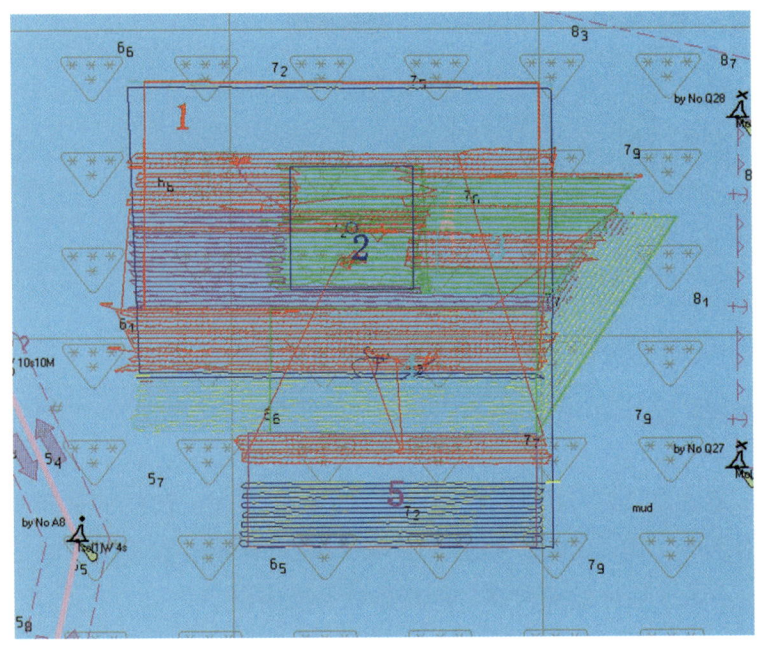

图 2　声呐扫测轨迹

3 扫测成果

本次应急共发现落水集装箱疑点 3 处，其声呐图像见图 3~5，后经潜水员探摸全部确认为落水集装箱。

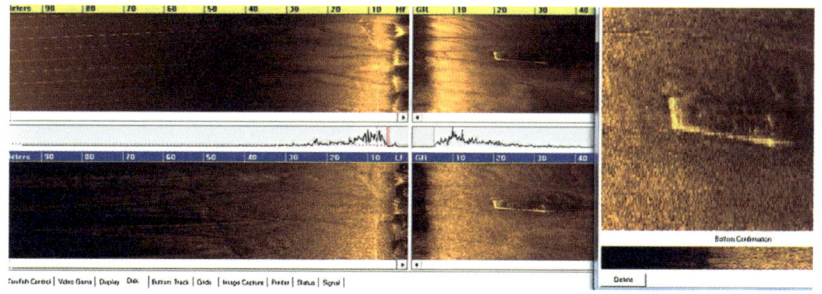

图 3　疑点 1 声呐图像

图 4　疑点 2 声呐图像

图 5　疑点 3 声呐图像

4 经验启示

（1）满载集装箱在水下位置相对稳定。本次应急扫测的3个落水集装箱均为满载，即使时隔4日且在较大风浪的作用下，沉在江底的位置依然相对稳定。如事先掌握落水集装箱为重箱且装卸货物不具备浮力的情况下，根据集装箱落水位置综合当时水流情况，可以初步判定落水集装箱的水下概位，这对缩小扫测范围十分有帮助。一般情况下，集装箱装载情况和其落水位置稳定性正相关。

（2）实施应急扫测前对落水集装箱的信息收集要充分。扫测人员应充分了解集装箱的尺寸、装载情况等，同时对海上风力大小、水流速度等信息也要有充分考量，均可作为后续实施应急扫测工作的决策依据。

案例40：
"美总NY"轮落水集装箱应急扫测

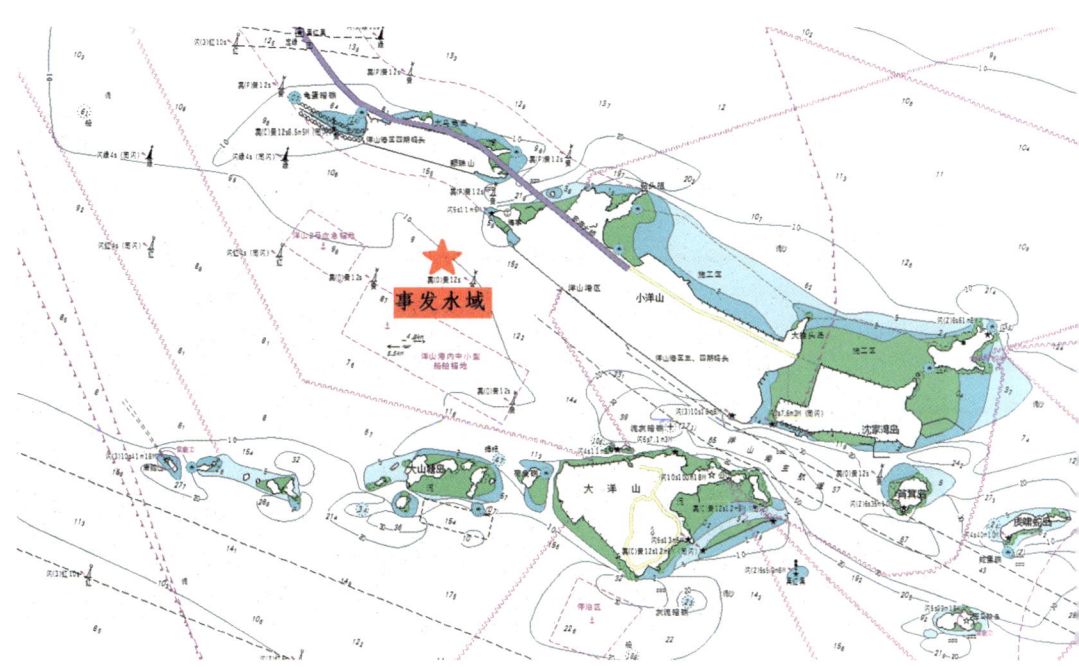

图1　事发水域

1 案例背景

2018年9月1日，"美总NY"轮在洋山港冠东码头6#泊位卸货期间，有4个空集装箱落水，事发水域见图1。空载集装箱在水下流动性非常强，严重威胁船舶往来安全。

2 实施过程

上海海事测绘中心接报后，立即启动应急预案，派遣刚执行完"中艺

"ZT"轮落水集装箱应急扫测任务的扫测小组分乘"海巡1666"轮和"升海测1"轮连夜开赴洋山深水港。

9月2日08时许,考虑到空集装箱的流动性对扫测船舶自身安全亦会产生威胁,扫测船到达现场后先对事发水域进行巡视瞭望,查看水花异常状况和海面是否有漂浮的集装箱。经巡视瞭望后,现场应急扫测小组与洋山港海事局VTS充分沟通,确定扫测范围后随即开展应急扫测,扫测轨迹见图2。

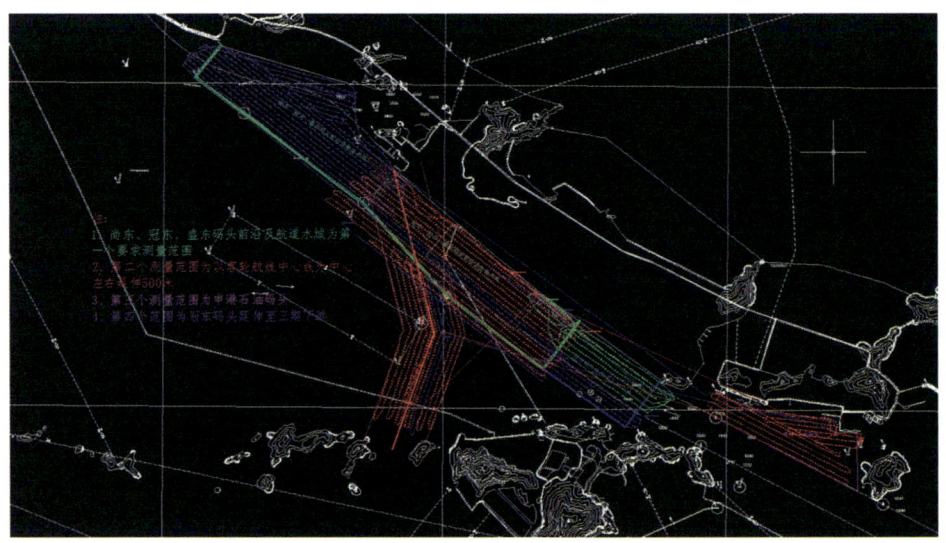

图 2　声呐扫测轨迹

扫测范围分四块:一是尚东、冠东、盛东码头前沿和航道水域,保证码头船舶安全;二是以客轮航线中心线为中心,左右各500 m范围,确保航道安全;三是申港石油码头前沿;四是冠东码头延伸至三期下游。

至9月3日16时许,应急扫测小组完成相关水域应急扫测,发现2处集中的疑点。

3 扫测成果

根据声呐图像(图3和4)分析发现2处集中疑点。后经潜水员探摸确认,并在2处打捞出4个集装箱。

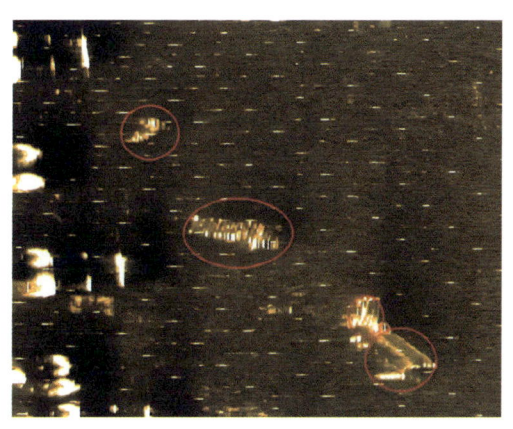

图 3　疑点 1 声呐图像　　　　　　图 4　疑点 2 声呐图像

4 经验启示

（1）针对空集装箱落水后的应急扫测任务，在开展扫测前扫测人员应配合船舶驾驶人员对周围水域环境进行观察和瞭望，确保船舶和设备的自身安全。

（2）人工构造物棱角分明，侧扫声呐信号遇到集装箱会返回强反射信号，声波无法穿透的地方则形成阴影部分。在落水集装箱扫测时，通过该特性可寻找落水集装箱疑点。本次扫测过程中，共发现 2 处相对集中的疑似人工构造物，反射信号强，但声呐图像有一定局限，无法进一步确认准确信息，完全依赖扫测人员的经验判读。经探摸确认，最终在 2 处疑点发现了 4 个落水的集装箱。

（3）水下目标物识别是应急扫测活动中非常关键的环节。在声呐探测的过程中，应急扫测人员须长时间紧盯实时传输的声呐图像，这不仅可能导致扫测人员视觉疲劳，也会降低对目标物的判读准确度。因此，开展声呐图像的自动识别技术研究应用十分必要。2020—2021 年，上海海事测绘中心联合武汉大学开展了"基于人工智能的船舶在航实时识别水下障碍物的关键技术与应用"项目研究，将传统作业模式推向了人工智能化，有效地提高了水下障碍物探测效率和准确率，降低了行业技术门槛和人员作业强度。该项目成果获评 2022 年度中国航海学会科学技术进步奖三等奖。

案例 41：
"凯 T99"轮落水集装箱应急扫测

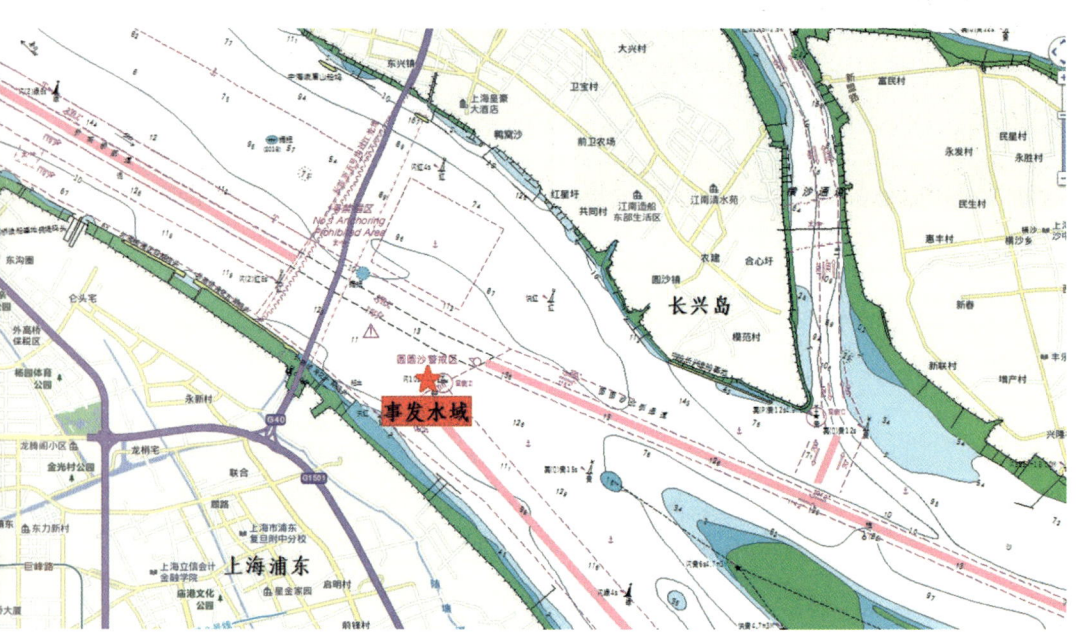

图 1　事发水域

1 案例背景

2020 年 9 月 4 日 11 时 10 分，"凯 T99"轮在南槽航道 S47 灯浮及圆圆沙应急锚地附近水域（图 1）发生 25 个集装箱落水事故，严重威胁长江口航道往来船舶的通航安全。

2 实施过程

9 月 4 日中午，上海海事测绘中心接到上级的应急扫测指令后，立即启动应急扫测预案，调派扫测船"海巡1666"轮、"浙嵊渔工80016"轮前往事发水域。14时35分，"海巡1666"轮、"浙嵊渔工80016"轮先后抵达事发水域，随即执行应急扫测任务。扫测轨迹见图2。

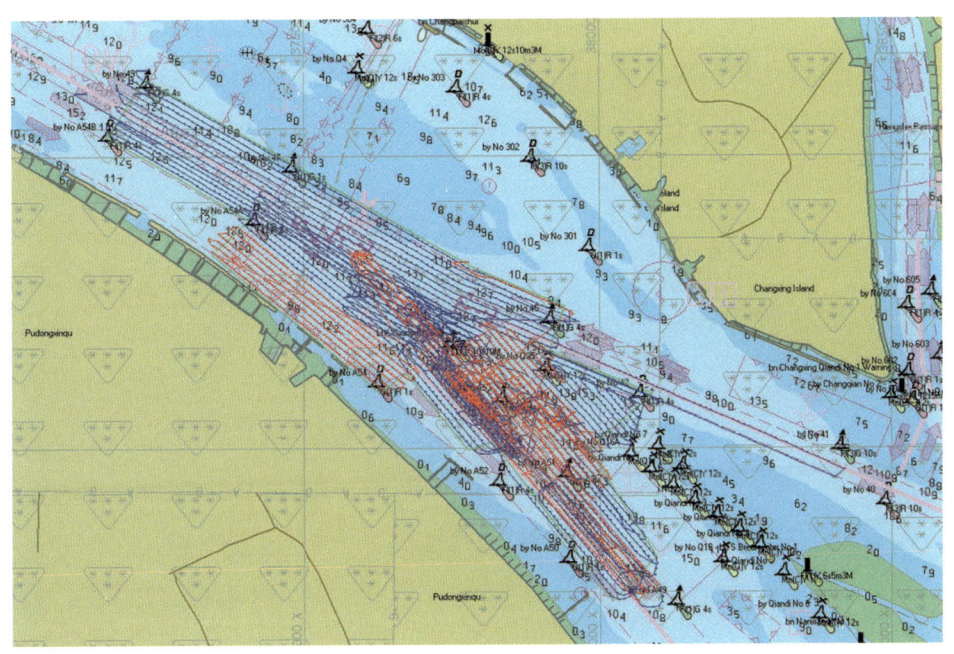

图2　应急扫测声呐轨迹

经过两天连续作战，至9月6日14时30分，2艘扫测船共发现27处落水集装箱疑点。为了进一步确认疑点，现场扫测组利用多波束测深系统对发现的所有疑点开展了加密测量。通过对侧扫声呐及多波束扫测数据的处理和分析，最终确定疑似落水集装箱20处。

9月7日，应浦东海事局请求，扫测组对其中4个疑点进行复测。复测过程中发现1处新疑点，有2处疑点经"海巡1666"轮在9月8日再次复测时未发现落水集装箱。

为了尽可能排除航道附近水域的碍航物，确保通航安全，现场扫测组再次扩大扫测范围。至9月13日13时40分，现场未发现新增疑点，应急扫测任务结束。

3 扫测成果

本次应急任务共完成侧扫声呐扫测约 512 km，多波束扫测约 115 km，先后定位 33 处集装箱疑点位置（含对已扫获疑点重新定位确认），经打捞确认，共打捞出水 19 个集装箱。疑点分布及打捞位置见图 3，疑点具体情况见图 4~22。

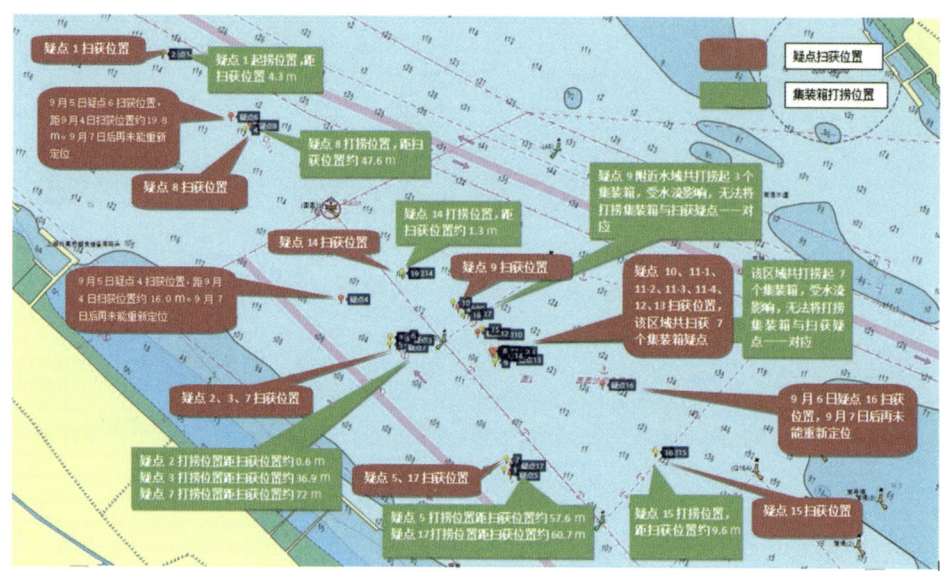

图 3　疑点分布及打捞位置

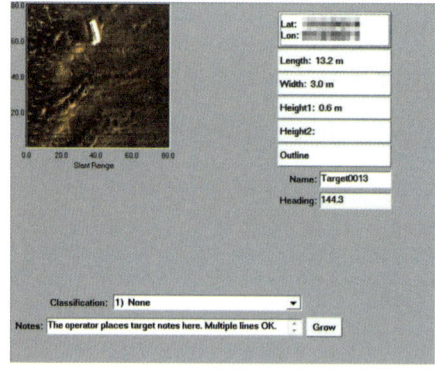

图 4　疑点 1

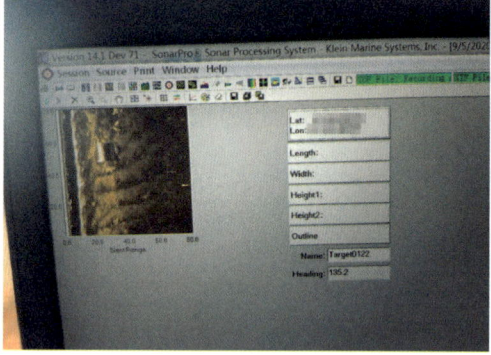

图 5　疑点 2

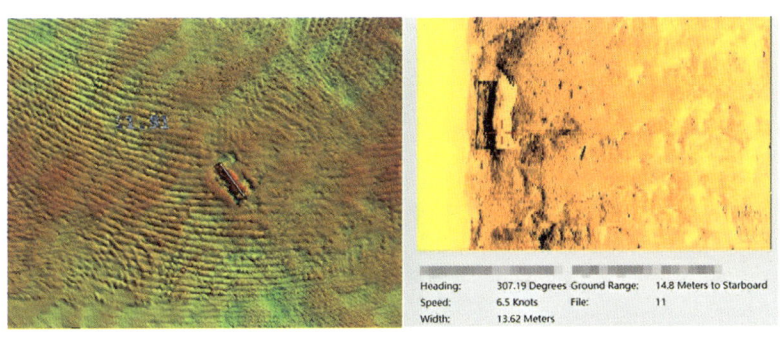

图 6 疑点 3

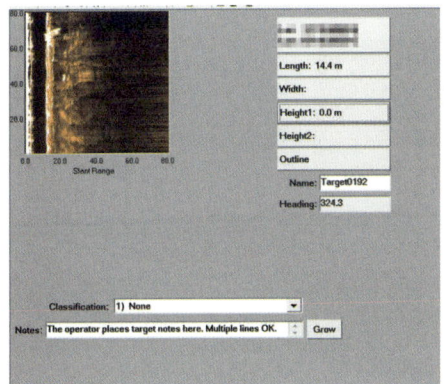

图 7 疑点 4

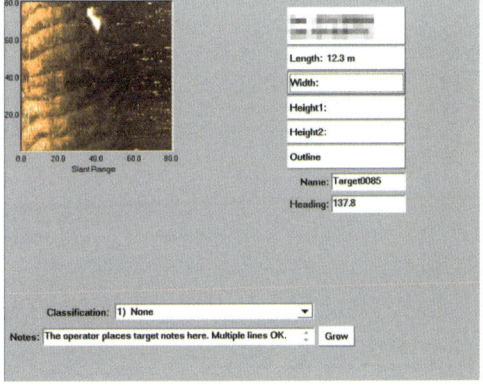

图 8 疑点 5

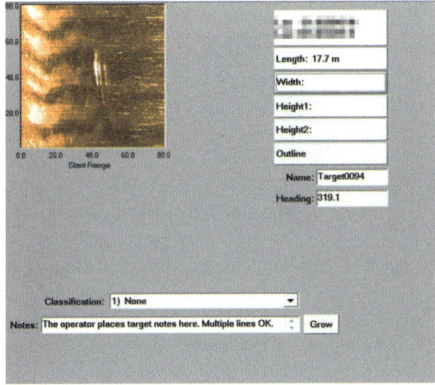

图 9 疑点 6

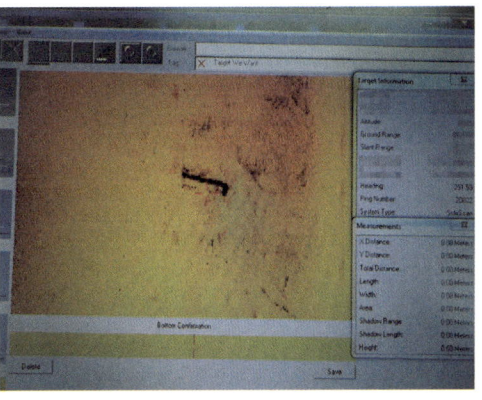

图 10 疑点 7

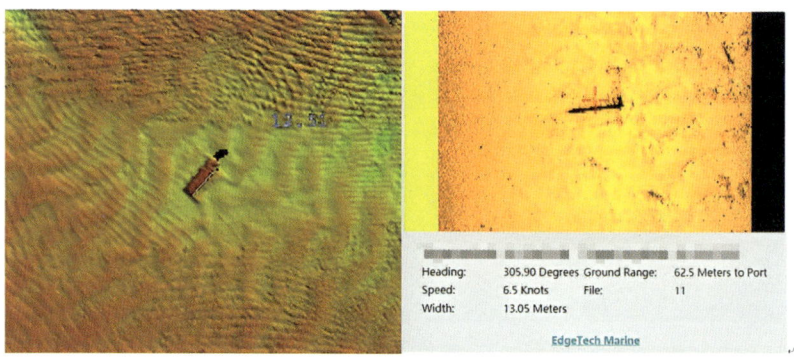

图 11　疑点 8

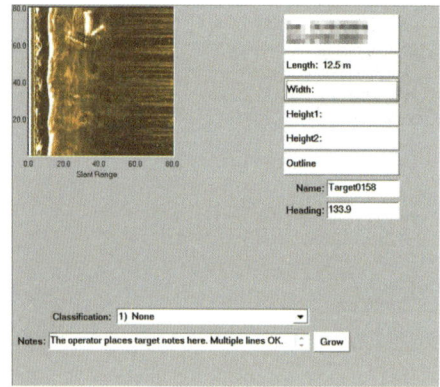

图 12　疑点 9

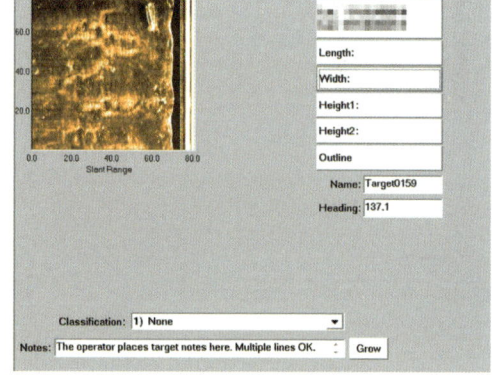

图 13　疑点 10

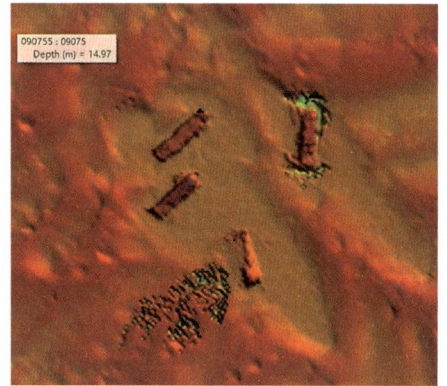

图 14　疑点 11

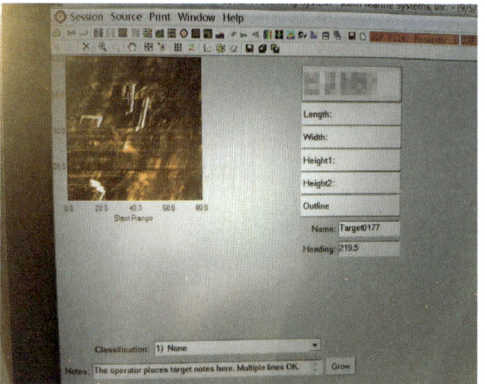

图 15　疑点 12

第二篇 集装箱扫测

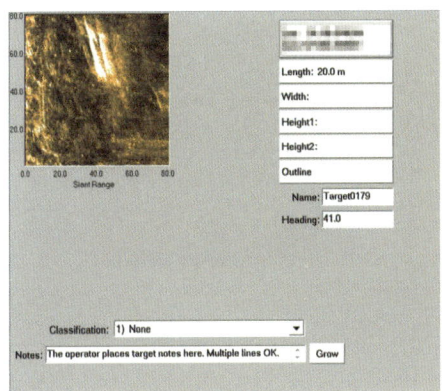
图 16 疑点 13

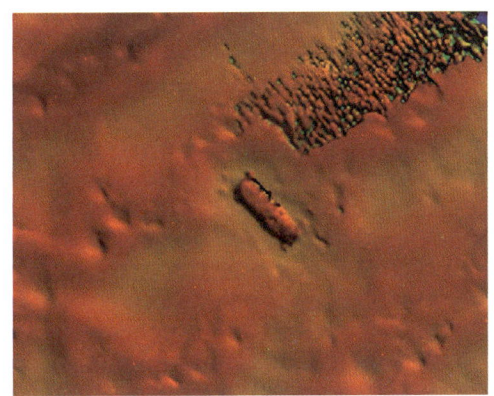
图 17 疑点 14

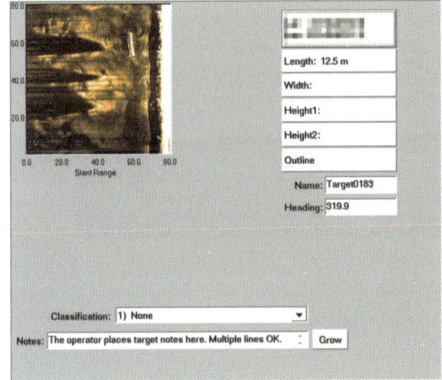
图 18 疑点 15

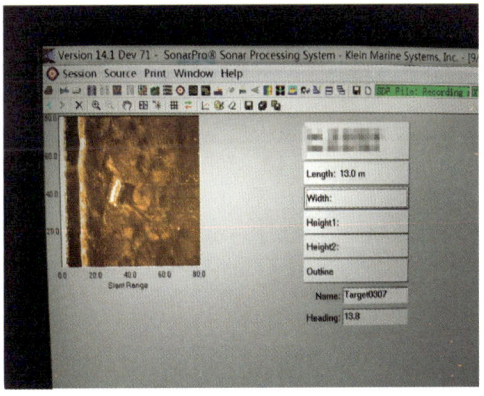
图 19 疑点 16

图 20 疑点 17

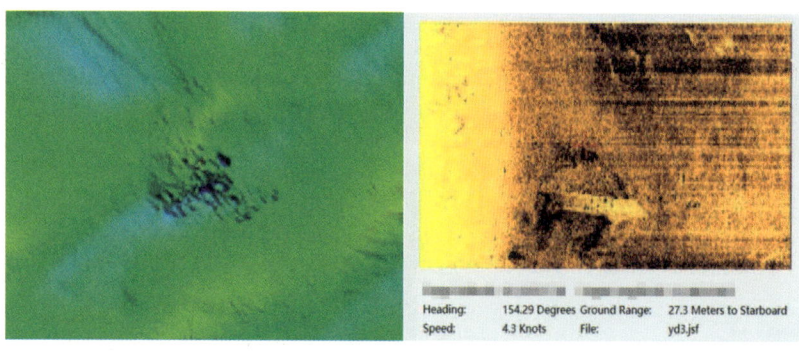

图 21 疑点 18

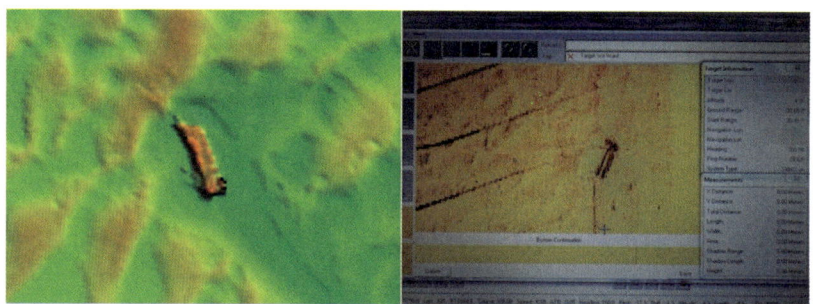

图 22 疑点 19

4 经验启示

（1）打捞清障要和应急扫测定位有效衔接。事发当日为农历十七，恰逢天文大潮，水流流速较快，水动力较大，落水集装箱沉江位置容易漂移。在精确锁定落水集装箱位置后，后续打捞力量要及时跟进，尽快探摸确认并打捞清障。落水集装箱位置在水流的作用下极易偏移，一旦打捞清障工作未能及时开展，沉箱位置发生变化，不但后续扫测定位工作量加大，甚至有个别集装箱很难再扫获。如 9 月 5 日疑点 4 和疑点 6 重新定位位置与 9 月 4 日扫获位置相比分别偏移了 16 m 和 19.8 m。由于未能及时打捞清障，在 9 月 7 日以后的复测中未能重新扫测定位到这 2 个落水集装箱疑点。

（2）水流对声呐扫测设备工况影响较大。侧扫声呐在实际扫测过程中采用侧舷拖曳方式作业，声呐图像精度与拖体在水中的姿态密切相关。当水流对声呐姿态的影响达到一定程度时，导致虽然实际的目标在测量量程内，但在声呐图像上却发现不了该目标，进而造成海底目标遗漏。如疑点7：9月4日扫获后，9月5日声呐未能重新定位，9月6日使用多波束扫测重新定位该疑点，定位位置与9月4日扫获位置相距9.8 m。

案例 42：
"新 QS69" 轮落水集装箱应急扫测

图 1 "新 QS69"轮事发现场

1 案例背景

2020 年 12 月 13 日 23 时 30 分，外籍集装箱船"CJHY"轮在长江口深水航道 D15 灯浮附近与中国籍集装箱船"新 QS69"轮发生碰撞，见图 1。事故导致装载有 650 个集装箱的"新 QS69"轮进水翻扣。

事发水域（图 2）为船舶进出长江口深水航道咽喉，事故导致长江口深水航道处于临时交通管制状态，进口航道临时封闭。

第二篇　集装箱扫测

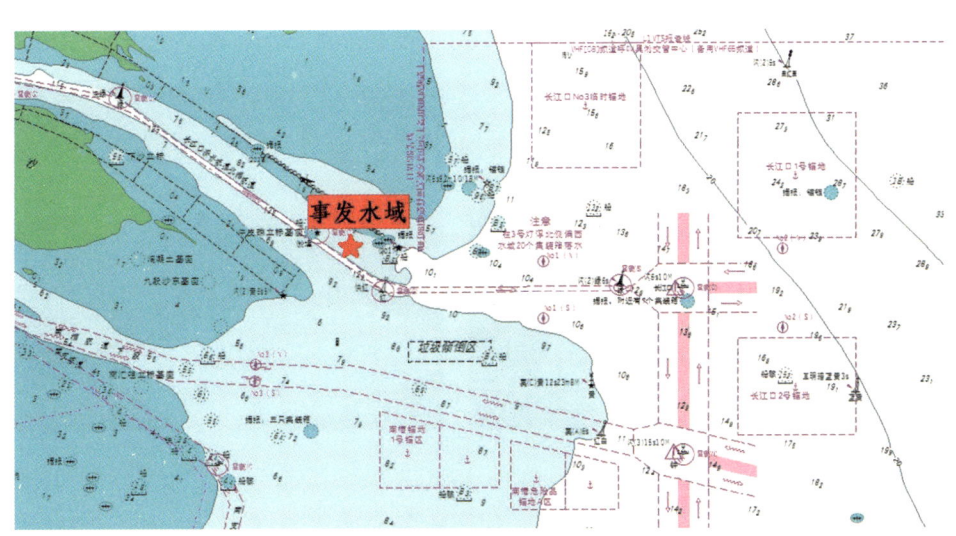

图 2　事发水域

这次的应急扫测任务不同于以往。"新 QS69"轮翻扣在北槽航道 D15 灯浮附近，也就是长江口门段，难船所载的集装箱数量多，且多为轻箱，究竟有多少箱子还倒扣在船、多少箱子遗落水中也未可知。事发时段正值寒潮大风、大潮汛"双碰头"，风大浪急，落水的集装箱极有可能会随着水流不断飘移，可以说此次应急扫测任务十分艰巨，而且不确定性大，几乎是近几年来最急难险重的一次。

为确保长江口深水航道的通航安全，扫清航道内可能的障碍物，一场近年来范围最广、规模最大、风险最高的应急扫测战役正式打响！

2 实施过程

2.1　险情是号角，安全保畅就是命令

12 月 14 日 02 时 50 分，上海海事测绘中心接到应急扫测指令后，再次吹响了"集结号"（图 3 和 4）。应急指挥小组研究制订了应急扫测行动方案。相关业务部门负责人和技术人员星夜兼程赶往值班室，各部门统一行动，按照应急预案高效有序地开展各项准备工作，确保应急船舶和扫测人

员在最短时间内赶赴现场。

图 3　应急指挥小组协调指挥　　　　图 4　作业部门会商扫测方案

按照应急指挥小组的部署，离事发地最近的"海巡 1667"轮立即起锚赶往现场实施扫测，"海巡 166"轮和"苏如渔养 08526"轮做好增援准备。由于事发水域位于长江口深水航道，应急扫测总指挥史晓平同志要求测绘管理科与吴淞海事局做好沟通协调，确定重点扫测范围，优先保障长江口深水航道的通航安全。

2.2　箭在弦上，兵分多路

12 月 14 日 08 时 52 分，"海巡 166"轮驶离五好沟海事基地码头前往事发水域增援。10 时 03 分，"苏如渔养 08526"轮驶离上海海事测绘中心码头前往事发水域增援。

因寒潮大风和大潮汛"双碰头"，40 米级的"海巡 1667"轮无法继续扫测作业，只能暂时就近避风，待天气略微好转后再实施应急扫测。

12 月 14 日 11 时 48 分，应急指挥小组调遣抗风能力较强的 80 米级的海测旗舰"海巡 166"轮抵达扫测现场。经与吴淞海事局沟通后，"海巡 166"轮优先扫测事发水域附近，最大限度地保障北槽通航安全。当天"海巡 166"轮在风浪颠簸中完成多波束测线 47 km，发现并上报了 26 处障碍物疑点。

经过三天的连续奋战，12 月 17 日，上海海事测绘中心先期投入的 3 艘扫测船初步完成了长江口北槽 D11 至 D17 浮之间的重点水域扫测任务，确认航道内不存在碍航物，并为吴淞海事局通航管理提供了全面、精准的水深数据,确保了深水航道通航安全。

然而很快任务就"升级"了,由于事故水域的复杂性,且大风期间潮流急,一些比较"活跃"的沉箱不断发生位置变化,在洋山港水域也发现了漂移的集装箱。为保障航道安全,上海海事测绘中心又增派了4艘测量船,其中2艘船前往南槽,2艘在小洋山附近实施扫测,同时在洋山港海事局的协调下,又调遣了一艘打捞船作为应急扫测船投入应急工作(图5~7)。

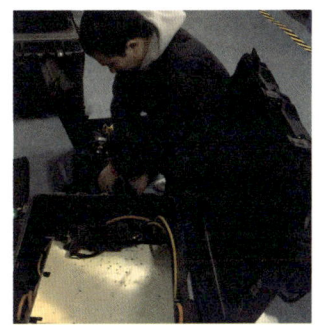

图5 设备准备与释放

图6 现场作业

图7 数据处理与图像判读

2.3 高效联动,确保主航道畅通

为了保障上海港、洋山港各主要航道的通航安全,上海海事测绘中心先后派出 9 艘扫测船紧急奔赴长江口深水航道水域、南槽航道水域和洋山港水域,近百人组成的应急队伍在恶劣气象条件下组织开展应急扫测,扫测轨迹见图 8~10。本次任务先后调遣"海巡 166"轮、"海巡 1667"轮、"苏如渔养 08526"轮、"浙嵊渔工 80016"轮和"海巡 1660"轮等 5 艘扫测船舶前往长江口深水航道实施应急扫测。

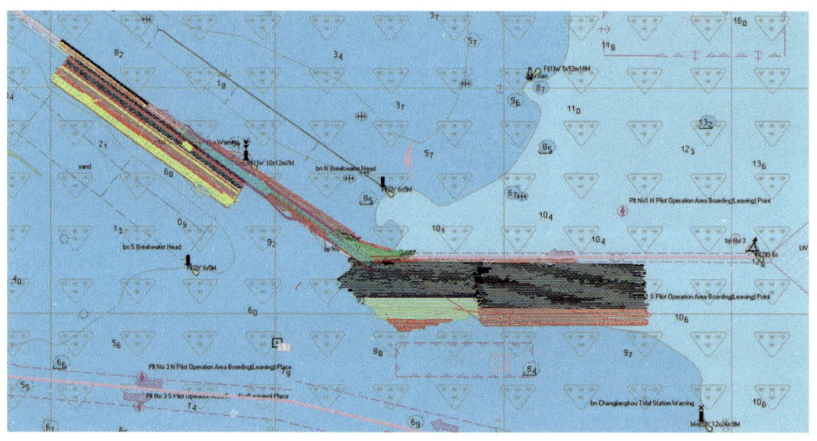

图 8 长江口深水航道扫测范围轨迹

调遣"海巡 1667"轮、"浙嵊渔工 80002"轮和"海巡 166"轮 3 艘扫测船舶前往南槽航道实施应急扫测,扫测轨迹见图 9。

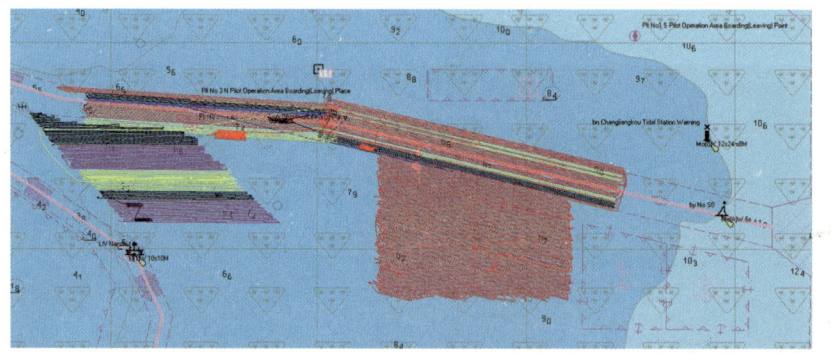

图 9 南槽航道扫测范围轨迹

调遣"海测 1"轮和"浙嵊渔工 80007"轮 2 艘扫测船舶前往洋山港水域实施应急扫测；在洋山港海事局的协调下，又调遣了 1 艘打捞船"沪南捞 9"轮作为海测应急扫测船投入应急扫测工作。洋山港水域扫测范围轨迹见图 10。

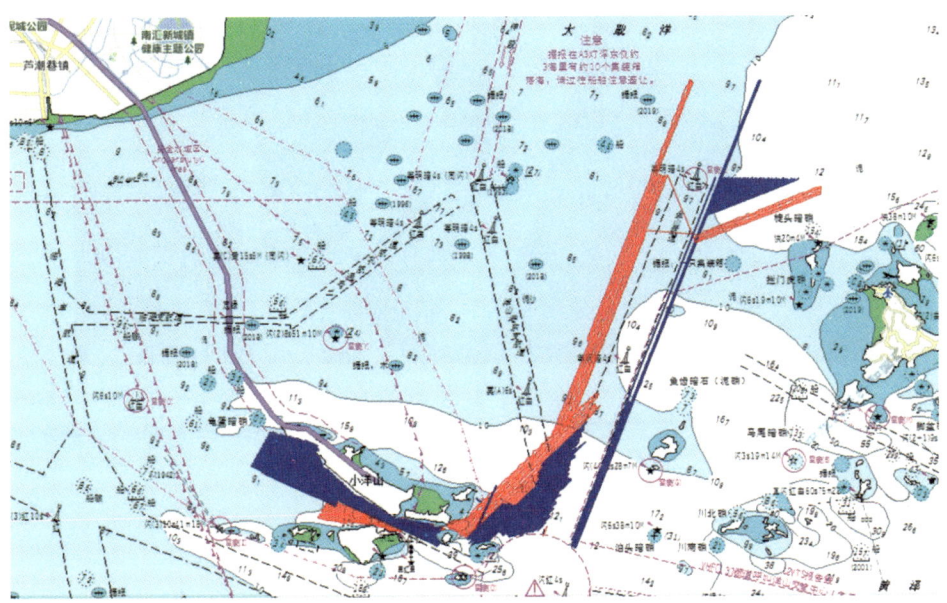

图 10　洋山港水域扫测轨迹

连续多日，"海巡 166"轮等多艘扫测船舶克服风浪困难，持续实施扫测作业。事发水域又是通航密集区，附近船舶流量大，扫测作业需频繁穿越航道，作业安全风险高。在后方上海海事测绘应急指挥中心，应急指挥小组随时牵挂着一线的作业情况，通过视频与扫测船舶即时连线，并分析研判现场传回的扫测数据，提升扫测效率。

为了畅通应急扫测信息沟通渠道，上海海事测绘中心派遣一名技术人员到吴淞海事局 VTS 指挥中心进行应急协调（图 11），确保扫测方案更加科学，应急措施的落实和指令的传达更加快速有效，为海事通航指挥提供技术支持。通过这个措施，实现了海事监管和应急测绘的无缝对接，极大提高了通航指挥和应急扫测的协调效率。

图 11 海测技术人员参与 VTS 应急指挥协调

3 扫测成果

现场应急扫测人员与时间赛跑、争分夺秒,全力摸清通航水域情况,为海事监管部门提供技术支撑,保障上海港水上交通安全。截至 12 月 29 日,上海海事测绘中心应急扫测力量持续开展应急扫测 16 天,先后共有 9 艘扫测船舶投入应急扫测一线,完成测线超 4 800 km,实际扫测面积达到 341 km^2,精确定位 40 处水下障碍物疑点,为多个落水集装箱的打捞清障提供了精确定位和技术保障。

根据多波束和声呐图像分析统计,现场先后发现落水集装箱疑点 40 处(图 12 和 13),其中长江口深水航道 37 处,南槽航道 3 处。由于事故水域的复杂性,且大风期间潮流急,沉箱位置几乎"瞬息万变",最终根据现场扫测组的定位成果成功打捞清障的落水集装箱疑点共 3 处,共打捞落水集装箱 4 个。

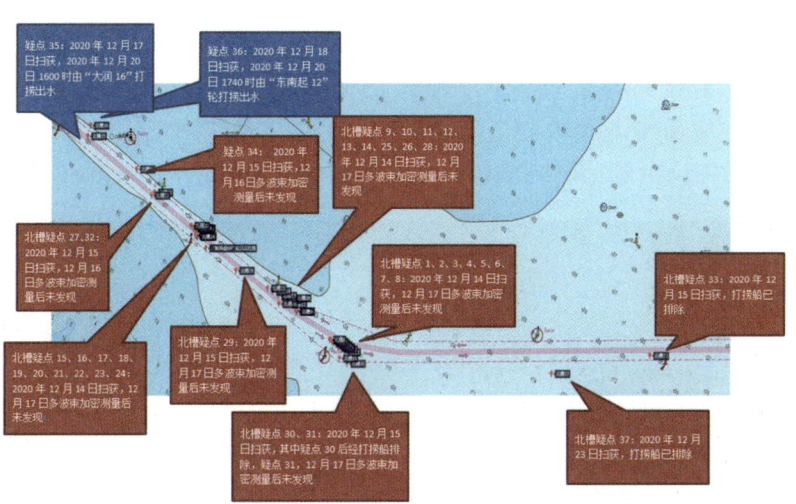

图 12　长江口深水航道水域疑点分布

图 13　南槽航道水域疑点分布

其中，现场扫测组在长江口深水航道 D16 灯浮附近水域发现两处疑似集装箱，并经多波束测深系统反复扫测确认，但因打捞清障力量未能及时到位，打捞船定位误差等原因，疑似目标迟迟不能得到打捞确认。深水航道航槽底层水流流速快，落水集装箱位置随时可能变化。在吴淞海事局的牵头下，D16 灯浮附近水域疑似落水集装箱清障协调会及时召开（图 14）。

吴淞海事局、上海海事测绘中心、多家打捞公司参加会议，共同商议打捞清障方案。会议明确了上海海事测绘中心应急扫测船、打捞船到达现场的时间，由上海海事测绘中心应急扫测船协助打捞船精准定位，吴淞海事局提前实施深水航道交通管制措施，为落水集装箱打捞清障工作留出时间。

图 14　现场协调讨论打捞事宜

次日，现场扫测船再次定位2个疑似目标（图15和16），发现疑似目标均发生不同程度位移。为了尽快扫除航道障碍，"海巡1667"轮在定位疑似目标后，停留在目标上方，打捞船随后根据现场扫测人员提供的精准位置实施探摸打捞。通过扫测船的协助定位，2个落水集装箱分别于20日16时和17时40分成功被打捞出水。

图 15　长江口深水航道水域沉箱疑点1

（a）集装箱疑点多波束立体图　　　（b）集装箱打捞出水情况

图 16　长江口深水航道水域沉箱疑点 2

南槽航道水域疑点（图 17）位于南槽航道 S7 灯浮附近水域，位置靠近出口航道南侧边线。12 月 18 日通过侧扫声呐扫获，并通过多波束测深系统扫测加密确认。12 月 20 日，现场使用多波束再次对该疑点进行扫测定位。12 月 21 日 03 时 35 分，该疑点落水集装箱最终被打捞出水，疑点处共打捞起 2 个落水集装箱。

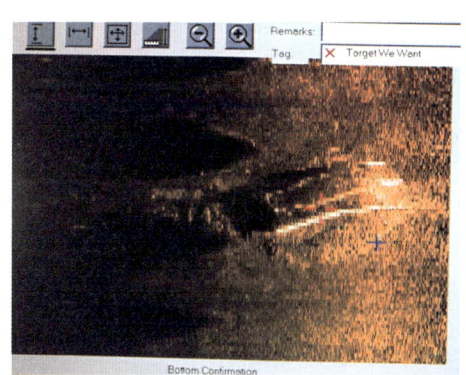

（a）集装箱疑点声呐图像　　　（b）集装箱打捞出水情况

图 17　南槽航道水域沉箱疑点

4 经验启示

（1）在重大应急任务面前，须有足够的应急力量储备。本次落水集装箱应急扫测是一场近年来范围最广、规模最大、持续时间最长的应急任务。先后有近百人、9艘扫测船舶、10余套侧扫声呐、8套多波束测深系统等投入应急扫测一线，参与应急扫测工作，在恶劣气象条件下组织开展应急扫测，连续奋战了多个昼夜，既需要应急扫测队伍专业、高效、精准的履职能力和负责担当精神，同时也需要储备足够的能随时调遣的应急船舶、装备。一旦有重大应急任务，随时保证应急力量调得出，关键时候发挥关键作用。

（2）打捞清障要和应急扫测定位有效衔接。同"凯T99"轮落水集装箱应急扫测任务的经验启示有共同之处，在重要通航水域，打捞清障和应急扫测定位有效衔接尤为重要，一旦精准定位疑似沉箱位置，便确保第一时间能探摸确认和打捞清障。该起事故恰逢寒潮大风和大潮汛"双碰头"，大部分落水集装箱为轻箱，箱轻流急，疑点位置可能"瞬息万变"，因此打捞力量须及时跟进。在这次应急扫测任务中，或因气象、水流等因素，打捞力量无法及时跟进，也使得扫测工作量成倍增加。如：12月18日在长江口深水航道水域发现一疑点，因未能及时打捞，过了有效时间窗口再去实施打捞时，目标"失踪"。12月20日，现场扫测小组再次复测搜寻，该处疑点往西北方向移动了约170 m。在本次应急扫测过程中发生多次当日扫获疑点，次日复测时消失的情况。也存在发现疑点后，打捞公司曾用钢丝绳拖到落水集装箱，但由于气象、水流等因素，潜水员无法及时下水探摸确认并实施打捞清障作业，疑点目标丢失的情况。

（3）专业扫测船可以为打捞船提供精准定位。打捞船在自身能力上或有一定的局限，如定位精度有限等，专业扫测船的定位设备可进行各种归算，位置精准，可以协助打捞船精准定位水下目标，从而提高打捞效率。

（4）科技信息化保障应急扫测前后方互联互通。包括VSAT系统（甚小天线地球站）在内的应急测绘指挥系统，有效解决了后方应急测绘指挥中心与现场应急扫测作业船舶的实时通信联系。在后方的应急指挥小组可以通过视频连线等方式，分析研判现场传回的扫测数据，及时作出决策，有效提升扫测效率。

（5）完善部门间应急扫测协调机制。遇到重大应急任务，涉及多部门参与，部门间的相互协调尤为重要。为确保应急效率，可以指派相关专业技术人员到事故应急处置部门，专门协调与应急扫测相关事项，确保海事监管与应急扫测的无缝对接。在此次应急扫测任务中，上海海事测绘中心派遣一名专业技术人员进驻吴淞海事局 VTS 指挥中心，专门负责应急扫测任务协调工作，比如：协助研判落水集装箱的漂移态势、划定应急扫测区域范围、信息沟通处理等等，确保扫测方案更加科学合理，应急措施的落实和指令的传达更加有效，为海事通航指挥提供更有力的技术支撑。这是海事监管和航海保障"一体化"融合发展在重大应急任务中的一次生动实践，对类似应急任务具有很好的示范效应。

（6）加强对落水集装箱漂移等课题的研究。很多落水集装箱应急扫测案例有个共同的特点，那就是落水的箱子在气象、水流等各种因素的作用下，并不是所有的集装箱都能顺利地被找到并及时打捞清障。实际上，能够全部被找到的案例是少数。那么，综合集装箱自身装载等因素，落水集装箱或漂移、或陷入泥底，或钻入码头等水工建筑物底部，各种可能都有，对通航安全始终是个隐患。在这次落水集装箱应急扫测中，确保了主要通航水域没有障碍物，但是具体有多少集装箱落水未知，有多少浮箱漂走未知，重箱是否埋入泥底等情况也未知。若有沉箱埋入泥底，一般扫测方法难以搜寻，需要借助磁力仪或浅地层剖面仪等手段实施进一步扫测，工作量巨大，显然也不经济。因此，有必要对落水集装箱漂移、提高落水集装箱应急扫测效率、规范集装箱配载等课题组织开展深入研究，系统防范集装箱落水对通航安全带来的风险。

知识链接：

提高落水集装箱应急扫测效率的若干方法[①]

综合近几年组织实施落水集装箱应急扫测实践，基于对影响落水集装箱应急扫测效率的要素分析，要提高落水集装箱应急扫

---

① 刘顺杰，史晓平. 提高落水集装箱应急扫测效率若干方法探析 [J]. 中国航海 .2022,45(3).

测效率，需要做到以下几个方面：

（1）注重技术力量对应急搜救指挥的支撑保障。一旦发生影响通航安全的落水集装箱事故后，派遣应急扫测专业技术人员参加事故搜救协调，可为事故应急处理、通航水域清障提供支撑保障。在"新QS69"轮应急扫测任务中，派遣海测专业技术人员驻守吴淞海事局，参与应急扫测范围划定及信息沟通协调，极大地提升了应急扫测指挥协调效率。

（2）加强应急力量的综合协调。集装箱落水事故发生后，海事监管部门可协调附近水域内的海巡船艇或社会救助力量对仍在海面上漂浮的集装箱进行监控，条件允许的话可将救生衣、救生圈等可明显识别的漂浮物系挂在浮箱的绑扎孔、扶手等方便系挂的位置，通过对浮箱的监控，也能提高后续扫测效率。同时，集装箱应急扫测，尤其涉及航道、锚地等重要水域，光定位疑点并不足以完全保障船舶航行安全，落水集装箱应急扫测成果有较强的时效性，需事故应急指挥、扫测、打捞互相配合，加强沟通协调，有机衔接，第一时间利用扫测成果，确保顺利实施清障作业。如"新QS69"轮应急扫测过程中由吴淞海事局专门组织召开有扫测、打捞等部门技术人员参加的集装箱疑点清障方案讨论会，加强各股应急力量统筹协调，合理分工，确保了扫测成果第一时间得到应用，顺利清除了长江口深水航道和南槽航道内落水集装箱，确保了上海港"咽喉"安全畅通。

（3）加强技术手段的辅助运用。通过新技术、新设备的应用，更科学地划定重点扫测区域和找寻更高效的扫测方式，从而提高应急扫测效率。水流对水下集装箱漂移运动起到关键作用，掌握事发水域流场信息能为应急扫测组织和实施提供较大帮助。目前了解事发水域流场信息的途径主要有以下两种：一是结合海事测绘部门长期潮位站的实际观测值并结合《中国航路指南》以及海图中海流相关资料确定事故海域的流场情况；二是通过海洋部门提供的海流数据模拟预报图中获取流场情况，预报图能提供未来

24 小时、48 小时、72 小时、96 小时和 120 小时的潮流预报。以上两种方式数据获取途径简单，来源可靠，但获取的流场信息相对粗糙，未来可通过搜集或已有的潮流与水文成果数据建立相关区域内的流场或水动力模型，模拟沉箱等易受海流影响的沉物轨迹，甚至可结合当地风场信息，建立更优化的漂浮物动态模型，为制订扫测方案提供参考，提高扫测效率。如果水域环境客观条件具备，也可使用无人遥控潜水器（Remote Operated Vehicle，ROV）或无缆水下机器人（Autonomous Underwater Vehicle，AUV。又称自主式水下潜器或水下无人自主潜水器）对已扫获的集装箱疑点进行水下确认，提高扫测效率。

（4）科学部署港口应急扫测资源。一般港口对应急拖船等资源配备比较重视，对专门的应急扫测力量配置方面考虑较少。从"十三五"期间上海港发生的一般等级以上事故看，平均实施应急扫测约 10 次/年，占事故总数的 65%。建议在重要港口水域长期部署应急扫测力量（应急扫测船舶和专业装备），有助于提升应急反应速度。可根据港口规模、进出港航道的重要程度等要素部署相应规模的扫测力量。同时定期开展水上综合应急演习演练，提高水上应急能力。如 2020 年江苏海事局在太仓港举办"绿色安全护佑江海"江苏省海上搜救演习，邀请专业扫测船"海巡 1668"轮参加，通过演习加强各相关单位的协同性，提升整体应急工作效率。

（5）推进技术装备在集装箱上的应用。随着集装箱船舶大型化，集装箱船甲板上的堆垛重量和高度日渐增加，对集装箱系固安全提出严峻挑战。针对集装箱落水事故多发，对目标进行实时定位最简单有效的方法是为每一个目标安装卫星定位系统来实时获取其位置，但是集装箱一旦落水，由于电磁波信号在水中会急速衰减，因此无法使用 GPS 等设备对水下目标进行定位，通过使用水下无线传感网络对落水集装箱进行探测定位是一种行之有效的方法。水下无线传感器网络是由安装在集装箱上的信标节点、水面探测节点、网关节点和监控中心构成。当发生集装箱落水事故时，落水集装箱上的信标节点将起动水声通信单元开始工作。为探测定位落水集装箱，在事故水域均匀投放一定数量的水面探测节点，这些水面探测节点组成无线传感网，并通过网关节点与监控中心进行双向通信。监控中心向水面探测无线网络发布探测命令后，水面探测节点根据收到命令有序地控制水声换能器发射探测水声信号。如果某个落水集装箱上的信标节点接收探测水声信号，则首先对该信号进行解调处理，完成ID号匹配工作，若ID号匹配成功就反馈水声应答信号。水面探测节点根据水声应答信号通过飞行时间（Time of Flight，TOF）测距方法进行测距，获得自己到相应落水集装箱间的距离，进而将测距信息和自己的位置信息通过水面无线传感网和网关节点发送至监控中心。监控中心利用接收到的信息，通过一定的定位算法对落水集装箱实施定位计算，并完成信息显示。但水下集装箱上安装的各信标节点只能向水面探测节点提供距离信息，要定位水下集装箱的位置至少需要4个探测节点，对水面探测节点的部署以及距离位置算法要求较高。该定位方法的缺点是布设代价较大，且水声通信易受现场环境影响，某些水域稳定性可能较差。而且本身传感器网络可能存有节点位置误差、水下声速估计误差、定时误差等系统误差，将可能对定位精度产生影响。优点是能显示所跟踪的集装箱的实时位置坐标，且能通过优化算法等方式来进一步提高定位和跟踪的精度。显然，由于代价高昂全面推广该方法的可能性较小，但可在货值高、危险系数大的集装箱如危化箱上部署，并通过与传统扫测手段相结合的方式，提高扫测精度和效率。

第三篇
飞行器及其他扫测

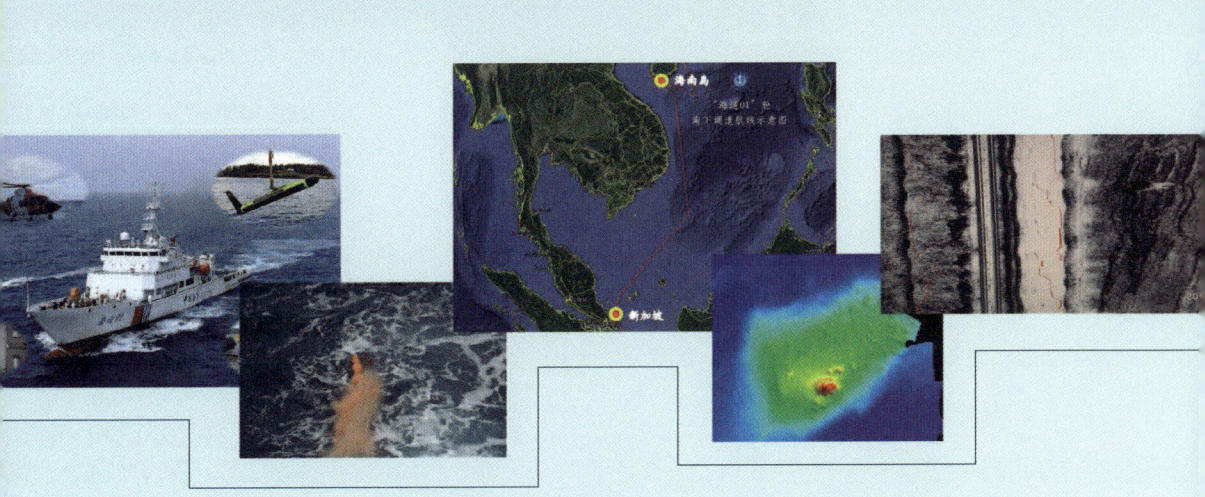

案例 43：
马航 MH370 失联客机应急搜寻

1 案例背景

2014 年 3 月 8 日，马来西亚航空公司一架航班编号为 MH370 的波音 777-200ER 客机在马来西亚和越南之间的空域与空中交通管制部门失去联系。马航客机失联后，中国、马来西亚、越南、泰国、澳大利亚、英国和美国等 26 个国家先后派出舰船和飞机参与了搜救行动。

2 实施过程

按照中国海上搜救中心指令,上海海事测绘中心抽调技术骨干张良、李永奎、韩磊、罗远等人组成扫测组,随"海巡01"轮于2014年3月10日从上海起航执行马航MH370失联客机搜寻任务,至8月12日结束任务回国。扫测组历经中国东海、南海,马六甲海峡,穿越巽他海峡,跨越赤道,转战印度尼西亚以西直至澳西南印度洋海域,参与了一场横跨南北半球,穿越66个纬度,历时157天,航程超2万n mile,面积达24.5万 km^2 的搜寻任务。

整个搜寻工作共分5个阶段:

(1)南下巡航阶段:3月11日至3月18日。第一阶段"海巡01"轮航迹见图1。扫测组的主要任务是配合"海巡01"轮做好南下巡航工作:开展船舶救生、消防演习(图2);开展水下目标搜寻技术专业科普(图3);开展远洋条件下作业方式、作业技能演练(图4)等工作。

图1 第一阶段"海巡01"轮航迹

图 2　救生、消防演习　　　　　　图 3　专业科普

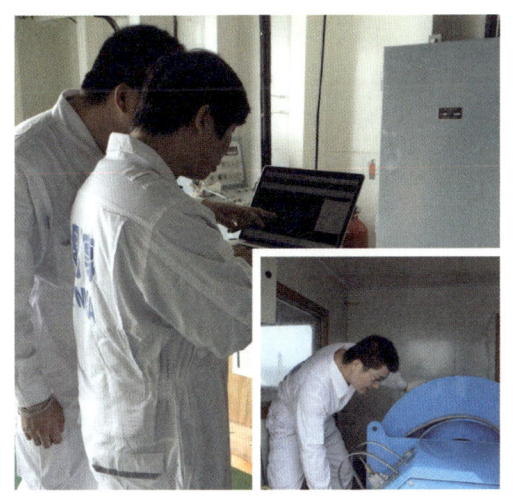

图 4　作业技能演练

（2）南印度洋西南走廊马航搜寻阶段：3月18日至4月2日。第二阶段"海巡01"轮航迹见图5。扫测组的主要任务是根据最新资料、实时信息和上级指令及时编写或调整扫测搜寻方案；搜集最新搜寻海域海图资料；绘制实时搜寻区域示意图（图6）；安排海、空、艇搜寻值班工作（图7和8）；甄别打捞物及登记打捞物信息（图9和10）；编制搜寻情况报告。

图 5　第二阶段"海巡 01"轮航迹

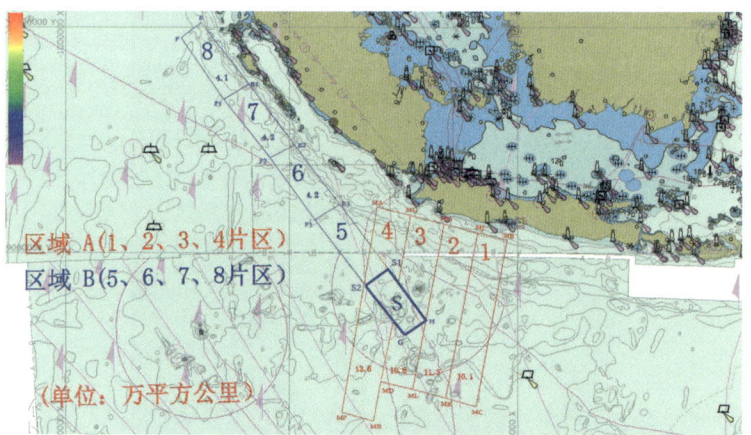

图 6　中、马国际协同联合搜寻区

图 7　空中搜寻

图 8　夜间搜寻

图 9　漂浮物打捞

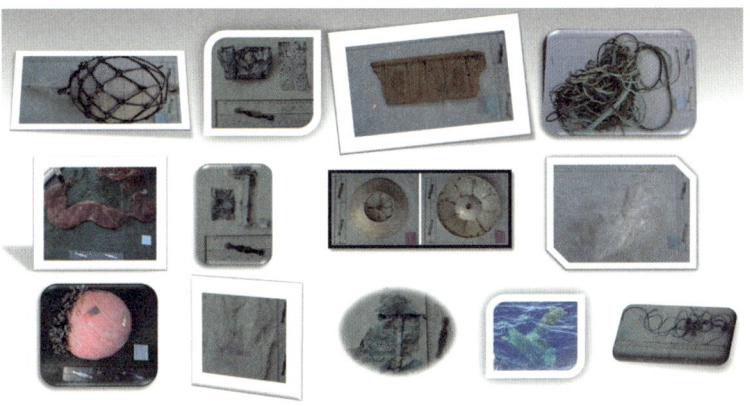

图 10　打捞的水面漂浮物

（3）黑匣子搜寻阶段：4月3日至4月8日。根据中国海上搜救中心4月3日指令，"海巡01"轮赶赴指定专项搜寻区域（位于澳大利亚以西的南印度洋海域，珀斯西北约 1 500 km，测区南北长约 265 km，东西宽约 80 km，总面积 19 500 km^2，水深为 4 000~5 000 m），开展对马航 MH370 失联客机的搜寻工作。MH370 专项搜寻区域示意见图 11。

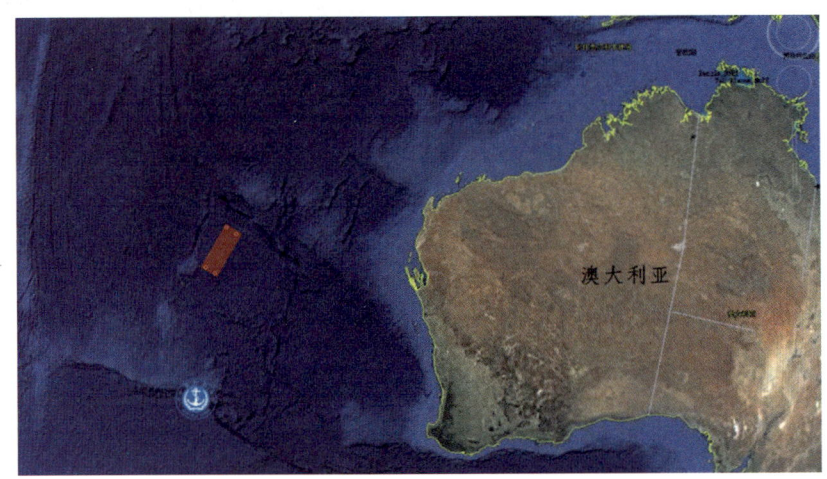

图 11　MH370 专项搜寻区域示意

由于该专项搜寻区域属于飞机可能坠毁的高度疑似水域，为了做好专项水域扫测工作，4 月 3 日中午，扫测组制订了《专项区域扫测方案》，上报中国海上搜救中心并获得批准。扫测组在该阶段的主要任务是全面收集相关情报资料，科学研判分析，制订全面、合理、科学的黑匣子搜寻方案并进行实施；负责对中国海上搜救中心、澳大利亚海上搜救中心的协调；负责编制中英联合搜寻方案等一系列工作。海空立体搜寻现场和黑匣子信号搜寻现场见图 12 和 13。

图 12　海空立体搜寻现场

第三篇　飞行器及其他扫测

图 13　黑匣子信号搜寻现场

Ⅰ搜寻设备：黑匣子定位信标（ULB）搜寻定位的专业设备既有一般用于浅水海域的定位搜寻的便携式搜寻仪，如本次搜寻扫测使用的 DPL-275XS 水下信标定位器（又称水听器）；也有重型深海探测设备，如深水拖曳声呐及绞车（重约 30 t，只能在具备重型甲板机械的大型工程船舶上使用）。

虽然扫测组这次使用的 DPL-275XS 水下信标定位器（图 14）一般用于浅水海域的定位搜寻，但经与生产厂商确认，该设备搜寻范围为 1~5 km，耐压（Depth Rating）为 183 m（600 英尺）。

图 14　DPL-275XS 水下信标定位器

扫测组根据南印度洋海域水下地形（深度达 4 000~5 000 m）、地貌、水文气象特点，以及黑匣子信标的声波传播能力，将水下信标定位器的换能器安装方式进行了改进，使其具备接收到可能存在于深海海域的水下定位器信标所播发的声频信号的能力。水下信标定位器安装示意见图15。

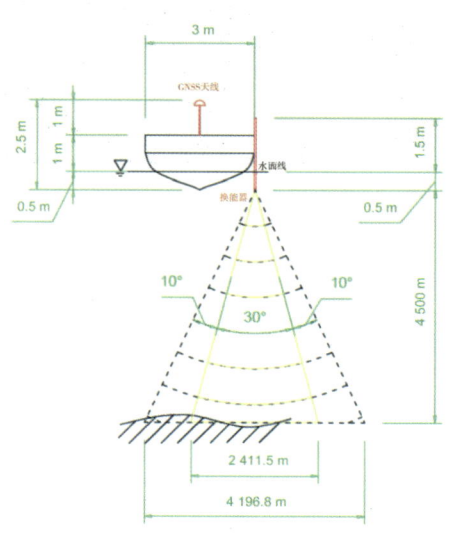

图 15　水下信标定位器安装示意

Ⅱ搜寻方案：根据DPL-275XS水下信标定位器技术性能，结合搜寻海域水深情况，对整个测区按照4 km间隔，"井"字形布设计划测线，见图16。

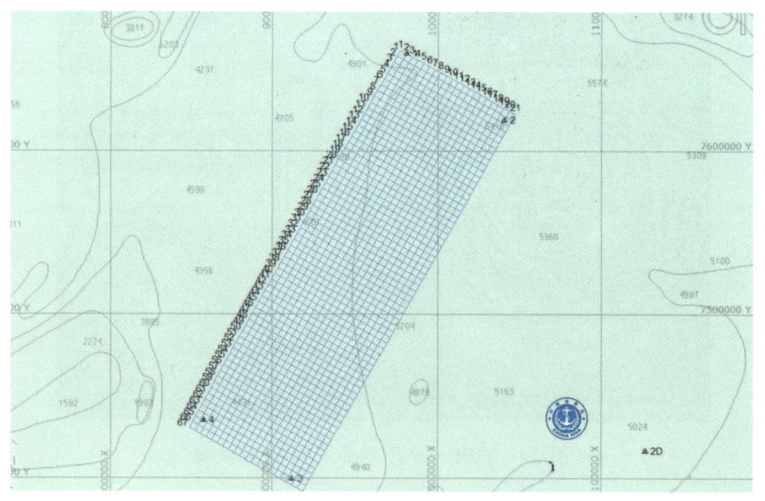

图 16　MH370专项搜寻区域测线图

234

Ⅲ疑似音频信号核实和分析：扫测组在专项搜寻区域内通过水下信标定位器先后两次侦听到频率为 37.5 kHz，间隔为 1 s 的水下疑似音频信号。经了解核实，"海巡 01"轮在搜寻扫测时，该区域附近不存在有主动声呐工作的情况；同时，现场还排除了已知存在的干扰源，包括海洋环境中的自然噪声、海洋动力噪声、生物噪声、交通与工业噪声、地震噪声、冰下噪声，船体振动、船体与水流相互运动产生的辐射噪声（上述噪声频率为 1~3 000 Hz）以及水面电磁干扰等对黑匣子信标信号侦听的影响。经比较确认，扫测组侦听到的疑似音频信号与波音公司提供的水下定位信标音频样本频率（时间间隔）一致，但声音强度较弱。

疑点位置区域分析："海巡 01"轮在两次侦听到水下疑似音频信号后，将疑点位置与澳大利亚海上搜救中心提供的信息进行了交叉比对。在分析了相关数据后，现场发现，疑似音频信号的位置处在 MH370 与 INMARSAT 第 7 次握手信号的卫星轨道以及经过推算的 MH370 南部通道的交界处。澳方证实，该位置疑似度极高。疑似音频信号位置示意见图 17。

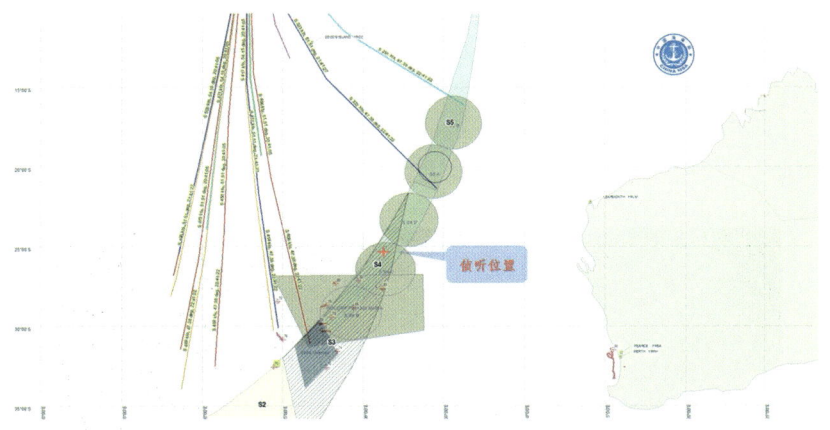

图 17　疑似音频信号位置示意

外籍测量船扫测信息：某外籍测量船对我方重点区域进行扫测搜寻，并将扫测情况通报我方：在搜寻区域内未侦听到信标音频信号或其他干扰信号，但在搜寻海域水下 100 m 处发现温跃层，会影响黑匣子定位信标信号的传输。

扫测组通过对外籍测量船提供的测量数据综合比较与分析，确认我方搜寻水域 100 m 以下存在明显的温跃层，且在 08 时至 16 时（UTC+8）期间，不同深度层的流场（流速、流向）较为混乱，造成声学信号的反射和折射，影响黑匣子信标声学信号的传输路径、速度和强度；在 16 时之后，各深度层的流场逐步趋于稳定，对声学信号的传输影响有所改善。"海巡01"两次侦听到疑似音频信号都在 16 时前后。

国内某测量船深拖扫测信息：该测量船对我方重点区域进行扫测，从数据显示，该区域海底地形存在散状分布疑似异常（图 18 和图 19），有些类似 2009 年法国航空失事飞机海底声呐图像，但还需进一步确认。

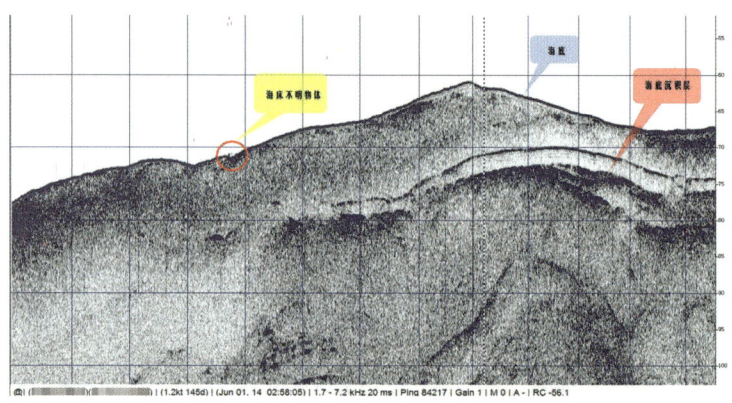

图 18　浅地层剖面

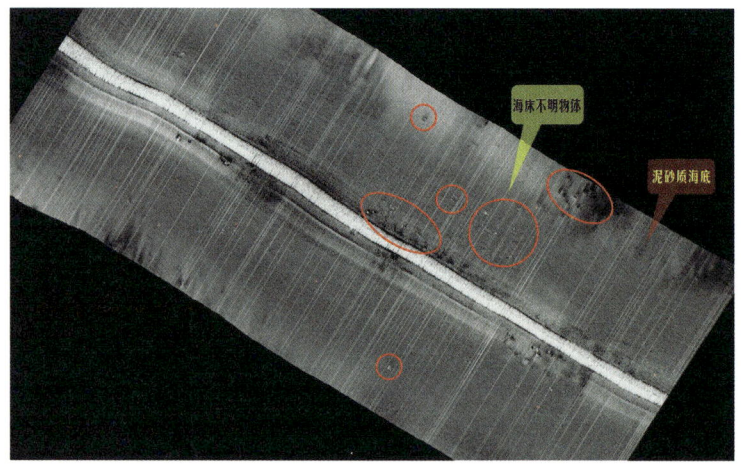

图 19　侧扫声呐

虽然"海巡01"轮两次侦听到疑似音频信号,并经过对相关信息的核实和分析,但在没有采用进一步的技术手段进行核实、查证前,尚不能确定该信号就是来源于马航MH370失联客机的黑匣子。

(4)澳西水域搜寻阶段:4月9日至4月30日。第四阶段"海巡01"轮航迹见图20。扫测组的主要任务是根据最新资料、实时信息和上级指令及时编写或调整扫测搜寻方案;绘制实时搜寻区域示意图;安排海、空、船搜寻值班工作;甄别打捞物及登记打捞物信息;编制搜寻情况报告。

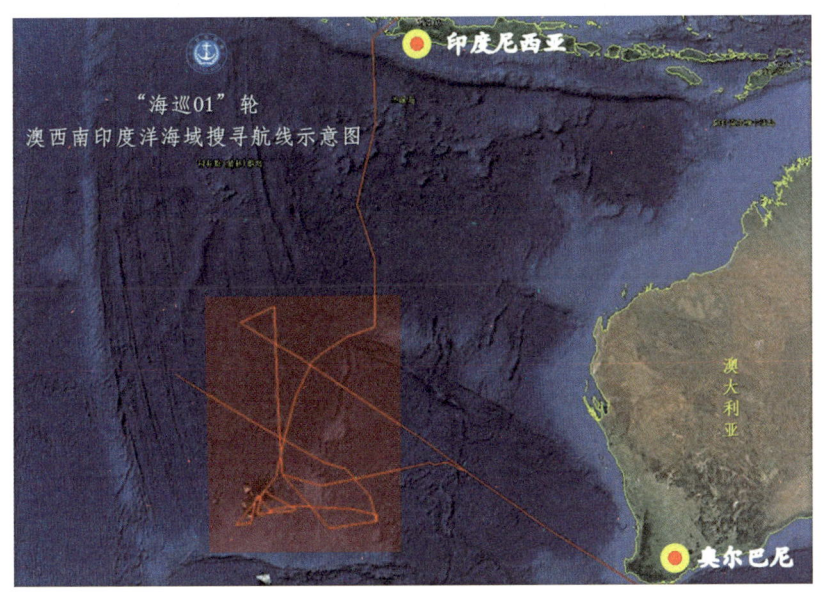

图20 第四阶段"海巡01"轮航迹

(5)过渡阶段:5月1日至8月12日。扫测组的主要任务是负责与澳大利亚国防部、澳大利亚地理科学院、马来西亚海军就搜寻海域水下地形测量工作相关的技术问题举行沟通与协调,支援和配合我国搜救船舶做好搜寻海域水下地形测量工作,为后续商业化水下探测打好基础。

3 搜寻成果

2014年8月12日,上海海事测绘中心全体扫测组成员结束本次搜寻任务，起程回国，此次参与马航 MH370 搜寻工作暂告段落。

2017 年 1 月 17 日，马来西亚政府正式结束持续了约 3 年的官方搜索。澳大利亚基础设施和交通部长达伦·切斯特 18 日在墨尔本举行的新闻发布会上表示，若发现有关马航 MH370 航班客机位置新的可靠证据，将不排除重启搜寻行动的可能。

据《大众科学》官网报道，澳大利亚、中国和马来西亚搜索团队发表的联合声明说："尽管使用了最尖端的科学技术，请了最好的专家进行建模，不幸的是，至今仍未能搜索到飞机。"

4 经验启示

此次马航 MH370 失联客机搜寻任务是中国海事测绘首次走出国门，执行跨洋搜寻扫测任务。通过执行此次任务，中国海事海洋测绘专业人员收获了宝贵的大洋作业经验和国际合作交流经验，但也深刻地认识到，我们国家海洋测绘要真正走向深蓝，面向全球，我们在技术的全面性，装备的多样性方面还存在很大的不足。

（1）扫测经验的积累和能力的提升。海洋测绘是一个专业性极强的领域，也是国家履行国际公约的一项重要工作。由于其工作成果涉及水上人命和财产安全，无论是国际还是国内，不但对海洋测绘作业单位设置了极高的准入门槛和资质要求，对作业人员的专业背景、技术能力也有严格的审核机制，并需要具备相应的专业资格，如国际海道测量师、国际海图制图师、国家注册测绘师、水运工程造价师等。在作业过程中，作业人员还需要严格遵循国际、国内相关的法律、法规、规范和规定，以确保测量成果的精确性和可靠性，保障航行安全，维护海洋权益。海洋测绘专业技术人员的成长需要长期的知识和经验的积累，尤其是中远海深水测量，专业技术骨干严重匮乏。通过本次南印度洋搜寻，对中国海事海洋测绘专业人员是一次很好历练和提升。

（2）国际的交流和合作。在执行马航失联客机搜寻扫测工作的 5 个多月间，通过与澳大利亚海军、澳大利亚地理科学院、马来西亚海军、荷兰辉固等国外测量机构、科研院所的技术交流，使我们深刻认识到，我国的海洋测绘要走向国际、迈向深蓝，加强的交流、合作与学习是非常重要和必要的。特别是在测量数据深度分析，多用途多领域应用方面中国海事测绘和发达国家还存在着较大的差距，只有通过不断的学习和实践，加强人、财、物的投入，才能逐渐缩小差距，努力赶超。

（3）缺乏大型测量船舶和深海扫测装备。本次马航搜寻任务是世界各国海洋装备、科技实力的展示台和竞技场。无论是多国搜寻编队中的英国和澳大利亚，还是在幕后提供装备和技术支持的美国，其先进的海洋探测设备都给世人留下了深刻的印象。以英国皇家海军"回声"号（HMS Echo）和荷兰辉固"赤道"号（MV Fugro Equator）为例，两船均为专业远洋综合测量船，具备全球无限航区航行能力。专业装备方面除配备了深水及中（或浅）水多波束测深系统、万米测深仪、侧扫声呐、浅地层剖面仪、磁力仪、深水多普勒流速流向仪（ADCP）、温盐深仪（CTD）、抛弃式温深测量仪（XBT）、深拖、水下信标定位器、声学定位系统（USBL）、海底取样器等必需的海洋测量装备外，辉固"赤道"号还配备了水下无人自主潜水器（AUV）、海洋地质和海洋环境监测系统，能完成海洋全要素测量作业任务。与上述专业测量船舶相比，中国海事测绘在装备的多样性、技术的全面性等方面都存在着明显不足，特别是在大型测量船舰、深海探测装备方面基本处于空白。中国海事首艘大型测量船"海巡08"轮预计在2023年初列编，有望填补这个空白。

通过与多国搜寻力量的对比，我们深刻地认识到，要在国际上掌握话语权、赢得主动，并不能仅仅依靠勇气和意志，更多地还是要论实力、拼技术。我国海洋测绘要真正走向深蓝，实现海洋强国，必须以科技创新为主导，在增强自身技术能力的同时，加大对技术装备，特别是大型专业测量船舶和深海作业装备研发和应用的投入，加强海洋测绘各类专业人才的培养。

名词解释：

黑匣子

图 21　黑匣子

每一架飞机都会配备 2 个黑匣子：驾驶舱语音记录器 CVR 和飞行数据记录器 FDR。每个黑匣子都安装有水下定位信标（Underwater Locator Beacon，ULB）（图 21），播发专门用于水下定位用的音频信号，其技术参数为：信标频率为 37.5±1 kHz；播发强度为 160 dB；重复率约为 1 Hz；独自存在水下时长为 30 天；安全作用水深为 6 000 m。

扫测组与设备厂商联系确认 MH370 航班黑匣子信标的型号为 DUKANEDK-100，确认该信标频率为 37.5 kHz，发射间隔为 1 s。

名词解释：

INMARSAT

INMARSAT 是 International Maritime Satellite Organization 的缩写，原称为国际海事卫星通信组织，成立于 1979 年，是一个运营全球海事卫星通信的政府间的国际合作组织，为海上用户提供海事救助、安全通信和商业通信。随着通信业务由海上用户向陆地移动和航空用户扩展，1994 年改名为国际移动卫星通信组织（International Mobile Satellite Organization，IMSO）但其缩写仍然是 INMARSAT，INMARSAT 系统也更名为国际移动卫星通信系统。

名词解释：

温跃层

温跃层也叫声跃层，是位于海面以下 100~200 m 的，海水温度和密度有巨大变化的薄薄一层,是上层的薄暖水层与下层的厚冷水层间出现水温急剧下降的层。由于在开阔海域,盐度几乎是稳定的,而压力对密度只有很轻微的影响,因此温度就成为影响海水密度的一个最重要的因素。大洋表面的海水温度较高,因此它的密度就比深处的冷水要小。温度和密度在温跃层发生迅速变化,使得温跃层成为生物以及海水环流的一个重要分界面。同时,在声学领域,海水温度和密度的突变会对声学信号的传播造成极大的影响。

知识链接:

"海巡08"轮简介

为加强深远海应急测绘能力建设,中国海事局自2019年12月30日开工建造大型专业测量船舶"海巡08"轮。该船总长123.6 m、型宽21.2 m、型深9.3 m、排水量约7 500 t、设计航速15 kn;具备无限航区航行能力,可在9级海况下安全航行、5级海况下漂泊测量、4级海况下开展走航式测量作业;搭载深水和浅水水深测量、海流测量、地质探测等多种专业海洋测绘装备,可以满足实施全海区应急测绘需要。该船将在2023年正式投入使用。

图23 "海巡08"轮

案例44：
"B-2×××"号直升机坠江应急扫测

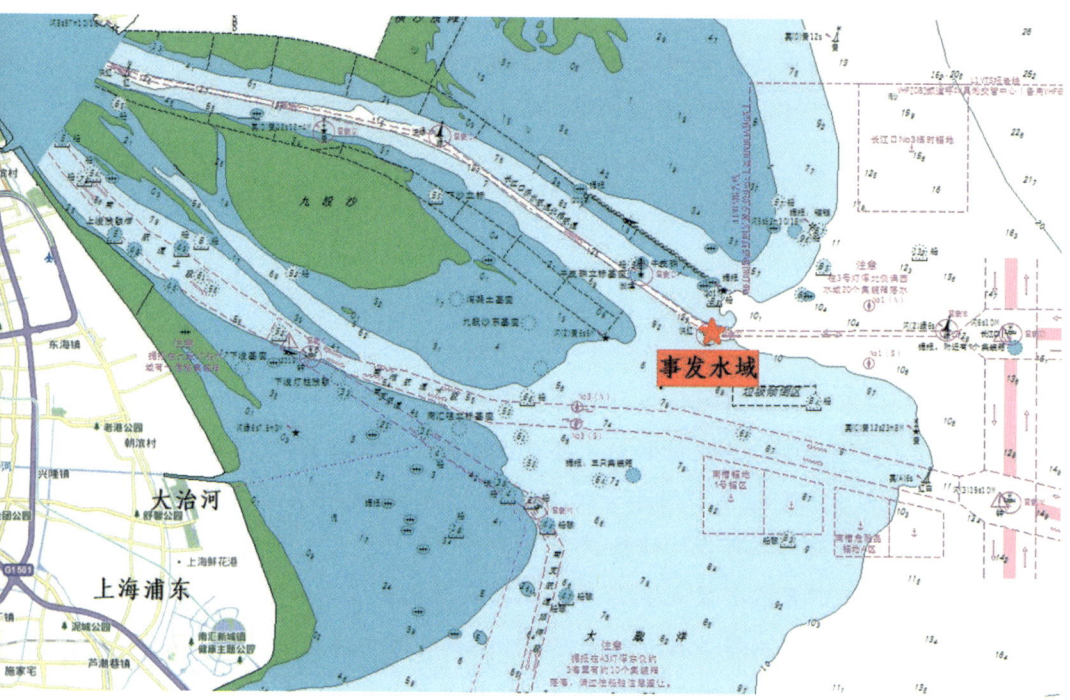

图1　事发水域

1 案例背景

2005年2月10日（农历大年初二）11时05分，"B-2×××"号直升机在工作中与船舶碰撞后坠入长江口深水航道（图1），对长江口深水航道船舶通航安全造成极大隐患。

2 实施情况

2月10日14时,上海海事局海测大队接到上级应急扫测指令后,迅速启动应急预案,一方面调集"海测1005"轮、"海测1007"轮、"浙嵊渔运0770"轮3艘扫测船和2个测量分队、电测分队等组成应急扫测组;另一方面根据应急任务情况快速制订应急扫测方案:先采用多波束测深系统和侧扫声呐对事故点上下游各2 000 m范围内的长江口深水航道水域进行扫测,优先确保深水航道的安全畅通。14时45分,应急扫测组携带定位仪、多波束、侧扫声呐等设备起航,并于18时许到达横沙锚地锚泊。

2月11日05时45分,扫测船舶离开横沙锚地,前往事故地点。8时许,"海测1007号"轮和"浙嵊渔运0770"轮分别采用多波束测深系统和侧扫声呐在事故点附近扫测。12时30分许,"海测1007号"轮完成以直升机沉没事故点为中心,上下游各800 m,左右各200 m范围内的多波束全覆盖扫测,发现2个直升机残片疑点。15时,"浙嵊渔运0770"轮完成以事故点为中心,上下游各2 000 m范围内的航道水域的侧扫声呐全覆盖扫测,又发现1个直升机残片疑点。3个疑点图像见图2~4。

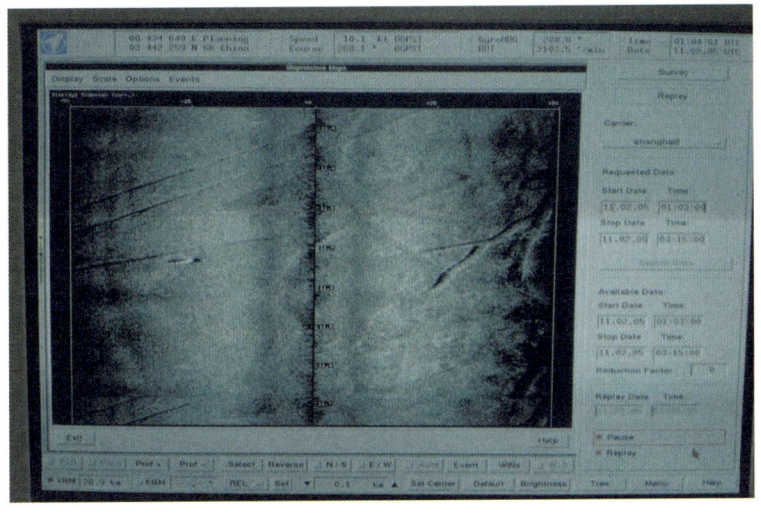

图2 疑点图像1

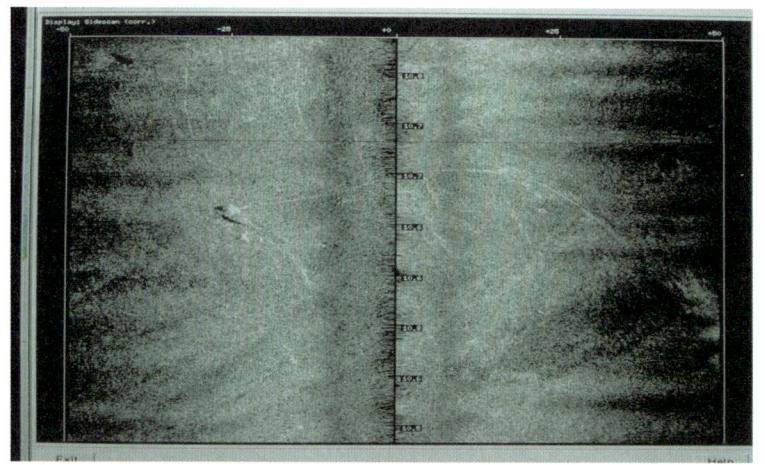

图 3　疑点图像 2

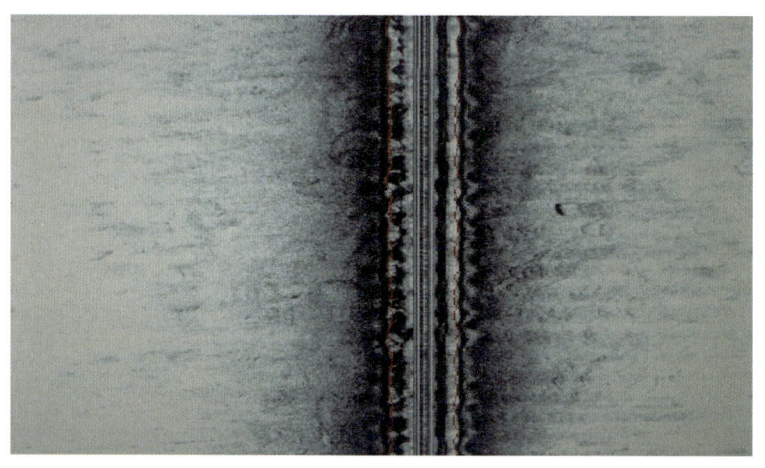

图 4　疑点图像 3

2 月 12 日（正月初四）08 时 30 分，"海测 1005"轮在横沙锚地接天津海测大队的扫测人员后，于 13 时 30 分采用水下信标定位器对直升机疑点位置进行搜寻确认。至 15 时许，扫测人员基本锁定落江直升机概位。

2 月 13 日（正月初五）05 时 30 分，扫测小组继续用水下信标定位器、多波束、侧扫声呐等设备对已经锁定的直升机概位再次扫测，以掌握直升机残骸水下漂移状态，精确定位落江直升机最新位置，以便设置警戒灯浮并开展打捞工作。

3 扫测成果

根据多波束、声呐图像（图 5 和 6）分析得出如下结论：

（1）直升机沉没在长江口深水航道 D11 与 D13 灯浮的连线，D13 灯浮下游 998 m 处。中心位置为（31°06′××″N，122°18′××″E）。

（2）该处水深 9.5 m，直升机高出泥面约 1 m。

2 月 13 日（正月初五），上海打捞局根据上海海事局海测大队提供的坐标位置，于 22 时 15 分将沉没 4 天的直升机成功打捞出水。

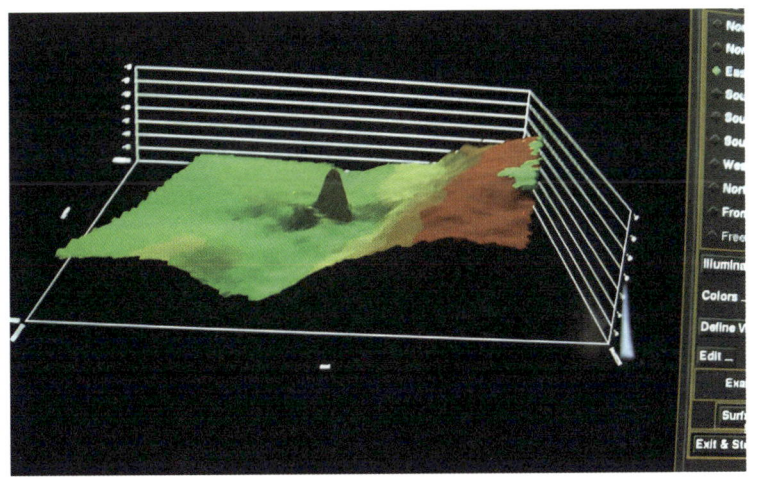

图 5　落江直升机多波束立体图

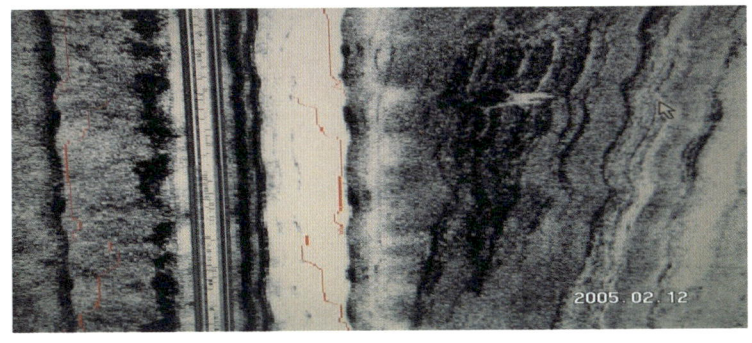

图 6　落江直升机侧扫声呐图像

4 经验启示

（1）直升机解体坠落后残骸分布会比较散，应顺流上下游扩大范围快速搜寻。机体残骸密度较轻，扫测搜寻时应增加复测，快速定位，防止疑似目标漂移。

（2）直升机机体残骸目标较小，多波束和侧扫声呐成像目标识别受海底地形干扰较大，需要扫测人员拥有较高专业技能和经验水平，以便迅速做出判断。

（3）坠江直升机应急扫测应多种扫测设备相结合：声呐设备主要用于大范围迅速搜寻、多波束测深系统主要用于精确复核、水下信标定位器重点搜寻确认黑匣子信息。水下信标定位器在飞机类目标搜寻和疑似目标确认等环节可以发挥重要作用，须常规配备。

案例45:"雪L"号直升机坠江应急扫测

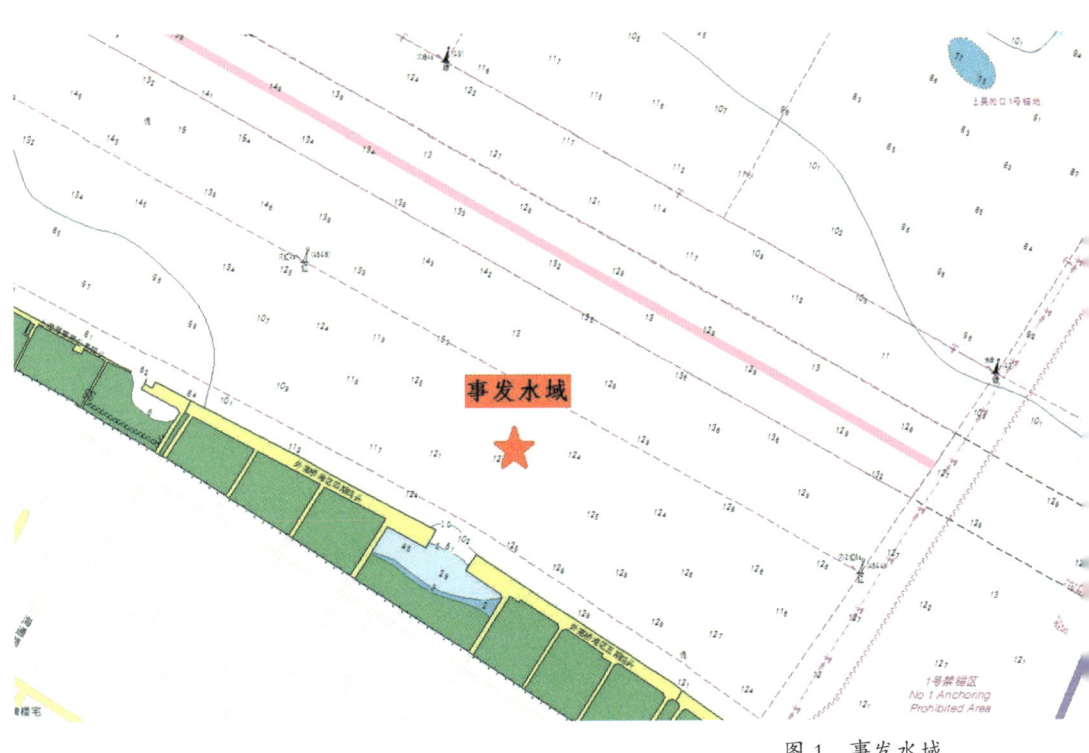

图1 事发水域

1 案例背景

2009年4月12日11时20分,"雪L"号搭载的直升机在转场过程中不幸坠江,事发水域(图1)位于长江口外高桥水域五沟桥附近,由于水域往来船舶众多,长江口紧急封港,众多船舶延迟出入港,严重影响其他船舶正常通行。

2 实施过程

4月12日11时50分，上海海事局海测大队接到上级应急扫测指令后，迅速启动应急预案，一方面迅速集结"海测1007"轮、"浙嵊渔运0770"轮以及扫测人员；另一方面根据掌握的失事直升机情况快速制订扫测方案。结合以往坠机扫测经验，分析认为：坠机当时处于急涨水期间，飞机有可能往上游漂移，初步确定扫测范围以直升机沉没概位为中心，往上游1 000 m，下游500 m，向南扫至码头边，向北扫至500 m范围水域。

4月12日15时许，扫测船舶抵达事发水域，扫测人员现场瞭望后立即开展扫测工作。15时49分，"浙嵊渔运0770"轮使用侧扫声呐扫到一处疑点（图2），位于外五期码头前，距沉没的概位约820 m。16时30分，"海测1007"轮完成疑点加密扫测。根据现场初步数据分析显示海底地形存在一定高差异常，结合声呐图像判断为疑似落江直升机。

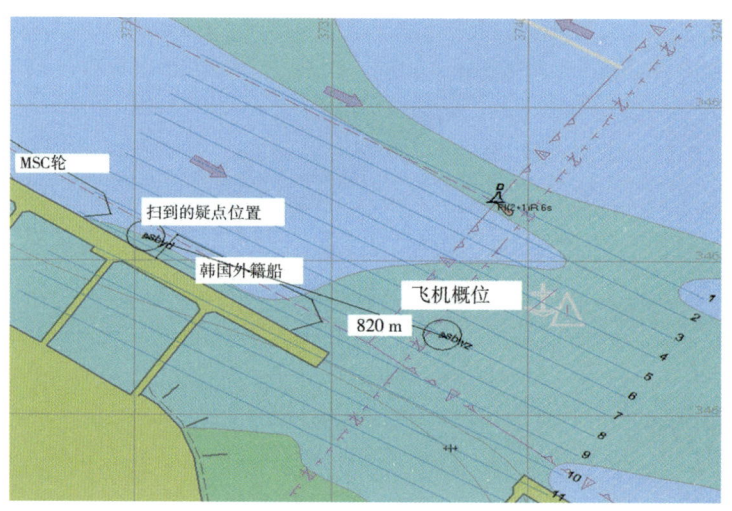

图2 疑点位置

随后，距离疑点最近的1艘外籍船离泊。外籍船离开后，"海测1007"轮和"浙嵊渔运0770"轮再次使用多波束测深系统和旁侧声呐复测，原疑点受水流扰动影响已经漂移。扫测组分析当时已处于退潮阶段，落江直升机极有可能往下游漂移。扫测组随即对下游水域开展延伸扫测，至 20 时 20 分，现场探摸确认飞机已经找到，两船结束此次应急扫测任务。扫测轨迹见图 3。

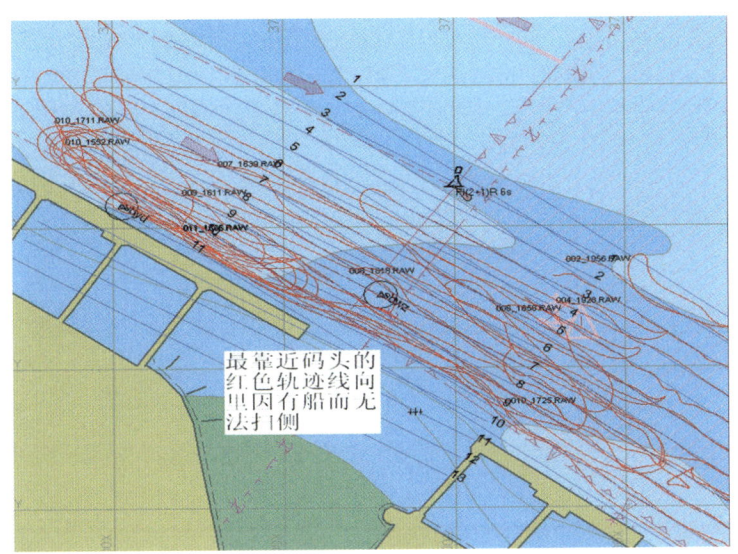

图 3　扫测轨迹

3 扫测成果

"雪 L"号落江直升机应急扫测多波束和侧扫声呐疑点见图 4 和 5。

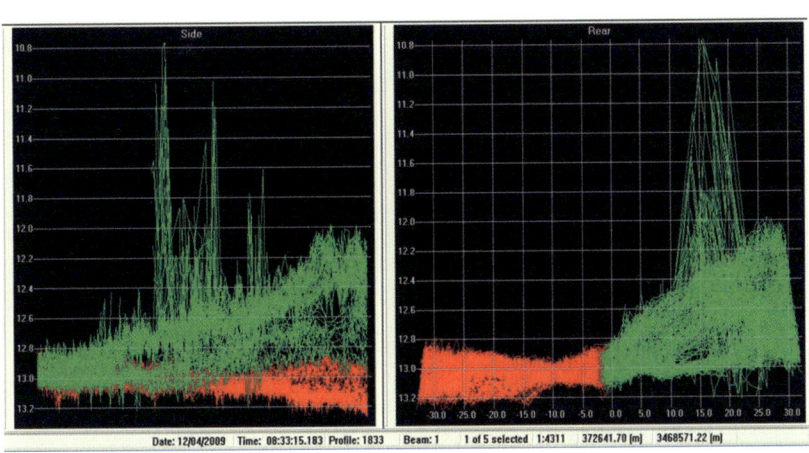

图 4　多波束疑点图

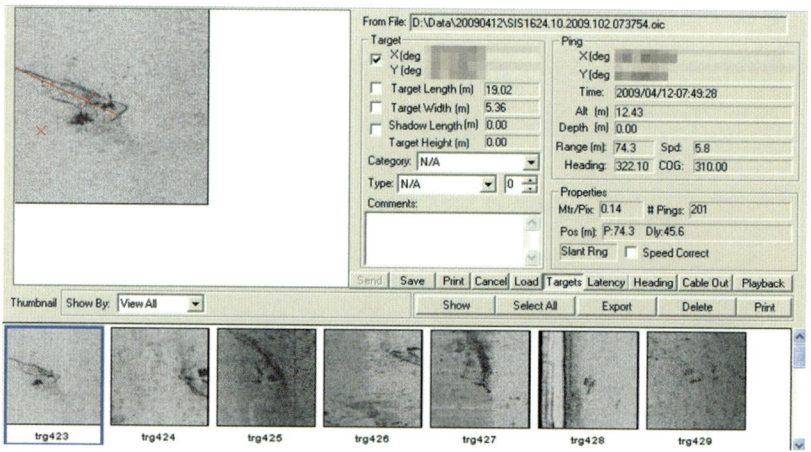

图 5　侧扫声呐疑点图

受潮流影响，最终定位并打捞飞机位置处于初始疑点位置下游约 1 n mile 处（图 6）。

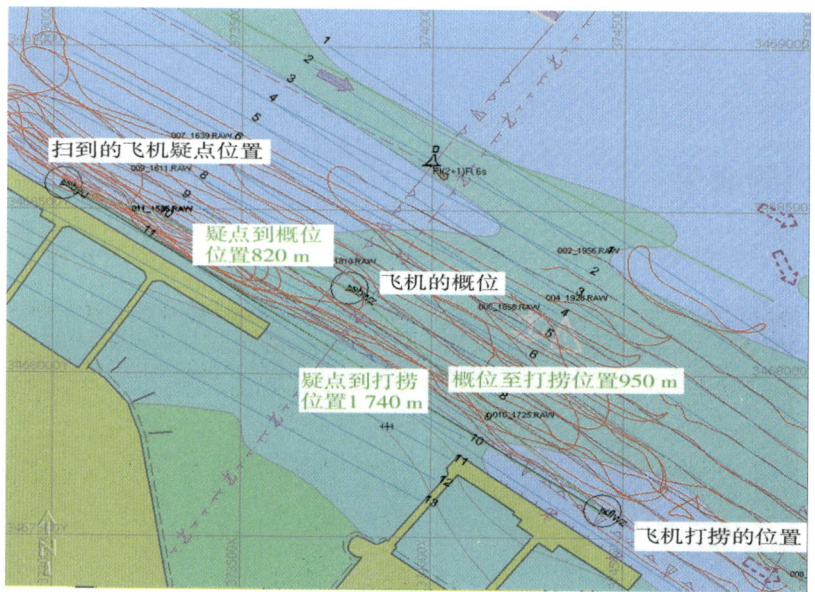

图 6　飞机落江位置

4 经验启示

（1）落水飞机类应急扫测，水下目标易受潮水影响，位置发生变动。因此，距离事发时间越短，目标概位越精确，搜寻效率越高。

（2）应急扫测方案要充分考虑涨落潮的影响。在本次应急扫测中，扫测小组综合研判了潮流对扫测目标的影响，合理调整重点扫测区域，在很短的时间发现了疑似目标。

（3）需充分考虑潮流和船舶扰动等因素影响。在确定疑似目标后，应协调海事监管部门实施临时交通管制，尽量确保周围无船舶航行，并快速协调安排潜水员下水探摸。如果条件允许，可为目标物系上简单示位标，以防水流流态变化造成目标位移，增加反复扫测搜寻工作量，也不利于后续打捞清障工作。

案例46：湄州湾外水下障碍物疑点扫测

图1　扫测水域

1 案例背景

2007年2月，为及时掌握湄洲湾外水域内水下地形及水下障碍物情况，上海海事局海测大队成立"湄州湾外疑点扫测"工程项目部，开展对湄州湾外疑点水域的扫测任务，扫测水域见图1。

2 实施过程

"湄州湾外疑点扫测"工程项目部成员2月9日从上海出发,次日抵达福建南日岛临时基地。

第一阶段:2月中旬,扫测人员利用侧扫声呐对该水域进行全覆盖扫测,发现和整理水下疑似点位。

第二阶段:3月上旬,扫测人员根据前期侧扫声呐扫测情况,对该水域进行多波束全覆盖扫测。

第三阶段:3月中旬,扫测数据处理。扫测人员对声呐和多波束采集数据后处理和回放判读确认,并通过潮位改正,得到湄州湾外疑点扫测精确水下地形图。

3 扫测成果

扫测人员通过扫测数据处理分析,发现浅点1处(图2和3):浅点位于(24°54′××″N,119°32′××″E),水深为10 m。湄州湾外疑点附近多波束水深见图4。

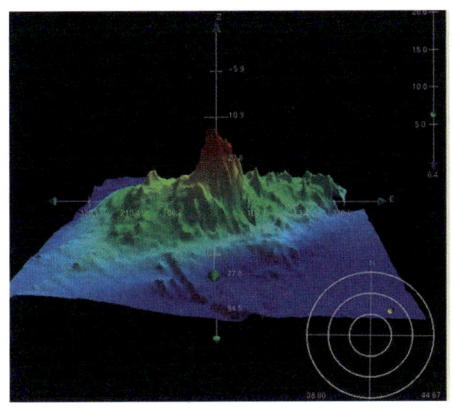
图2 暗礁立体图

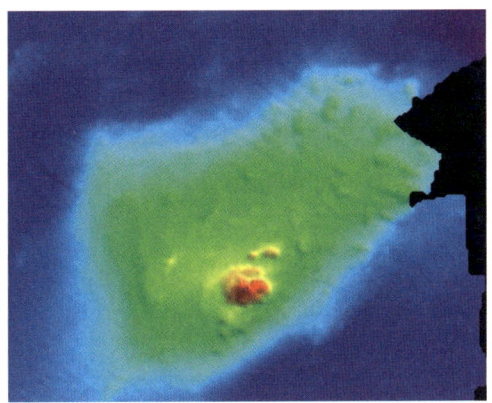
图3 暗礁俯视图

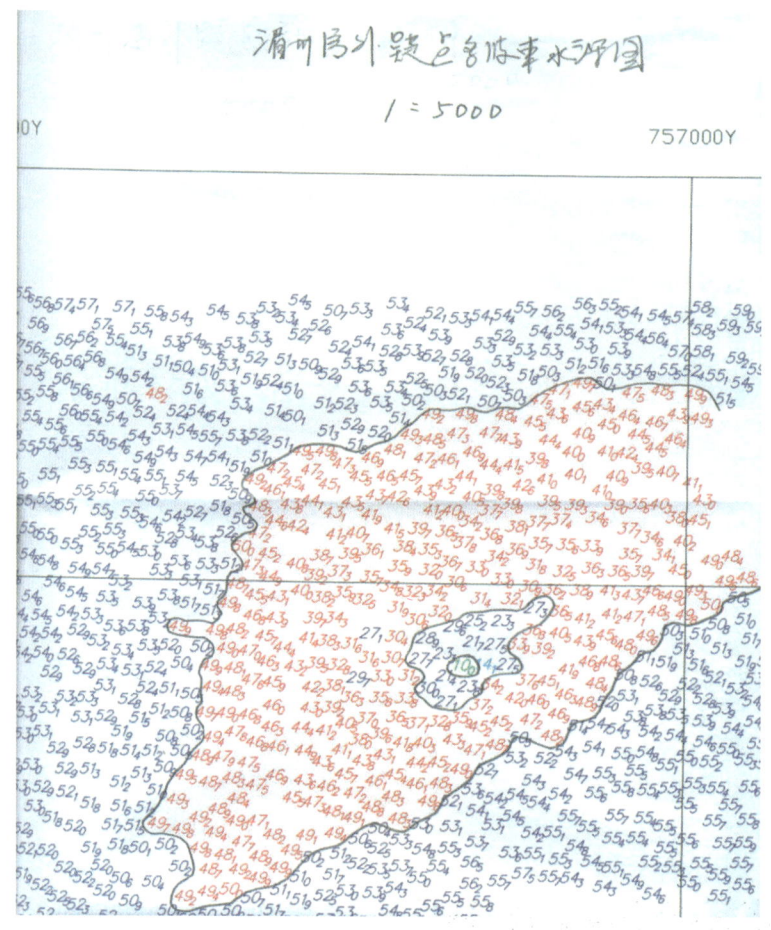

图 4 湄州湾外疑点附近多波束水深

该浅点周围水域水深较浅，为一处暗礁，整个区域长约 500 m、宽 200 m、220° 走向，呈现为丘陵状态。其中，水深浅于 20 m 的区域约有 30 m^2，位于整个扫测水域的南部，整个扫测水域呈西高东低的走势，西面水深约 49 m，东面水深近 65 m。此处浅点和暗礁分布在以往各类海图资料中都尚未标注。湄州湾外疑点位置示意见图 5。

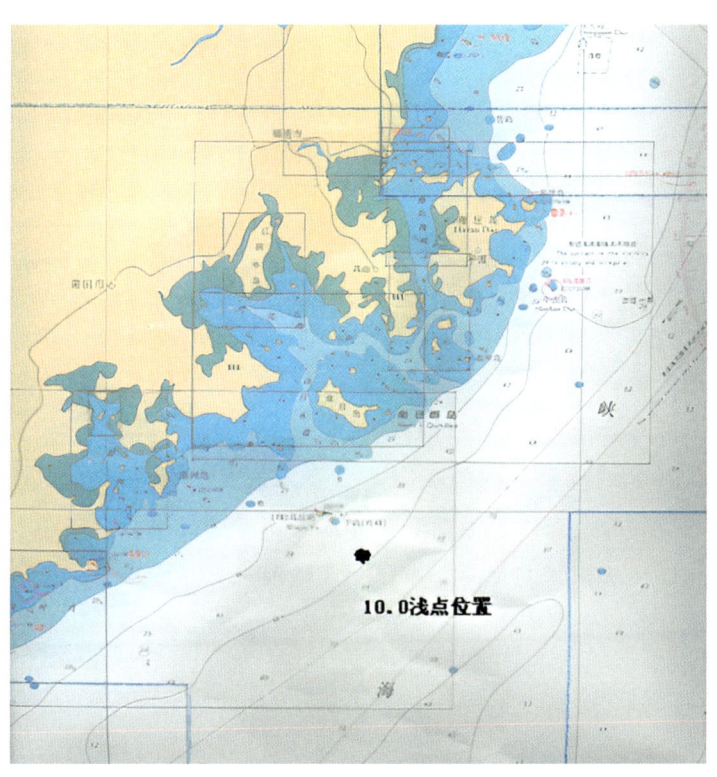

图 5　湄州湾外疑点位置示意

4 经验启示

（1）以往重要通航水域多采用机械式扫海具扫海方式，随着多波束和侧扫声呐测量技术的逐渐兴起，重要通航水域采用多波束结合侧扫声呐的全覆盖扫测，可以对水域进行全方位的"CT"扫描，不仅能有效发现扫测水域内的障碍物，而且能快速获取碍航物精确测量信息。

（2）对礁石区等重点水域进行多波束数据处理时，应多测线、多断面进行反复分析比对，以确保最浅点信息准确性。

（3）针对扫测范围较大，或者比较狭长水域，应采用双站或多站潮位改正替代单站潮位改正方法，既可以提高作业效率，又能进一步提升每个数据点位潮位改正精度。

名词解释：

潮位改正

潮位改正（tidal correction）又称为水位改正、潮汐改正。由于地球表面各处的海水受月球和太阳的吸引力作用而产生周期性升降运动（即潮汐），而海道测量是在测量船上以瞬时海面作为参考面进行的测量活动，测量得到水深值受海洋潮汐周期性影响而变化，因此必须对水深值进行潮位改正。

在海道测量中，潮位观测是一个比较关键的技术，其目的是确定平均海面、深度基准面和计算水深测量时的潮位改正值。

潮位改正根据潮位站分布、测区范围、海岸带地形、潮流流速流向等因素综合影响，一般分为单站改正、双站改正、多站改正。

名词解释：

机械式扫海具扫海

机械式扫海具（简称扫海具）是最早使用的扫海探测设备。机械式扫海具分硬式与软式两种。硬式扫海具的扫测宽度为 18~30 m，扫测深度为 12 m，定深精度为 ±0.3 m。由于硬式扫海具的扫测宽度与深度有限，应用较少。

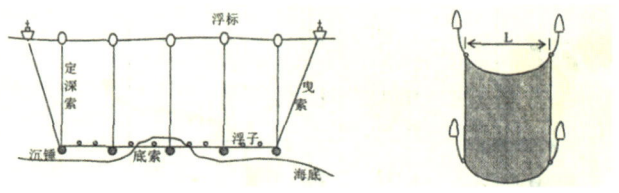

图 6　定深扫海

软式扫海具进行扫测的方法可分为定深扫海测量（图 6）与拖底扫海测量两种。定深扫海测量简称定深扫测，它是使扫海具的底索保持在深度基准面以下一定深度的扫海测量，主要用于确定船舶安全通航的深度和确定航行障碍物的最浅深度。拖底扫海测量简称拖底扫测，它是使扫海具的底索全部着落海底的扫海测量，用于发现和探测扫测区内的航行障碍物。

案例47：
"怀Y0×××"轮落水钢材应急扫测

图1 事发水域

1 案例背景

2008年3月21日09时45分许，承载207件盘圆钢材总计500 t的"怀

Y0×××"轮通过苏通大桥向下游航行,在离15#灯浮上游200~300 m处主航道向北转弯时翻沉。经打捞船多日搜寻,仍未找到。

搜寻至4月7日,事发水域(图1)附近仍未发现钢材。落水的钢材位于何处,处于何种状态,这个不确定性对船舶安全通航造成了极大的影响。

2 实施过程

4月10日上午,上海海事局海测大队接到上级应急指令后,立即启动应急预案。12时,应急扫测组调试好仪器设备后乘"浙嵊渔运0770"轮赶赴事发水域。18时12分,扫测人员到达常熟的事发水域附近锚泊。

4月11日06时30分,"浙嵊渔运0770"轮起锚作业。扫测组以江苏常熟港海船锚地附近15#灯浮为中心,顺航道走向对2 500 m×2 500 m范围的水域进行侧扫声呐全覆盖扫测,对发现的疑点采用海洋磁力仪再次扫测,对测定的磁异常的重点区域进行加密磁力测量。扫测轨迹见图2。

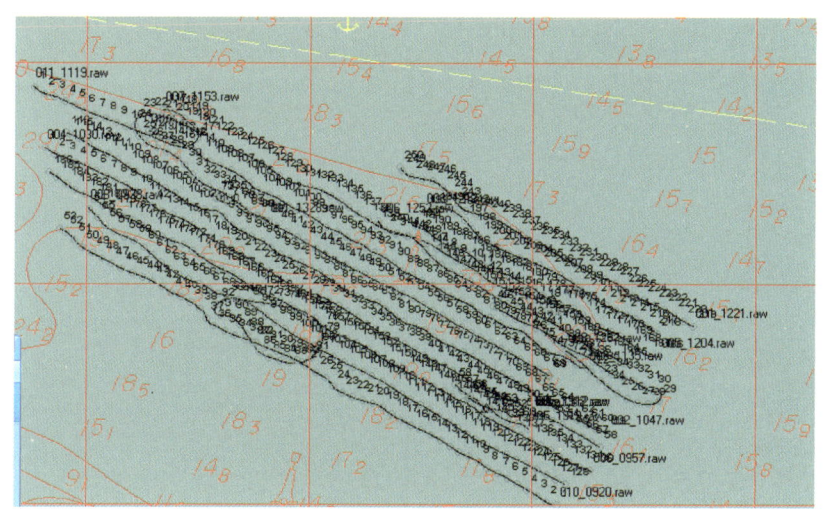

图2 扫测轨迹

本次扫测采用G-881型海洋磁力仪(图3和4)进行探测:磁力仪采用拖曳式作业,测量船舶约长25 m,为了尽可能减少本船对磁力仪探测的影响,扫测组将磁力仪拖缆长度定为50 m(2倍船长)。在测区内,按10 m

间隔布射计划测量线进行粗扫,对测定的磁异常的重点区域进行加密磁力测量。

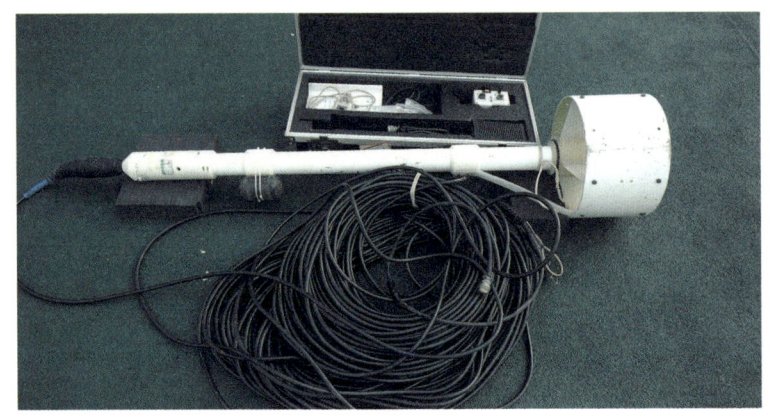

图 3　G-881 海洋磁力仪

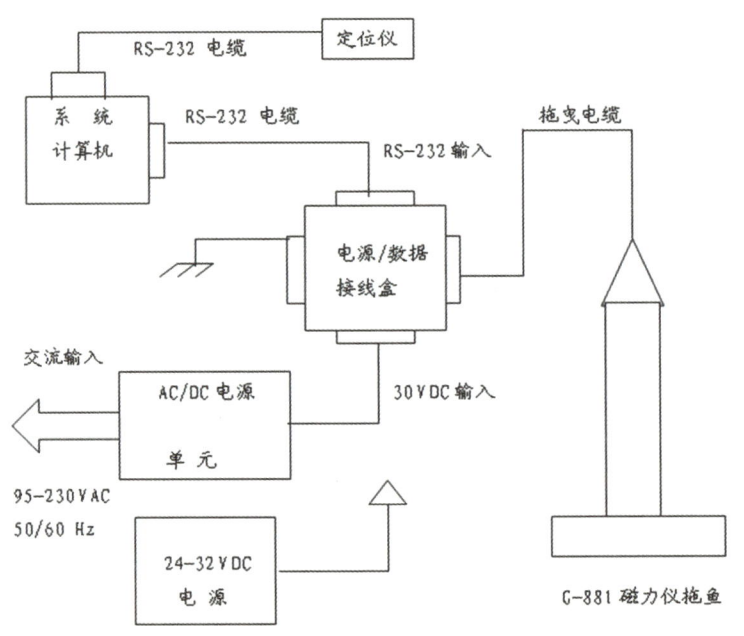

图 4　G-881 海洋磁力仪的连接示意

至 4 月 12 日,现场扫测组经过侧扫声呐和海洋磁力仪扫测发现落水钢材疑点位置并及时上报,"怀 Y0×××"轮落水钢材应急扫测任务结束。

3 扫测成果

经过侧扫声呐和海洋磁力仪扫测后,扫测组共发现 2 处钢材疑点(图 5 和 6)。经潜水员下水探摸后,确认这 2 处疑点为落水钢材。

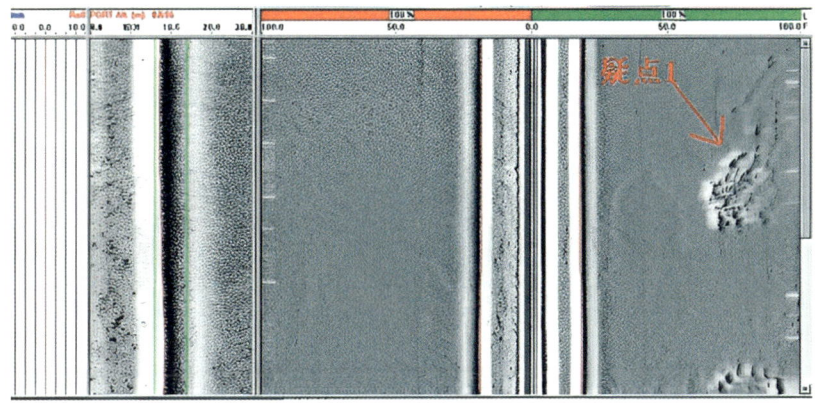

图 5 疑点 1 声呐扫测图像

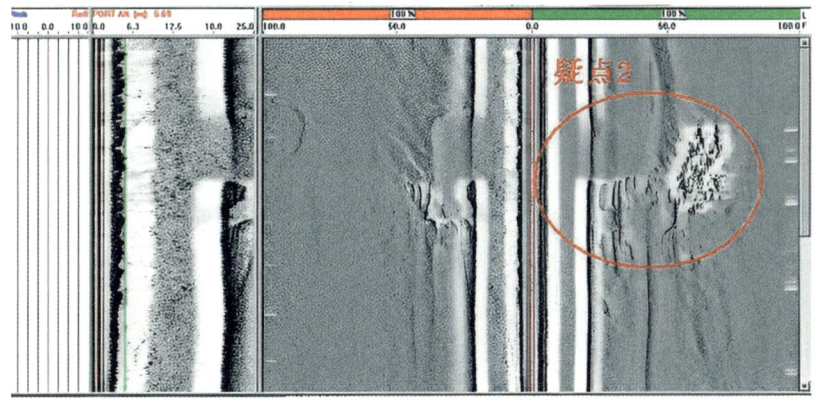

图 6 疑点 2 声呐扫测图像

4 经验启示

(1)在扫测不同性质的障碍物时,选择合适的扫测设备可以有效提高扫测效率。本次扫测目标是钢材，属于磁性物体，在水中会导致较大的磁场变化，故选用磁力仪进行扫测，能快速搜寻落水钢材。

（2）磁力仪也可以辅助声呐图像，初步确定水下障碍物性质。声呐图像能初步判断水下碍航物位置和高出泥面信息，结合磁力仪可以进一步判断碍航物属性，从而甄别目标碍航物。

（3）采用磁力仪进行扫测，应尽量避免周围磁性物体的干扰。本次扫测"浙嵊渔运0770"轮为木质船舶，可以有效减少船体对水下磁场的干扰；采用尾拖方式，尾拖距离控制在50~100 m，可以进一步减轻船舶螺旋桨对水下磁场的干扰。

（4）采用磁力仪扫测作业时应对作业水域应进行交通管控，避免其他航行船舶进入搜寻区域影响磁力仪扫测作业效果。

名词解释：

海洋磁力仪

地球磁场是由两种性质不同的磁场组成。第一种磁场是稳定的磁场，第二种磁场是变化的磁场。在海洋测绘活动中，海洋磁力仪通常用于探测磁异常（变化的磁场）——探测海底钢铁等金属物体（如沉船、遗锚、管道、丢弃的钻井设备等）及地磁调查等工作。

影响磁力仪探测能力的最重要因素是磁力仪与物体之间的距离，就磁探测来说，大多数的磁异常大小与探测距离的立方成反比，与探测物体的有效磁距成正比。

海洋磁力仪扫海要求：

（1）扫海时扫海趟应相互平行，大面积地质调查扫海趟尽量垂直于当地的构造走向；在搜索物体时，扫海趟尽量垂直于目标物的走向；同时兼顾考虑平行于测区等深线走向（减少海底干扰）、测区风流方向（减少定位误差）；无其他要求情况下，应尽量南北方向布线。

（2）扫海趟的间隔应根据扫测要求确定。地质调查时，测线间距一般为图上 1 cm；搜索物体（磁性物体）时，测线间距一般可以根据经验公式计算布线间距。

（3）发现可疑目标时，必须进行加密测量。加密测量时，以"井"型布线为主，布线间距兼顾效率和精度。

（4）检查线布设应选择磁场比较平稳的地区；检查线布设应纵贯全测区，垂直于主测线的平行线；检查线一般应占主测线总长的 5%~10%。

案例 48：朱家尖水域应急扫测

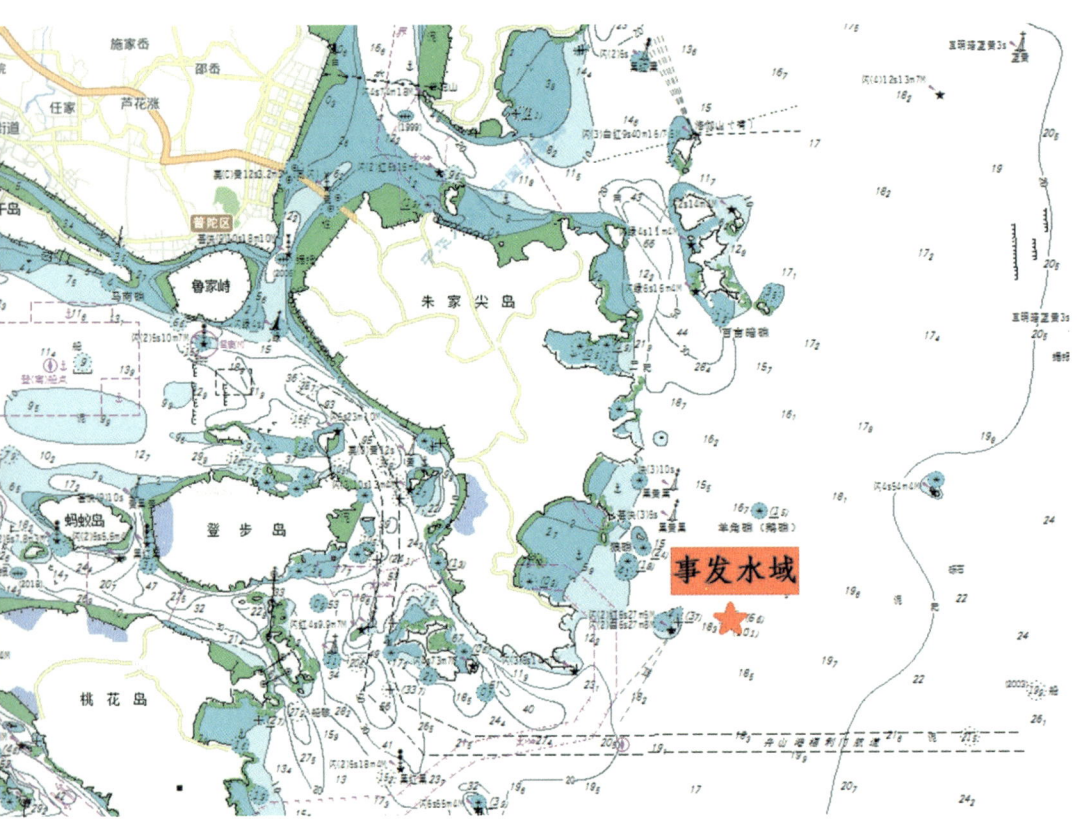

图 1　事发水域

1 案例背景

2010 年 12 月 18 日，上海海事局海测大队接报，"Y×7"轮在朱家尖水域遭遇搁浅，需对该水域（图 1）开展应急扫测，以探明海底水深情况。

2 实施情况

接报当日,上海海事局海测大队组织正在附近执行测量任务船舶和测量人员组成扫测组,抵达事发水域。根据海图资料结合事发水域实际情况,扫测组制订了具体的扫测方案:扫测范围以"Y×7"轮搁浅位置为中心,半径1 km的水域,先采用侧扫声呐全覆盖扫测,发现碍航物后采用多波束全覆盖加密,以获取碍航水域全面海底地形信息。

扫测组按扫测方案,先进行低潮巡视,确认事发水域不存在干出礁或干出碍航物情况;为确保测量作业安全,采取候潮作业方式,在整个作业过程中安排人员加强周边水域瞭望;测量方式采取由外而内、逐步逼近原则,最终顺利完成事发水域海底全覆盖扫测,探明了海底水深情况。

3 扫测成果

在事发水域附近共计发现障碍物2处:

障碍物1:长约140 m,宽约60 m,最浅点水深10.2 m。

障碍物2:长约180 m,宽约110 m,最浅点水深6.3 m。

侧扫声呐图像和多波束立体图见图2~5。根据图像判别和数据分析,2处障碍物都呈现丘陵状态,均为疑似水下暗礁。

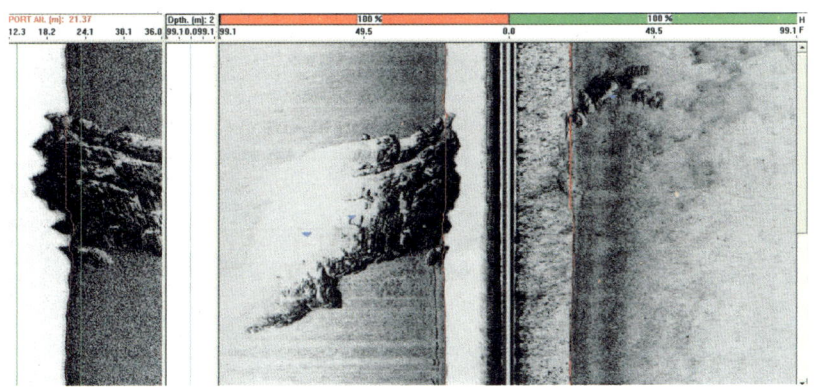

图2 侧扫声呐图像1

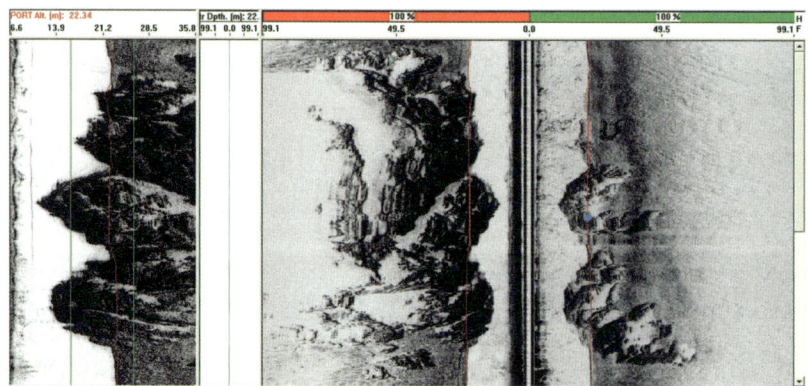

图 3　侧扫声呐图像 2

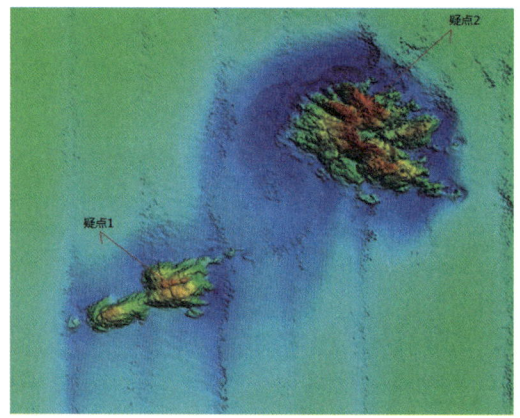

图 4　多波束俯视图

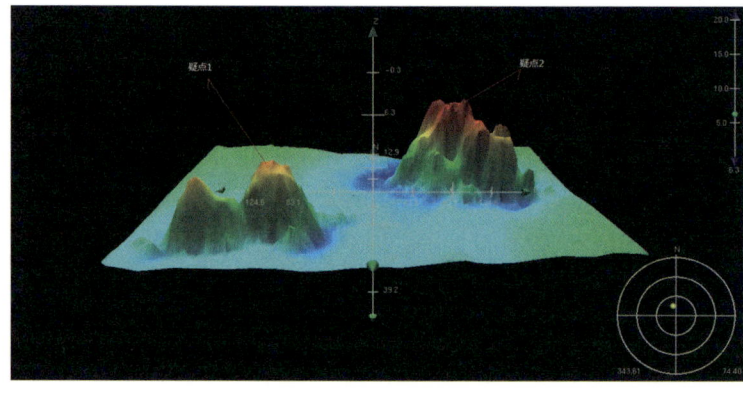

图 5　多波束立体图

4 经验启示

（1）针对已发生船舶搁浅危险水域的不明障碍物扫测，采用低潮巡视、候潮作业、加强瞭望、逐步逼近的方式，既确保扫测船舶自身和设备的安全，又确保取得较好的扫测效果。对于在已发生船舶搁浅的危险水域实施障碍物探测，这种作业方法被实践证明行之有效。

（2）对水下障碍物进行多波束加密应从不同角度扫测，以获得水下障碍物全面信息。

案例49：六横双屿门南口水域应急扫测

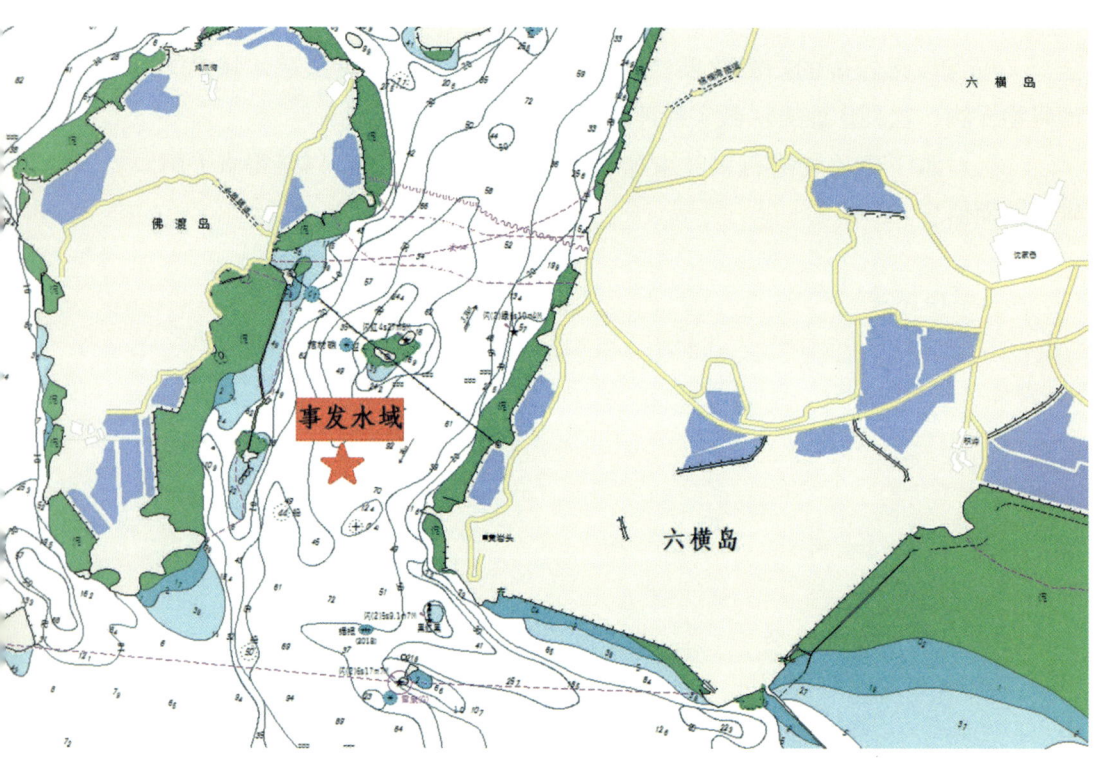

图1 事发水域

1 案例背景

2013年3月11日，"DH×××"轮由宁波北仑开往象山途中，在六横双屿门南口水域处发生船底触损事故，事发水域见图1。经舟山海事局函请，东海航海保障中心派遣上海海事测绘中心对六横双屿门南口水域进行扫测。

2 实施过程

上海海事测绘中心接到任务后,成立"六横双屿门南口水域扫测"应急扫测组。3月12日,扫测组人员随"海测1010"轮赶赴浙江六横岛,并于3月13日抵达现场。

扫测组进行了现场踏勘后,首先在佛渡岛设置了临时潮位站,以便后续获得准确的水深数据。随后,扫测组利用FANSWEEP-20型多波束和Benthos 1624型旁侧声呐对测区开展全面扫测。整个扫测作业历时两天,现场发现1处水深突变区域。

3 扫测成果

(1)从多波束扫测数据(图2和3)中获得,水深突变区域最浅水深为7.4 m。

(2)该区域长约25 m、宽23 m,呈北偏东25°走向,呈现为丘陵状态。水深浅于10 m的区域约有575 m^2。

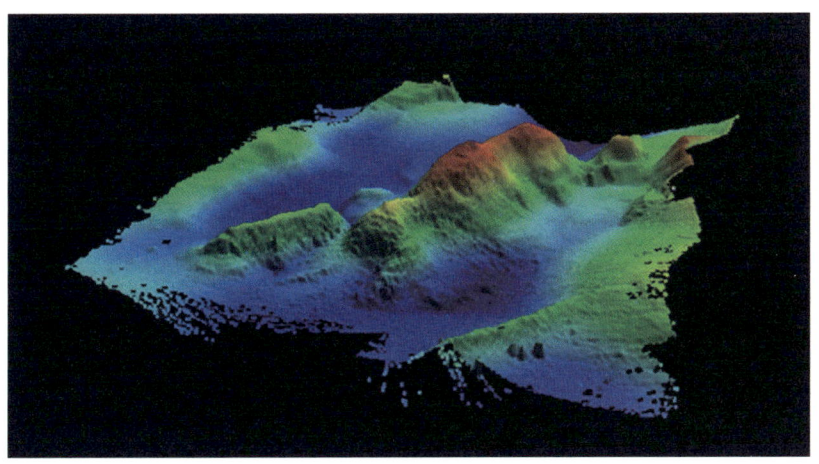

图2 暗礁立体图

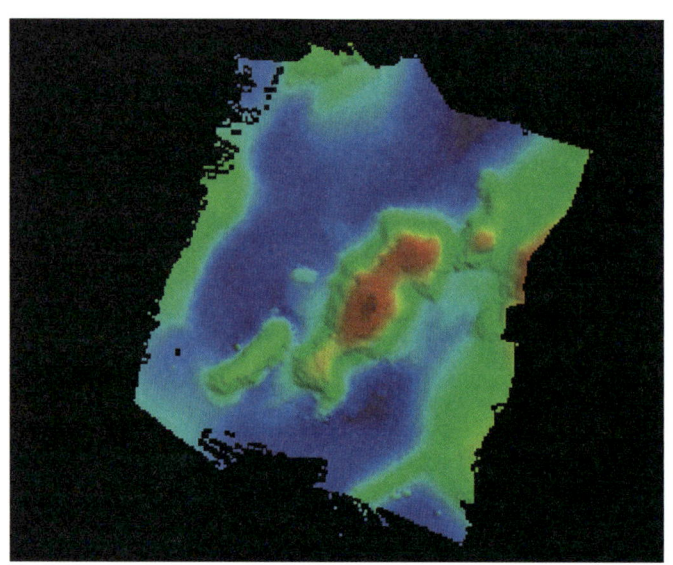

图 3　暗礁俯视图

侧扫声呐的图像（图 4）中，在红色矩形内亦可以看出明显的曲线变化，即海底地形的变化。

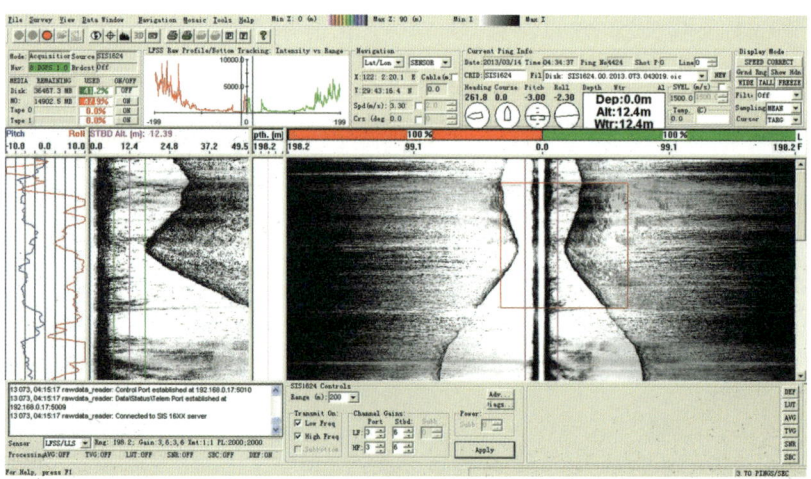

图 4　侧扫声呐图像

4 经验启示

（1）对于航运经济较为繁荣或经济发展较迅速的港口，需定期开展评估论证港口航道图测绘周期、比例尺以及测量方式、航道检查维护测量频次等。对主要的通航水域，要组织开展全方位的扫海测量，全面掌握海底地形，为不同等级船舶通航安全提供航路指引。

（2）该水深突变区域位于航道中央，面积较大，且周边水深变化剧烈（最深达 85 m），潮流流速流向复杂，建议采用浅地层剖面仪进一步测量、分析该区域地质构成。

名词解释：

浅地层剖面仪

浅地层剖面仪是在超宽频海底剖面仪基础上改进，对海洋、江河、湖泊底部地层进行剖面显示的设备，结合地质解释，可以探测到水底以下地质构造情况。

该仪器在地层分辨率（一般为数十厘米）和地层穿透深度（一般为近百米）方面有较高的性能，并可以任意选择扫频信号组合，现场实时地设计调整工作参量，可以在航道勘测中测量海底浮泥厚度，也可以测量在海上油田钻井中的基岩深度和厚度。因而是一种在海洋地质调查，地球物理勘探和海洋工程，海洋观测、海底资源勘探开发，航道港湾工程，海底管线铺设广泛应用的仪器。

案例 50：
南槽 S26 灯浮附近水域应急扫测

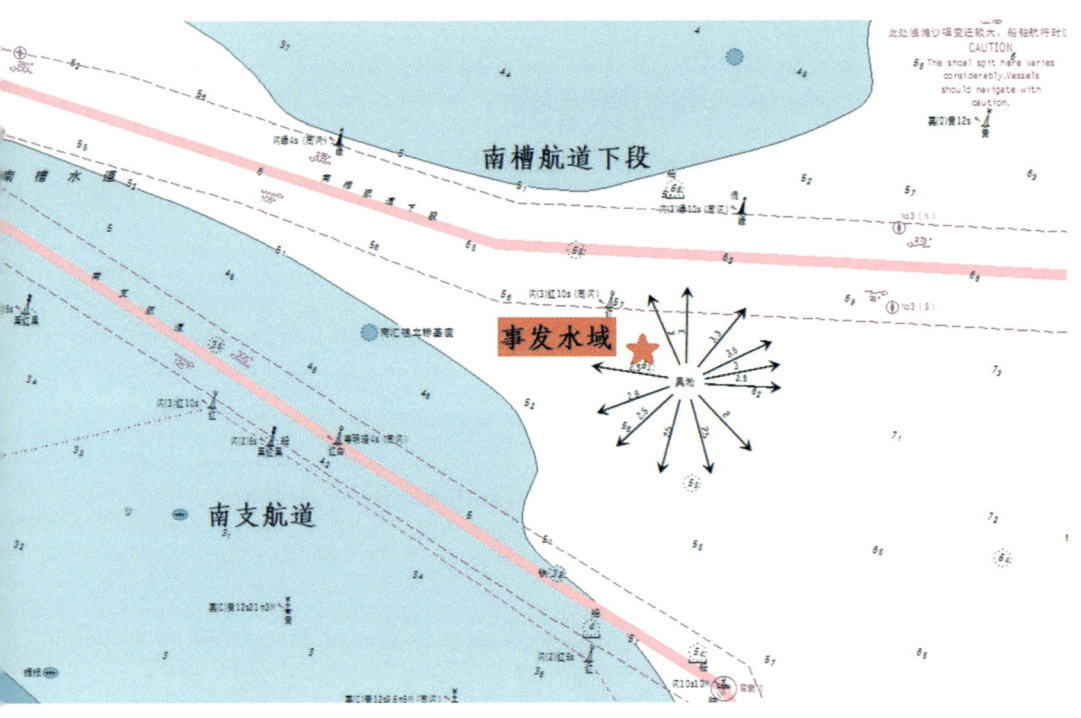

图 1　事发水域

1 案例背景

2017 年 4 月 27 日 17 时 30 分许，南槽出口船"CSL"轮航行至 S26 灯浮南侧约 2 n mile 处时，货舱及机舱进水，主机已停车，原因不明。事发水域概位见图 1。

2 实施过程

现场险情排除后,为进一步做好南槽 S26 灯浮附近水域水下障碍物摸排工作,上海海事测绘中心接到协助扫测任务,请求协助探明"CSL"轮碰撞水下障碍物准确位置,判断该水下障碍物性质和状态。

接到任务后,上海海事测绘中心成立扫测组,调遣"海巡 1668"轮赶赴事发水域。扫测组根据海图水深情况,结合船舶航行轨迹,确定以(31°01′××″N,122°10′××″E)为中心,沿"CSL"轮航迹线前后各 1 n mile、左右各 200 m 的水域为扫测范围,先使用侧扫声呐粗扫,发现障碍物疑点后布设井字型测线采用侧扫声呐和多波束测深系统精扫,测出目标精确位置、长宽尺寸、姿态、走向等信息。扫测轨迹见图 2。

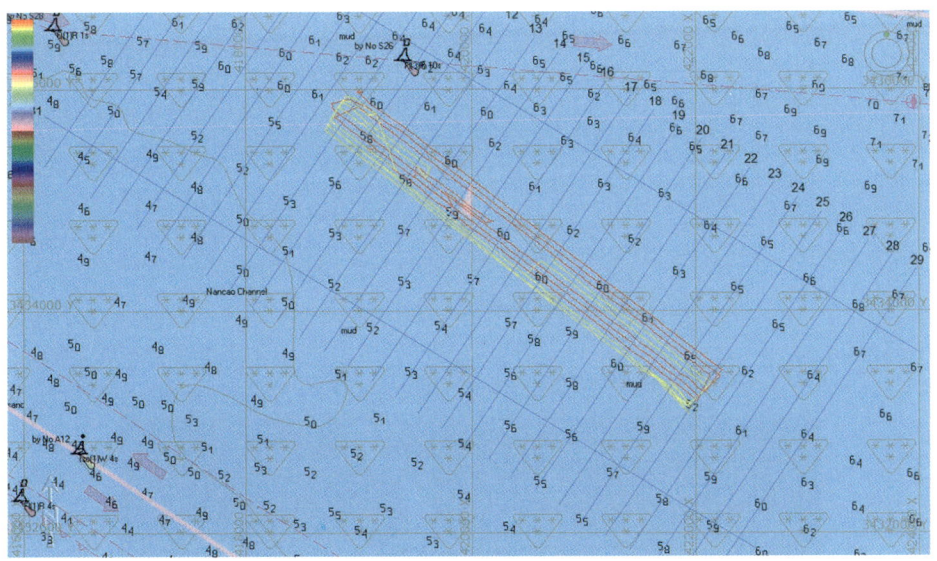

图 2 扫测轨迹

3 扫测成果

事发水域周围水域水深见图3。扫测组通过多波束、声呐图像（图4和5）分析得出如下结论：

（1）该碍航物为硬底质不规则物体。

（2）该碍航物呈西北至东南走向，长约40 m，最宽处约11 m，其周围水深约6.7 m，其最浅部位高出周围水深约0.6 m。

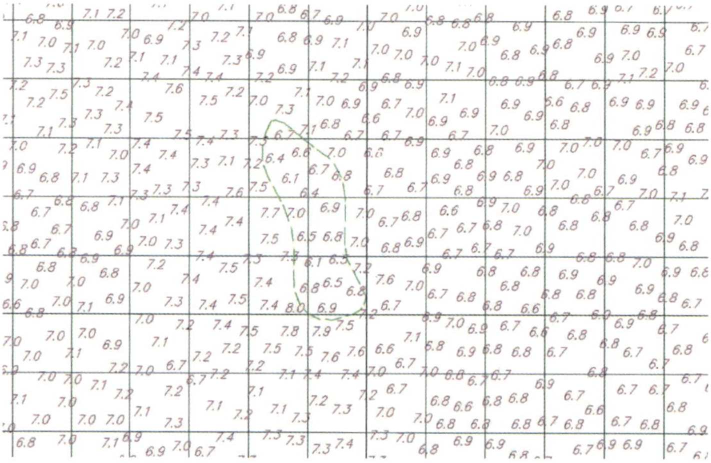

图 3 事发水域周围水域水深

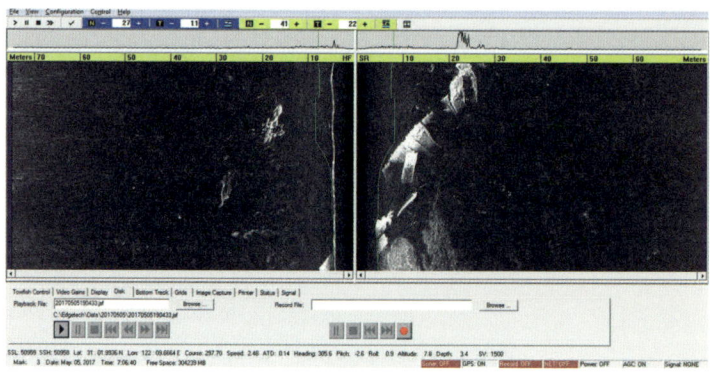

图 4 侧扫声呐疑点图像

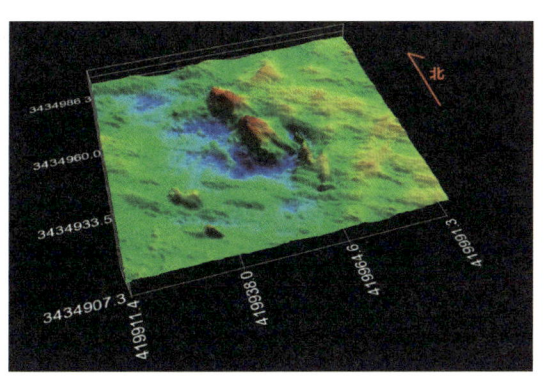

图 5　多波束立体图

4 经验启示

（1）探明障碍物前，根据事故船舶报警位置和航行轨迹，结合海图水深情况，可以更快捷确定扫测范围、扫测方案等。

（2）扫测区域内有其他船舶打捞作业时，应加强相互之间作业方式协调，保持安全间距，确保扫测船舷外拖曳的侧扫声呐设备安全。

（3）须加强对航行船舶的安全指引。在航道以外水域，由于测图比例尺、测图技术要求、更新周期不同，海图显示水深并不能完全反映海底地形。因此，船舶航行到航道以外水域，需慎之又慎。

案例51："顺Q2"轮沉船打捞后应急扫测

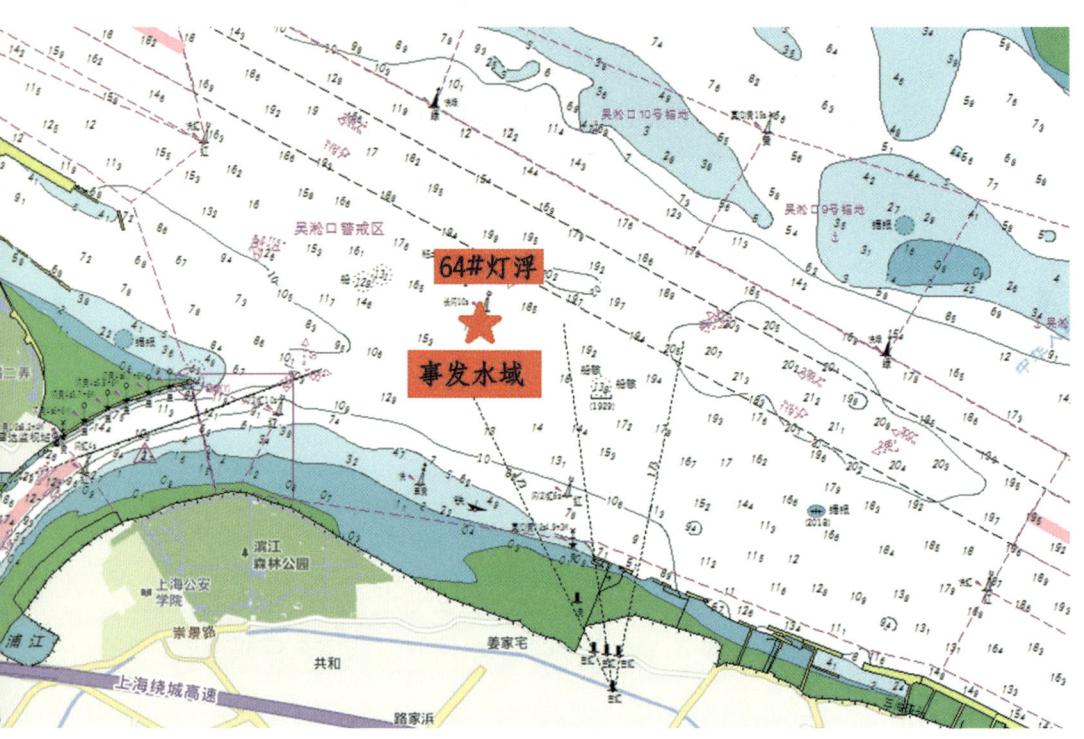

图1　事发水域

1 案例背景

2018年7月15日凌晨，由南京前往广州的"顺Q2"轮途经上海时，与"YA"轮在吴淞口64#灯浮附近水域发生碰撞。碰撞事故导致"顺Q2"轮沉没，事发水域见图1。据报"顺Q2"轮船载卷钢约3 000 t。

2 实施过程

8月10日,上海海事测绘中心接到上海海事局任务协调书和东海航海保障中心指令,为了掌握"顺Q2"沉船清障后周围水域的海底地形情况,对附近水域实施应急扫测。

8月10日11时40分,扫测组随船抵达原"顺Q2"轮沉船位置水域,开始扫测作业。此次应急扫测以沉船清障位置为中心,周围500 m半径范围内水域用侧扫声呐和多波束全覆盖测量,发现疑点后,在疑点位置布设"井"字型测线,进行加密扫测。扫测轨迹见图2和3。

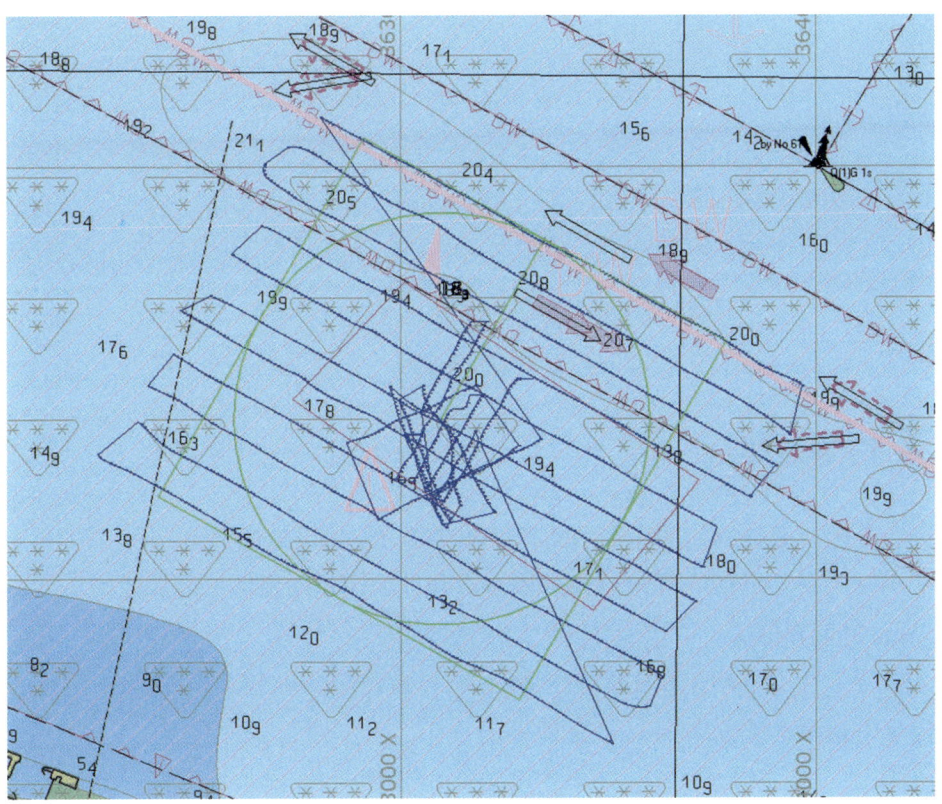

图 2 侧扫声呐轨迹

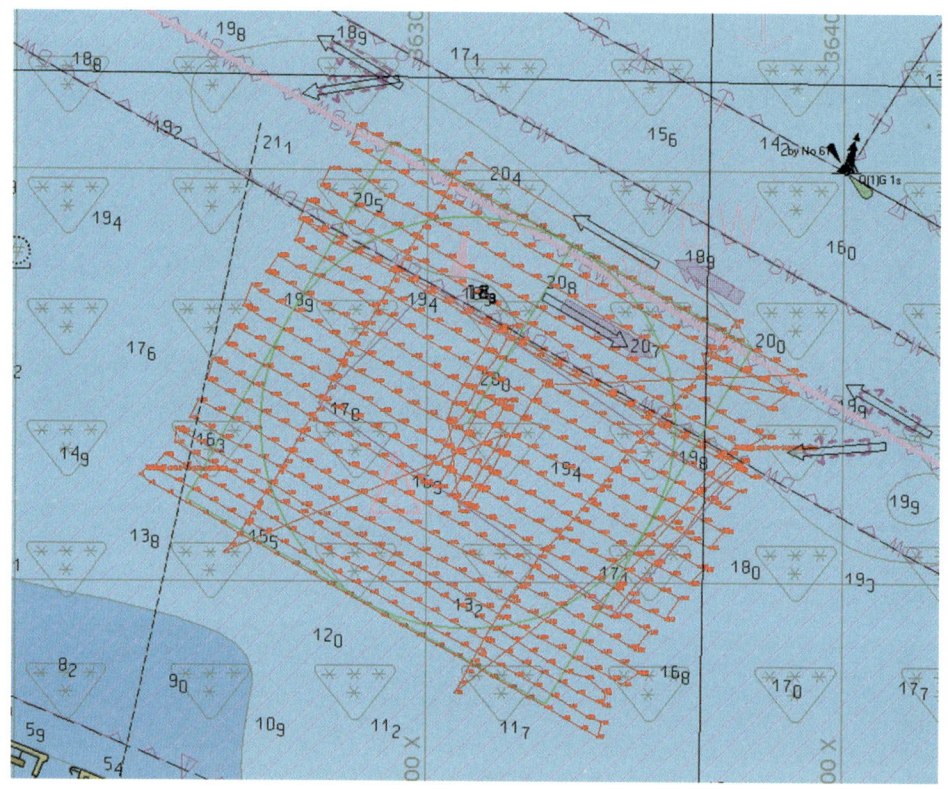

图 3　多波束轨迹

3 扫测成果

经多波束数据处理和声呐图像（图 4~7）分析得出如下结论：

（1）原"顺 Q2"轮沉船位置附近存在较为明显的深坑，最深处达 20.9 m（理论最低潮面）。

（2）在原沉船位置的附近一圈水域存在凸起碍航物，两端高出泥面的浅点，最浅水深分别为 16.2 m 和 17.6 m。

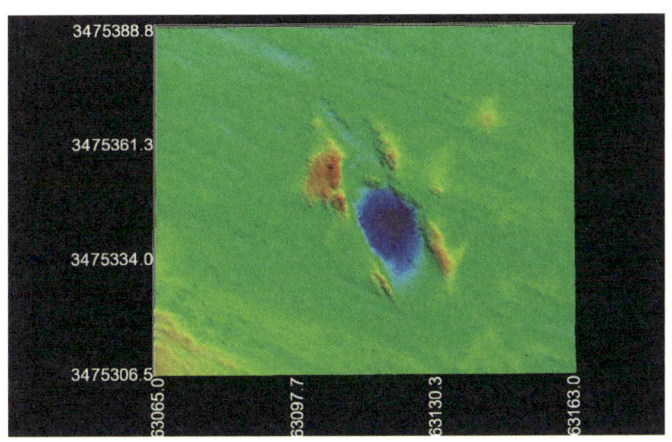

图 4 多波束俯视图

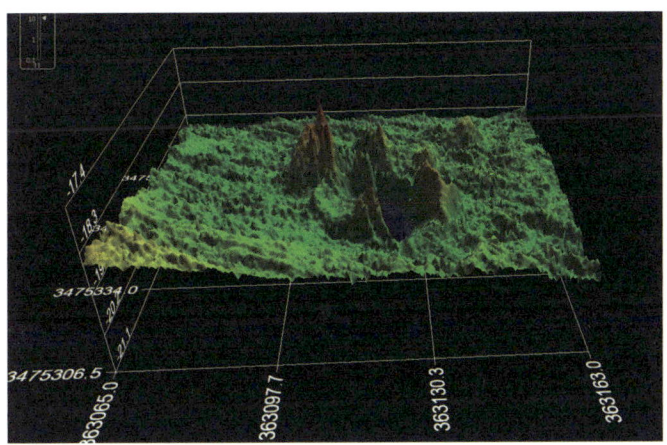

图 5 多波束立体图

图6 侧扫声呐图像1

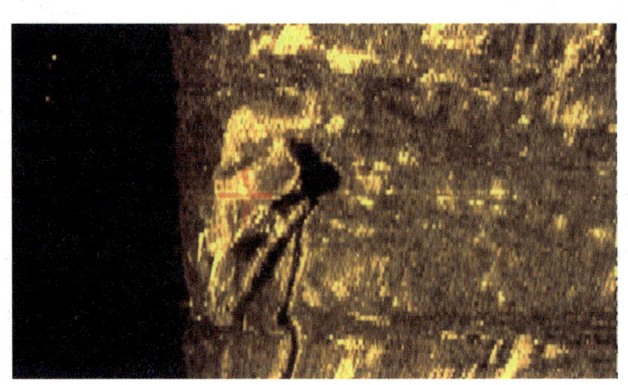

图7 侧扫声呐图像2

4 经验启示

（1）沉船清障后，容易在沉船周边水域出现一圈凸起碍航物，碍航物性质须通过探摸和进一步扫测作出判断。

（2）扫测区域位于吴淞口水域，来往船舶多，因此现场扫测人员和船舶驾驶人员须时刻保持高度专注，加强瞭望，服从VTS调度指挥，并与过往船舶进行沟通协调，审慎调头。船舶流量高，无法满足安全作业时，应暂停扫测，错峰测量。

（3）沉船位置区域水流较急，影响声呐图像质量，测量时注意控制船速，同时多方位进行加密，采集出相对清晰的图像。

案例 52：
南极维多利亚地附近重点海域扫测

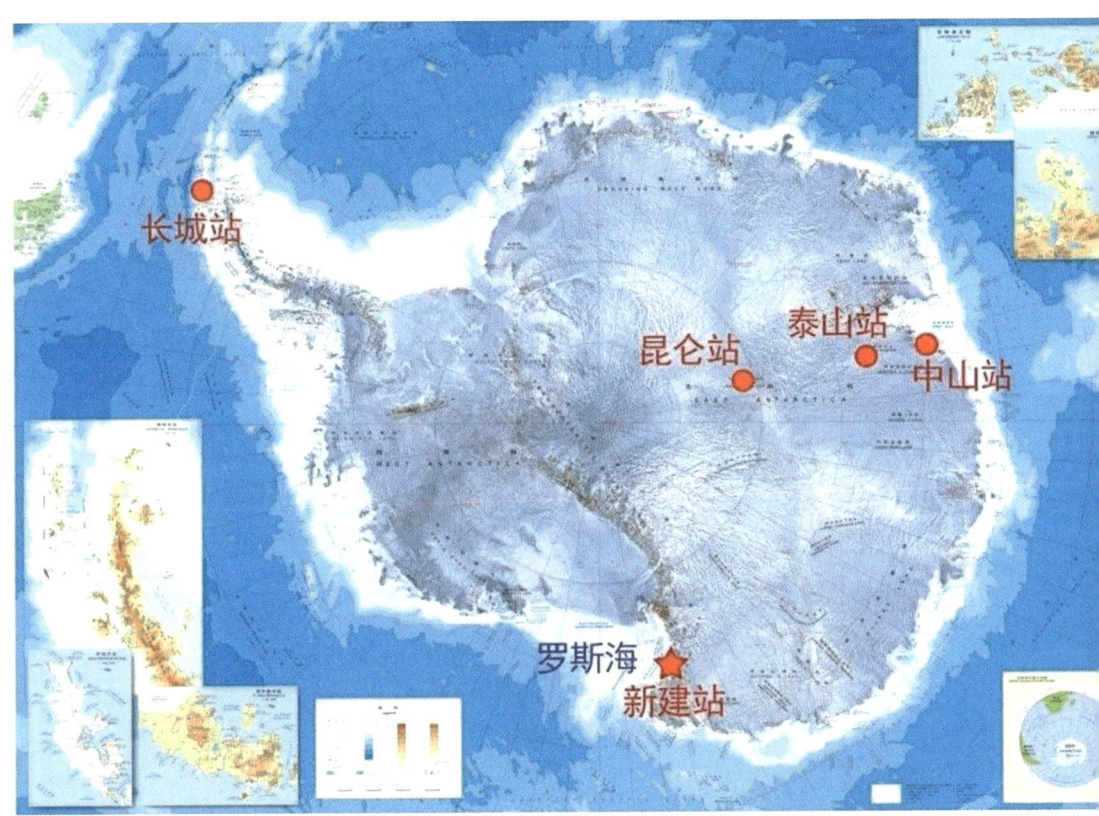

图 1　中国南极科考站分布

1 案例背景

　　继长城站、中山站、昆仑站和泰山站后，中国计划在南极维多利亚地（Victory Land）新建一个常年科考站——中国南极维多利亚地站（暂用名，以下简称新建站）。新建站位于南极维多利亚地罗斯海西岸难言岛

（Inexpressible Island，又称恩克斯堡岛）。中国南极科考站分布见图1。

罗斯海在南极具有重要的地缘战略地位。从地理角度看，罗斯海是南极重要的边缘海，海洋资源丰富，罗斯冰架是南极最大的冰架。罗斯海与罗斯陆缘冰西侧的维多利亚地接近南极著名的横贯山脉，有活火山群、干谷等重要的科学考察区域。

位于罗斯海西岸的难言岛紧邻冰川和海洋，是开展南极地质构造演化和现代环境、探索空间秘密，尤其是开展海洋、冰川和地质研究的理想之地。此外，该区域有大量南极特别保护区和特别管理区。全球最大的海洋保护区就在罗斯海，是南极国际治理的重点区域，具有高度的全球治理示范效应。

环南极水下地形资料极度缺乏，全球范围内在极地海域都只有小比例尺海图。这些海图资料绝大部分都年代久远，其精度和时效性都难以满足人类日益频繁的南极科考之旅的需求，特别是靠近南极大陆附近的精确水深资料严重缺乏（见图2）。由于南极附近海域的特殊性，开展海洋测绘存在诸多困难。以往科考船通常利用携带的工作艇对考察站附近海域进行单波束测量，但无法完整获取精确水下地形地貌情况，南极科考迫切需要专业海洋测绘的支持。

图2　南极维多利亚地新建站附近海域海图资料情况

2014年初，为了更好地向极地科考提供航海保障服务，为科考船靠泊及后续建站提供准确的水下地形数据，东海航海保障中心联合中国极地研究中心统一部署，派遣上海海事测绘中心陈正伟、裴宁两名技术人员组成扫测组随"雪龙"号参与中国第31次南极科考。扫测组主要任务是对新建站附近重点海域进行全覆盖扫测，并按照要求完成考察队安排的其他工作任务。

2 实施过程

2.1 前期准备

为保证任务的顺利实施，上海海事测绘中心针对南极科考对航海保障的需求开展了多次调研，走访极地中心、"雪龙"号、参与过南极测绘的行业单位等咨询了解相关情况，收集了第29次南极考察过程中"雪龙"号工作艇在罗斯海进行的水深测量成果（部分离散的单点测量成果）。

上海海事测绘中心在联合相关单位研发的第一代水面无人智能测量平台基础上，根据极地考察测量的要求与现场实际情况，重新设计第二代水面无人智能测量平台。该平台为有人/无人双模的智能测量平台，充分考虑极地特殊的工作环境和气象海况情况，邀请相关单位进行广泛的调研和充分的讨论，船体采用凯夫拉、碳纤维和玻璃钢合成的轻质材料，考虑到浮冰问题，在船体重要位置采用钛合金加固；配备了多波束测深系统、单波束测深仪、侧扫声呐、实时动态载波相位差分定位系统（RTK）、声学多普勒流速剖面仪（ADCP）等测量设备和低温电池、自动水位计等辅助设备。考虑到南极的复杂海域环境，扫测组还专门携带了一艘高速工作艇作为辅助和备用。

扫测组于2014年7月中旬编制了首版测量技术方案，之后根据多方专家意见几次调整工作方案，9月22日最终编制完成《南极维多利亚地附近重点海域扫测现场实施方案》。

2.2 扫测过程

第 31 次南极科考船于 2014 年 10 月 30 日从上海出发，2015 年 04 月 10 日返回上海，其间先后停靠澳大利亚霍巴特、新西兰基督城和澳大利亚佛里曼特尔。整个航程可分为 7 个航段，行程见图 3。本次南极科考主要任务是在中山站及新建站陆上、附近海域从事科考活动和野外勘察作业。

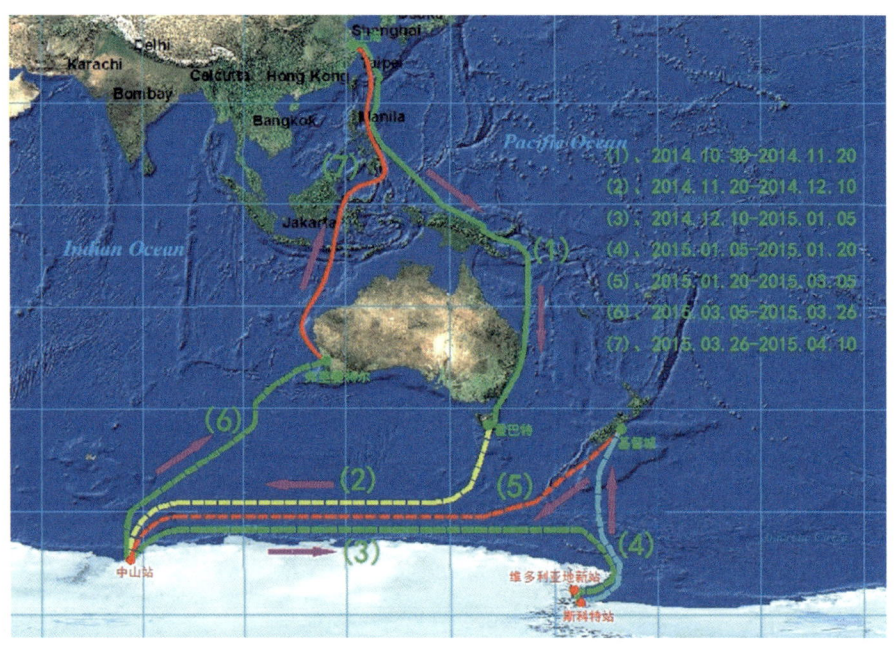

图 3　第 31 次南极科考行程

"雪龙"号起航赴南极行程途中，测量艇及工作艇一直置于船舶底舱。两名扫测队员多次到底舱检查测量艇和其他设备的情况，尤其在台风及穿越西风带期间，且定期对测量艇上的设备及软件等进行测试和维护；向身边的考察队前辈了解南极现场情况，分析研判可能遇到的问题及困难，及时完善扫测方案；与考察队领队及船长等进一步沟通扫测范围及工作顺序等，做好充分的准备工作。

2014 年 12 月 26 日，扫测组登上难言岛，见图 4。扫测组除了协助新建站考察的核心任务——岩芯钻探工作以外，主要完成了自动验潮站的安装及 RTK 定位基准站的架设、验潮点至岛上水准原点的水准联测、定位精度比对等扫测任务的前期基础性工作。其中，自动验潮站从安装至 2015 年 1 月 5 日下午撤离为止，共收集了难言岛连续 9 天的水位变化。该水位数据将用于新建站高程基准的确定及测深的水位改正。

图 4　扫测人员登上难言岛

2015 年 1 月 1 日上午，扫测组乘坐黄河艇返回"雪龙"号。在返回"雪龙"号途中，陈正伟接到考察队领队指示：难言岛东侧海域存在合适锚地的可能性，扫测组临时变更工作计划，前往（74°XX′S，163°XX′E）水域，并以此为中心，开展全覆盖扫测，以探明水下地形信息。

1 月 1 日下午，扫测组到达指定位置，开展设备连接测试；16 时 30 分，开始多波束外业测量；19 时 50 分，完成外业测量，共实施扫测面积 1.0 km²，测线 35 km（见图 5）。扫测组晚上处理内业时，发现各测量设备采集的数据存在时间不同步问题，具体原因有待排查。陈正伟向上海海事测绘中心及考察队领导汇报了相关情况。

图 5　第二代水面无人智能测量平台开展外业测量

1月2日下午，扫测组对多波束测深系统各设备进行逐一检查确认和调试，发现不同步的问题与参数设置无关，具体原因还需进一步诊断，故决定采用单波束开展测量工作。21时，扫测组向领队和船长汇报了当天测量情况和初步成果。领队从单波束水深情况分析：离岸1 km范围可能存在适宜作为锚地的水域，但需经过全覆盖扫测后才能最终确定，扫测组需尽快调试好多波束测深系统。

1月3日，扫测组继续开展多波束测深系统各设备连接检查、参数调整、多波束标定等漫长复杂的调试工作，并与国内技术支持人员沟通，共同研究解决方案。

1月4日凌晨，扫测组最终成功解决数据不同步问题，且在确认多波束测深系统正常后向领队汇报，随即开始实施多波束测量工作。至21时20分，扫测组完成考察队指定水域的多波束全覆盖扫测和侧扫声呐扫测任务，全天完成扫测面积12 km^2，测线280 km。

1月5日上午，扫测组将扫测成果提交给领队和船长。领队和船长根据水深情况，最终确定"雪龙"号试抛锚位置：74° XX′ S，163° XX′ E。14时50分，在测量艇引导下，"雪龙"号航行至指定位置抛下历史性一锚。

3 扫测成果

（1）发现一处新锚地。在南极地区，适合做锚地的海域并不多见。本次极地科考测量，是我国首次采用专业海洋测量船舶，使用多波束测深系统、侧扫声呐、自动水位计等精密海道测量装备，按照 IHO–S44 标准对南极重点水域进行全覆盖精密扫测，也是我国首次在南极发现适合大型科考船锚泊的水域（见图 6）。新锚地为科考船的航行安全及今后新建站建设物资的运输补给提供了有力保障。

根据此次测量成果制作了 1∶5 000 大比例尺海图。新锚地海图水深在 20~50 m 之间，海底地形相对较平坦，大部分海域底质为砂石，锚地水域为全日潮，风向主要为西北风，夏季无冰或少冰，可供大型科考船锚泊、避风。该锚地距离海岸线仅 900 m 左右，距离新建站选址约 1 700 m。科考船在该处锚泊后，可有效缩短人员与货物的过驳转运时间，提升效率。

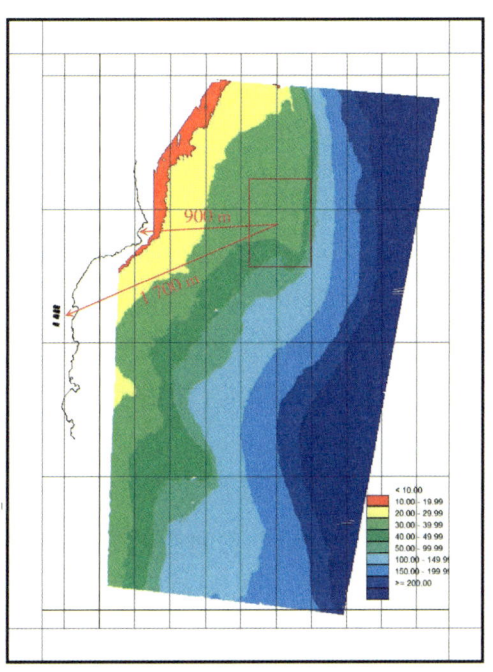

图 6　扫测水深成果渲染图像

（2）建立难言岛水准原点。扫测组安装了 2 套自动水位计，取得难言岛连续 9 天水位数据，水位曲线见图 7。经潮汐分析得到当地深度基准面，并通过水准联测建立难言岛水准原点。该水准原点将用作未来新建站的高程基准。

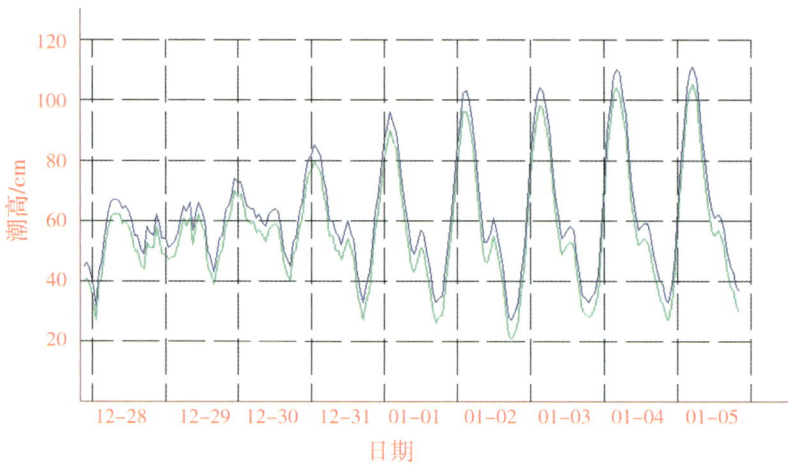

图 7　采集的难言岛水位曲线

4　经验启示

（1）航海保障可为极地科考事业添砖加瓦。极地科考工作意义重大，是造福人类的崇高事业。目前在南极附近海域缺少准确、详细、及时的水深资料，海事测绘可为极地科考提供必要的专业技术服务。

（2）契合科考需求，适应极地要求。扫测组随"雪龙"号出航之前需紧密结合科考任务的总体行程安排，科学、合理地综合评估能够实际完成的工作量，再上报拟执行的任务。考察队的总体任务是环环相扣的，"雪龙"号对每项考察任务的配合程度既与每项任务的重要程度相关，也与任务是否列入考察计划直接相关。

（3）锻炼培养一批对极地、设备熟悉的复合型高素质人才。由于考察时间的限制，执行每项考察任务的时间非常有限，所以需要每位考察队员对自己承担的专业任务、设备情况非常熟悉，遇到问题能在最短时间内解决或者拟定替代方案；同时也要熟悉极地工作环境，对可能遇到的困难提前预判。因此，参与极地科考的扫测人员须技术全面、精通，并善于独立解决扫测工作可能碰到的问题。

（4）进一步改进测量艇设备以满足极地科考工作需要。由于此次携带的测量艇尺度偏小、抗风浪能力较弱，对"雪龙"号母船的依赖程度高，受极地下降风及涌浪影响，在12月和1月可工作时间尚可承受，其余月份可工作时间极少。测量艇虽具备无人自动/遥控驾驶测量功能，但南极海域浮冰较多，在障碍物自动避碰方面还需进一步优化。测量艇安装的是浅水单波束和多波束测深系统。单波束测量范围最大到 1 000 m；多波束理论最大测量范围 600 m；在实际应用中受海况及水体影响，实际测深范围一般能达到 60%，测深设备的局限性使得测量艇在部分深水海域的应用受限，很遗憾无法获取图幅范围内深水区域水深。建议今后在类似的扫测任务中应配备中水测深仪和多波束测深系统。

知识链接：

水面无人智能测量平台

水面无人智能测量平台（Unmanned Surface Vehicle, USV），又称无人测量艇，与有人驾驶船艇有着类似的机动能力、具有半自主/自主完成作业使命的开放式平台系统。平台具有强抗倾覆能力和高机动性，可适应恶劣海况，具备在未知、动态环境中自主的生存能力，完成超视距甚至远程使命；同时平台具有一定的载荷能力，可以灵活地配置各类任务模块。

交通运输部东海航海保障中心上海海事测绘中心联合青岛北海船舶重工有限责任公司、上海大学研发了国内首套水面无人智能测量平台（见图8），于2013年5月通过了交通运输部海事局组织的专家评审，2013年8月通过了中国航海学会组织的科学技术成果鉴定，获中国航海学会科学技术奖一等奖。

图 8　第一代水面无人智能测量平台

平台内置 Benthos C3D 条带侧扫声呐、ES3 多波束测深仪、高精度光纤罗经及姿态传感器、ADCP 声学多普勒流速剖面仪、可调式云台支架、BlueView 前视声呐系统、激光测距系统、影像监管系统、避碰雷达及高精度 GNSS 和北斗接收机,以及可将所有设备所采集的数据进行保存的智能海量存储系统。平台可对岛礁、浅滩、沉船水域、湖泊等常规测量船舶无法深入的水域进行测量作业,同时可以按预定航线行驶,如途中遇到障碍物可通过内置方案进行智能避让航行。

水面无人智能测量平台具有吃水浅、灵活机动、安全高效的特点和优势,日益成为浅水调查的重要设备。无人艇代替测绘人员进行海洋测绘自主作业,突破了目前测绘和环境监测的时空限制,获得空白区域和时段的观测数据,提高了海洋测绘数据获取效率及海洋环境、海洋污染预警能力,既节约了成本,又降低了海洋测绘作业的安全风险。

后记

意外事故是冷酷无情的，应急测绘是惊险生动的。然本书选择了记述和经验启示的视角来叙写每一个应急测绘案例，旨在提升保障水上交通安全的能力和水平，以期对航运安全发展有所帮助，因此，不去评述事故本身，也无意冒犯备受事故伤害的企业、船舶所有人和当事者等，纯粹以维护水上交通安全的海事测绘专业角度去记述应急测绘具体实践，分析总结任务特点和经验启示，并普及海道测量和应急测绘专业知识，与同行以及广大读者分享。

本书从2020年开始启动编著，前后历时三年余，数易其稿，最终在多方关心支持下顺利完成。本书编著工作由史晓平、李永奎、季凯敏、俞婷婷、盛浩、钱映宇、彭舒婷、任祥磊、周经纬、刘顺杰、陈正伟、王超等同志参与完成，其中：俞婷婷、盛浩、钱映宇重点负责沉船扫测类案例整理；彭舒婷、任祥磊重点负责落水集装箱、飞行器及其他扫测类案例整理；刘顺杰负责案例图片整理；陈正伟负责南极维多利亚地附近重点海域扫测案例撰写；李永奎、季凯敏负责案例背景、实施过程、扫测成果以及部分经验启示、海道测量专业科普等撰写和统稿；王超参与了统稿工作。全书由史晓平主持编著，负责总体策划、经验启示撰写以及全书审稿。

众多领导专家、海事测绘同仁、业内同行对本书资料收集、案例编撰给予了很多指正、补白和建议，使之更臻圆满。在本书编辑出版过程中，得到上海浦江教育出版社的大力支持和密切配合，于杰和王艳等同志为本书出版工作倾注了大量的精力。在此，谨向所有指导关心和支持帮助本书资料收集、内容编撰、编辑出版工作的单位和同志一并致以衷心的感谢！

逐梦深蓝，道阻且长。昨日之日不可追，今日之日须臾期。新时代、新征程对海事测绘保障航运安全、服务港航经济发展提出更高要求。海事测绘将始终秉持"尺幅千里、追求卓越"精神，踔厉奋发、勇毅前行，矢志为服务交通强国和海洋强国建设作出更大的贡献！

谨以此书致敬向海图强、为交通强国和海洋强国建设奋斗不息的所有航运从业者们！愿四海升平，八方宁靖。

编 者